HELMUT LINDNER

Grundriß der Festkörperphysik

Mit 227 Bildern
und 12 Tabellen

V

Friedr. Vieweg & Sohn Braunschweig/Wiesbaden

1979

Lizenzausgabe mit Genehmigung des VEB Fachbuchverlag Leipzig
für Friedr. Vieweg & Sohn Verlagsgesellschaft mbH Braunschweig
Satz und Druck: Fachbuchdruck Naumburg
Printed in the German Democratic Republic

ISBN 3-528-04086-6

Vorwort

Aus den sehr zahlreich gewordenen Sonderzweigen der Physik tritt das Gebiet der Festkörperphysik immer markanter und bedeutungsvoller hervor. In ihrem Mittelpunkt steht die Frage, wie die fast unerschöpfliche Fülle natürlicher und technologisch geschaffener Eigenschaften der festen Körper von Grund auf, d. h. aus ihrem atomaren Feinbau heraus, zu verstehen ist. Mit deren Beantwortung weist sie sogleich Wege und Möglichkeiten auf, diese für die verschiedensten Zweige der menschlichen Produktion gezielt zu verändern und neu zu synthetisieren. Die Festkörperphysik durchdringt daher fast alle übrigen Teilgebiete der Physik und ist im Grunde genommen nichts anderes als eine auf die speziellen Probleme der festen Körper angewandte allgemeine Physik.
Dabei zeigt sich, daß trotz aller Verschiedenheit der makroskopisch zutage tretenden Phänomene die mechanischen, thermischen, optischen, elektrischen und magnetischen Eigenschaften fast ausschließlich aus der Struktur, d. h. der Anordnung der kleinsten Teilchen, resultieren. Im Vordergrund aller Betrachtungen stehen daher immer wieder das Kristallgitter und die in ihm wirkenden Kräfte und Wechselwirkungen.
Jeder Studierende der technischen Wissenschaften, aber auch jeder Werktätige, der verantwortungsbewußt an der Weiterentwicklung der Technik mitarbeitet, sollte sich daher die Grundlagen, Anwendungsmöglichkeiten und Entwicklungstendenzen der Festkörperphysik zu eigen machen. In diesem Sinne soll das Buch helfen, einen ersten Einblick in die für dieses Gebiet typischen Begriffe und Denkmodelle zu vermitteln, die für ein weiteres Vordringen und die Bewältigung speziellerer Probleme unerläßlich sind.

Da besonders häufig auf Zusammenhänge der elementaren Atomphysik zurückgegriffen werden muß, wurden diese – auf das unumgänglich Notwendige beschränkt – in einem besonderen Abschnitt 14. zusammengestellt. In allen Gleichungen und Beispielen kommen ausschließlich SI-Einheiten zur Verwendung. Dies ist besonders bei den magnetischen Größen zu beachten, da die in den einschlägigen Tabellen stehenden Werte noch häufig in CGS-Einheiten angegeben werden.
Den heute allgemein eingeführten Richtlinien entsprechend sind alle vektoriellen Größen mit halbfetten Buchstaben gedruckt, z. B. $\boldsymbol{a}$, $\boldsymbol{b}$, $\boldsymbol{H}$, $\boldsymbol{B}$. Sie sind mathematisch

nach den Regeln der Vektorrechnung zu verknüpfen. Alle übrigen, mit mageren Buchstaben gedruckten Formelzeichen stellen lediglich skalare Größen dar. Hinweise auf Gleichungen, die im gleichen Abschnitt stehen, sind durch ihre jeweilige Nummer, z. B. (6), gekennzeichnet, während auf Gleichungen in anderen Abschnitten noch durch die zusätzliche Nummer des betreffenden Abschnittes hingewiesen wird, z. B. (14/6).

Verfasser und Verlag

Inhaltsverzeichnis

1. Kristalle und Kristallgitter

1.1. Kristallsysteme

Der systematischen Erforschung der Festkörper kommt ein sehr günstiger Umstand entgegen: Sie bestehen überwiegend aus Kristallen. Meist sind es winzig kleine Kriställchen, die mit dem bloßen Auge einzeln nicht erkennbar und zu einer äußerlich gestaltlosen Masse zusammengewachsen sind. In Ausnahmefällen aber treten sie uns in prachtvoll ausgebildeten Exemplaren entgegen (Bild 1.1). Schon der äußere Anblick läßt vermuten, daß ihre atomaren Bestandteile ein mathematisch exaktes Gefüge bilden. Körper, denen eine solche innere Kristallstruktur fehlt, stehen daher mehr am Rande der eigentlichen Festkörperphysik. Wir schließen deshalb die amorphen Stoffe, z. B. die (mitunter als besonders zähe Flüssigkeiten bezeichneten) Gläser, die aus unregelmäßig verschlungenen Riesenmolekülen polymerisierten Plaste und nicht zuletzt auch die organischen Feststoffe, wie Holz oder Knochen, aus unseren Betrachtungen aus.
Der Formenreichtum der Kristalle ist auf den ersten Blick verwirrend. Man findet kaum zwei natürlich gewachsene Exemplare, die sich in der Art der zur Ausbildung gelangten Flächen völlig gleichen. Wohl aber wurde schon frühzeitig (Nikolaus Steno, 1669) gefunden, daß an den Kristallkanten eines bestimmten Stoffes immer die gleichen charakteristischen Winkel wiederkehren. Dieses **Gesetz von der Konstanz der Winkel** fordert also für alle Individuen einer Kristallart die absolute Gleichheit der Winkel zwischen einander entsprechenden Flächen.
Ein auffallendes Merkmal vieler Kristalle ist ihre Symmetrie. Aufgrund von Symmetriebetrachtungen ist es dann schließlich auch gelungen, die Vielfalt der Kristalle auf **Kristallsysteme** zurückzuführen, indem man, ähnlich wie in der Geometrie, ein dem jeweiligen Kristalltyp angepaßtes Achsensystem (Bild 1.2) zugrunde legt, auf das sich dann alle Flächen des Kristalls leicht beziehen lassen.
Folgende Kristallsysteme werden unterschieden (Bild 1.3):

a) Das kubische System: 3 gleich lange Achsen schneiden sich unter rechten Winkeln (Beispiel: der Würfel oder das von 8 gleichseitigen Dreiecken begrenzte Oktaeder).

b) Das tetragonale System: 2 gleich lange Achsen bilden einen rechten Winkel, die 3. Achse von abweichender Länge steht senkrecht auf beiden (Beispiel: Säule mit quadratischem Querschnitt).

c) Das orthorhombische System: 3 ungleich lange Achsen schneiden sich unter rechten Winkeln (Beispiel: Quader).

Bild 1.1 Natürlich gewachsene Quarzkristalle

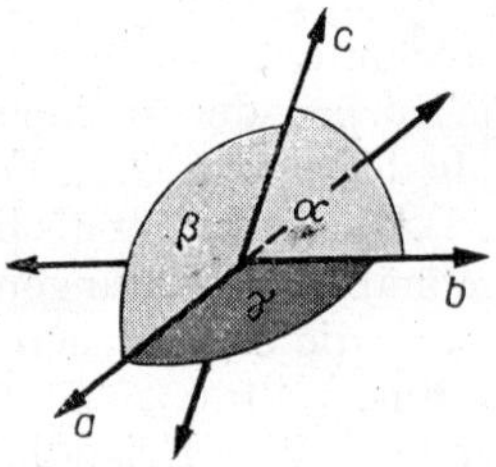

Bild 1.2 Achsen- und Winkelbezeichnungen

d) Das rhomboedrische System: 3 gleich lange Achsen schneiden sich unter gleich großen, aber nicht rechten Winkeln (Beispiel: Rhomboeder, d. i. ein in Richtung der Raumdiagonalen zusammengeschobener oder gestreckter Würfel).

e) Das hexagonale System: 3 gleich lange Achsen schneiden sich unter Winkeln von 60°, eine 4. Achse von abweichender Länge steht senkrecht auf der von den anderen Achsen gebildeten Ebene (Beispiel: 6seitiges Prisma oder 6seitige Pyramide).

f) Das monokline System: 2 Achsen von ungleicher Länge schneiden sich schiefwinklig, die 3. Achse von abweichender Länge steht senkrecht auf den beiden anderen.

g) Das trikline System: 3 ungleich lange Achsen schneiden sich unter ungleichen Winkeln.

1.2. Das Gesetz der rationalen Indizes

Im allgemeinen Fall kann eine Kristallfläche so liegen, daß sie alle 3 Achsen schneidet. Damit ist ihre Lage durch die Angabe der 3 Achsenabschnitte, die mit a, b, c bezeichnet werden, festgelegt. Da eine Fläche sich während des Kristallwachstums nur parallel

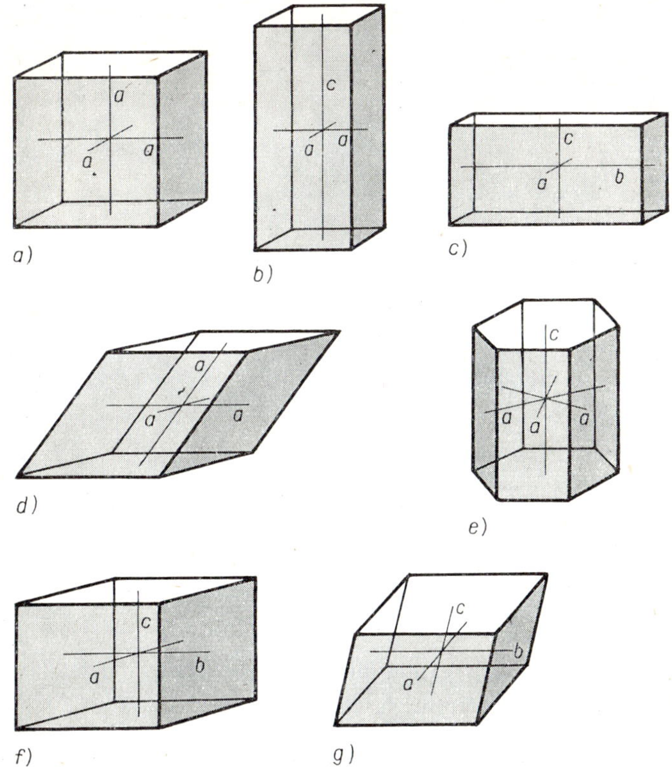

Bild 1.3 Kristallsysteme (Achsensysteme)

zu sich selbst verschiebt und andere dabei auch verdrängen kann sowie parallele Flächen kristallografisch gleichwertig sind, ist die Orientierung der Fläche durch das **Achsenverhältnis (Parameterverhältnis)** $a:b:c$ eindeutig festgelegt. Dieses hat bei jeder künstlichen oder natürlichen Substanz einen charakteristischen Zahlenwert, der aufgrund sorgfältiger Messungen gewöhnlich auf 4 Dezimalstellen genau angegeben wird. Beispielsweise kristallisiert der Halbedelstein Topas im orthorhombischen System mit dem Achsen- (Parameter-)Verhältnis $a:b:c = 0{,}5285:1:0{,}9539$ oder der als Bergkristall bekannte Quarz in hexagonaler Form mit dem Parameterverhältnis $1:1{,}0999$, wobei die 3 gleichwertigen Achsen der Grundfläche mit dem Zahlenwert 1 zusammengefaßt sind.

Verläuft nun eine Fläche parallel zu einer Achse, so liegt der Schnittpunkt mit ihr im Unendlichen, und das Symbol lautet z. B. $a:b:\infty c$. An demselben Kristall können aber auch Flächen auftreten, deren Parameterverhältnis ein anderes ist und durch $a':b':c' = ma:nb:pc$ beschrieben werden kann, wobei die Zahlen m, n, p als **Ableitungskoeffizienten** bezeichnet werden. Dann gilt auf jeden Fall das für die gesamte Kristallografie fundamentale **Gesetz der rationalen Ableitungskoeffizienten.** Es wurde 1784 von dem französischen Mineralogen R. J. Hauy entdeckt und lautet:

> **Die Achsenabschnitte verschiedener Flächen eines Kristalls stehen stets im Verhältnis einfacher rationaler Zahlen zueinander** $(m, n, p = 1, 2, 3, \ldots, {}^1/_2, {}^1/_3, \ldots)$.

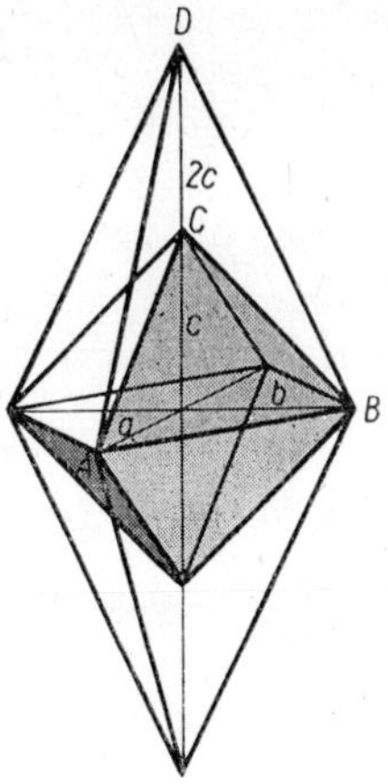

Bild 1.4 Gesetz der rationalen Achsenabschnitte

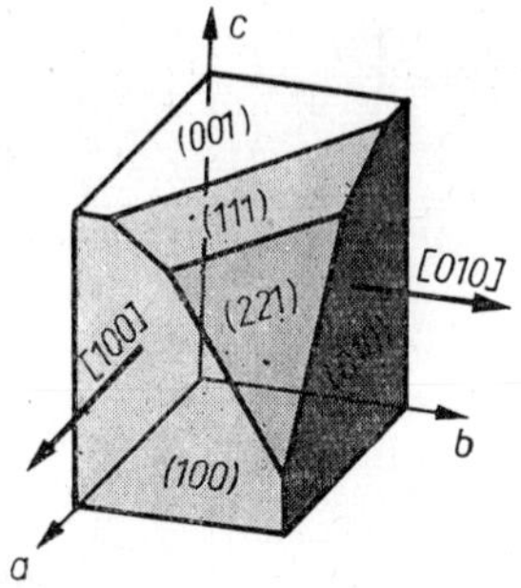

Bild 1.5 Tetragonales Prisma mit Millerschen Indizes einiger Flächen und Richtungen

So hat die Fläche ABC der tetragonalen Doppelpyramide nach Bild 1.4 das Parameterverhältnis $a:b:c$, dessen eigentlicher Zahlenwert jetzt nicht weiter interessiert. Dagegen hat die Fläche ABD der hieraus abgeleiteten Doppelpyramide das Verhältnis $a:b:2\,c$.

Zur Kennzeichnung von **Kristallebenen** hat sich aber im Laufe der Zeit eine andere Symbolik eingebürgert. Jede Ebene wird durch die **Millerschen Indizes** (1825), d. s. die auf ganze Zahlen gebrachten *reziproken* Werte der Ableitungskoeffizienten, gekennzeichnet, wobei die zugehörigen Buchstaben a, b, c weggelassen werden. Der Ebene ABC auf Bild 1.4 kommt dann das in *runde Klammern* gesetzte Symbol (111) und der Ebene ABD das Symbol (221) zu. Dieses entsteht durch Erweitern der reziproken Koeffizienten 1, 1, $^1/_2$ mit dem Hauptnenner 2, womit das Symbol (221) nur noch ganze Zahlen enthält. Damit sind die in Bild 1.5 eingetragenen Flächensymbole verständlich. Die von rechts her sichtbare Ebene hat die Achsenabschnitte $\infty a, b, \infty c$ und die Millerschen Indizes (010), während die abgeschnittenen Ecken den vorhin an der Doppelpyramide erläuterten Ebenen entsprechen.

Die gleiche Bezeichnung erhalten auch die **Richtungen im Kristall**, die zu den angegebenen Ebenen senkrecht verlaufen. Das Symbol wird aber dann in *eckige Klammern* gesetzt. So steht z. B. die Richtung [010] senkrecht auf der Fläche (010).

1.3. Das Kristallgitter

Die im äußeren Bau der Kristalle erkennbaren Gesetzmäßigkeiten führten bereits Hauy auf den Gedanken, daß jeder Kristall aus einzelnen, sich aneinanderlegenden Teilchen bestehen müsse. Wie wir heute wissen, sind es Atome, Atomgruppen oder Ionen, die in dreidimensionaler periodischer Anordnung das **Kristallgitter** aufbauen. Es erstreckt sich nach allen Seiten hin ins Unendliche und hat auch mit der äußeren individuellen Gestalt des ausgebildeten Kristalls nur wenig zu tun. Diese stellt vielmehr die **Tracht** des Kristalls dar, die besonders von den physikochemischen Bedingungen während seines Wachstums abhängt.

1.3.1. Die primitive Elementarzelle

Geht man von irgendeinem der Gitterpunkte aus, so lassen sich nach den benachbarten Punkten 3 **Grund-** oder **Basisvektoren** $\boldsymbol{a}$, $\boldsymbol{b}$, $\boldsymbol{c}$ eintragen (Bild 1.6). Aus ihnen läßt sich weiterhin mit irgendwelchen 3 ganzen Zahlen m, n, p ein **Translationsvektor**

$$\boldsymbol{R} = m\boldsymbol{a} + n\boldsymbol{b} + p\boldsymbol{c} \tag{1}$$

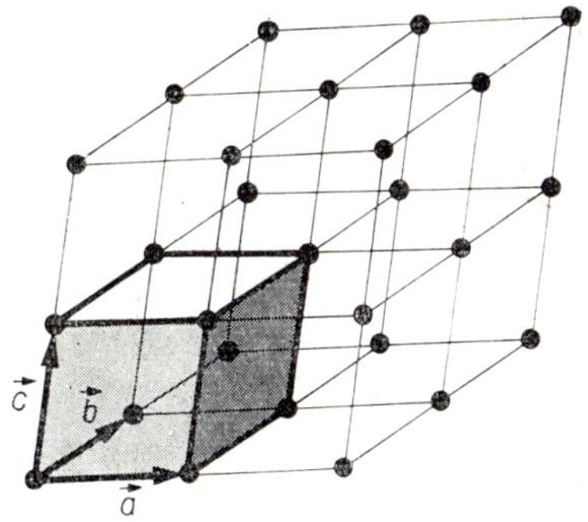

Bild 1.6 Gitter mit den Grundvektoren $\boldsymbol{a}$, $\boldsymbol{b}$, $\boldsymbol{c}$ und primitiver Elementarzelle

bilden. Jede Translation (Parallelverschiebung) um einen solchen Vektor bringt das Gitter mit sich selbst zur Deckung. Wie wir sofort bemerken, können die Grundvektoren auch als Kristallachsen gewählt werden, und in den ganzen Zahlen m, n, p begegnen uns wieder die Ableitungskoeffizienten, mit denen sich die Lage der äußeren Kristallflächen kennzeichnen läßt.
Vom Standpunkt der atomaren Gitterstruktur aus aber sind die Beträge der Basisvektoren $\boldsymbol{a}$, $\boldsymbol{b}$, $\boldsymbol{c}$ nichts anderes als die wirklichen Abstände der Atome und werden als **Gitterkonstanten** bezeichnet. Gleichzeitig bilden sie die Kanten des kleinstmöglichen Volumenelementes, der **primitiven Elementarzelle:**

Die primitive Elementarzelle hat in einem gegebenen Gitter das kleinstmögliche Volumen.

Sie ist ein Parallelepiped mit nur einem einzigen Gitterpunkt im Ursprung der 3 Basisvektoren. Die Gitterpunkte an den Enden dieser Basisvektoren gehören bereits zu den benachbarten Zellen.

1.3.2. Die Bravais-Gitter

Den vorhin aufgezählten 7 Kristallsystemen entsprechen nun auch 7 Gittertypen, je nachdem ob ihre Basisvektoren senkrecht oder schiefwinklig aufeinander stehen und gleich lang sind oder nicht. Damit erschöpfen sich jedoch noch nicht alle Möglichkeiten der Anordnung.
Nach Bravais (1848) gibt es vielmehr noch 7 weitere Gitter, die zusätzliche Bausteine enthalten. Je nach deren Lage unterscheidet man:

1. flächenzentrierte Gitter: Außer den Eckpunkten ist der Mittelpunkt jeder Fläche der primitiven Zelle mit je einem Baustein belegt. Wir werden im folgenden lediglich das kubisch-flächenzentrierte Gitter (abgekürzt kfz-Gitter) benötigen (Bild 1.7a).

2. raumzentrierte Gitter: Außer den Eckpunkten ist nur der Mittelpunkt der primitiven Zelle mit einem Baustein belegt (Bild 1.7b). Wir werden uns lediglich mit dem kubisch-raumzentrierten (krz-) Gitter zu beschäftigen haben.

3. basiszentrierte Gitter: Außer den Eckpunkten trägt nur die Grundfläche der primitiven Zelle noch einen zusätzlichen Baustein.

Jeder Würfel des kfz- bzw. krz-Gitters wird als (konventionelle) **Elementarzelle** bezeichnet. Zu jeder Elementarzelle des kfz-Gitters gehören jedoch 4 Gitterpunkte: ein Eckpunkt und die Mittelpunkte der hier zusammenstoßenden 3 Flächen. Im Gegensatz zum einfachen Translationsgitter ist es **mehrfach primitiv.** Auf Bild 1.8 sind die Basisvektoren der primitiven Elementarzelle mit $\boldsymbol{a}_1$, $\boldsymbol{a}_2$, $\boldsymbol{a}_3$ angegeben. Ihre Beträge sind die **Abstände zwischen den nächsten Nachbarn.**
In entsprechender Weise gehören der Elementarzelle des krz-Gitters nur 2 Gitterpunkte an. Auch dieses Gitter ist mehrfach primitiv. Die primitive Elementarzelle dieses Gitters läßt sich konstruieren, wenn man 3 Würfel in einer Ecke zusammenstoßen läßt (Bild 1.9).

Beispiele: **1. Die Basisvektoren der primitiven Elementarzelle des kubisch-flächenzentrierten Gitters mit der Gitterkonstanten a.** Mit den 3 Einheitsvektoren $\boldsymbol{x}_0$, $\boldsymbol{y}_0$, $\boldsymbol{z}_0$ lauten die Basisvektoren nach Bild 1.8 $\boldsymbol{a}_1 = \frac{a}{2}(\boldsymbol{x}_0 + \boldsymbol{y}_0)$; $\boldsymbol{a}_2 = \frac{a}{2}(\boldsymbol{y}_0 + \boldsymbol{z}_0)$; $\boldsymbol{a}_3 = \frac{a}{2}(\boldsymbol{x}_0 + \boldsymbol{z}_0)$. Deren Beträge sind die Abstände der nächsten Nachbarn.

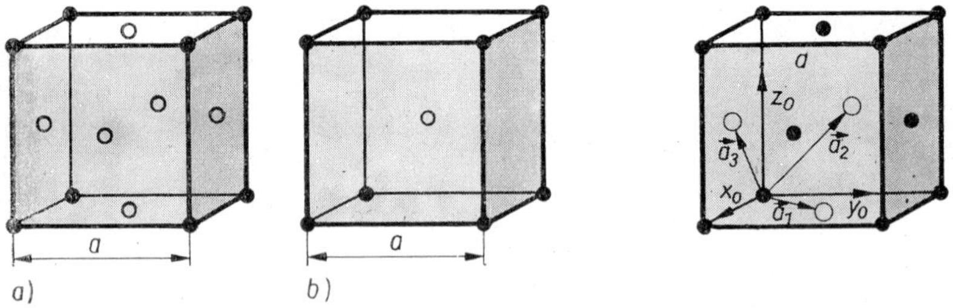

Bild 1.7 Elementarzelle des a) kubisch-flächenzentrierten Gitters und b) kubisch-raumzentrierten Gitters (a Gitterkonstante)

Bild 1.8 Kubisch-flächenzentriertes Gitter mit den 3 Grundvektoren

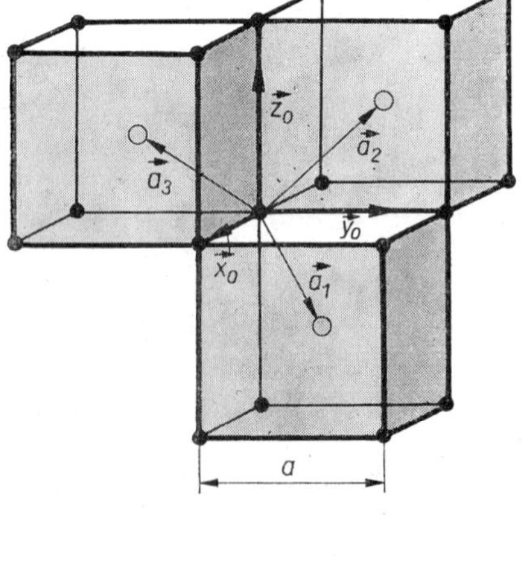

Bild 1.9 Kubisch-raumzentriertes Gitter mit den 3 Grundvektoren

Mit $|\boldsymbol{x}_0| = |\boldsymbol{y}_0| = |\boldsymbol{z}_0| = 1$ und $|\boldsymbol{x}_0 + \boldsymbol{y}_0| = \sqrt{2}$ ergibt sich für jeden Basisvektor der Betrag $\frac{a}{2}\sqrt{2}$.

2. Die Basisvektoren des kubisch-raumzentrierten Gitters.
Nach Bild 1.9 sind mit den Einheitsvektoren $\boldsymbol{x}_0$, $\boldsymbol{y}_0$, $\boldsymbol{z}_0$ die Basisvektoren

$$\boldsymbol{a}_1 = \frac{a}{2}(\boldsymbol{x}_0 + \boldsymbol{y}_0 - \boldsymbol{z}_0); \quad \boldsymbol{a}_2 = \frac{a}{2}(-\boldsymbol{x}_0 + \boldsymbol{y}_0 + \boldsymbol{z}_0); \quad \boldsymbol{a}_3 = \frac{a}{2}(\boldsymbol{x}_0 - \boldsymbol{y}_0 + \boldsymbol{z}_0);$$

wegen $|\boldsymbol{x}_0 + \boldsymbol{y}_0 + \boldsymbol{z}_0| = \sqrt{3}$ ist der Betrag der Basisvektoren je $\frac{a}{2}\sqrt{3}$.

1.3.3. Wigner-Seitz-Zellen

Eine andere Art, das Gitter in Volumenelemente zu zerlegen, besteht darin, jeden Gitterpunkt zum Mittelpunkt einer Zelle zu machen. Damit entsteht die **Wigner-Seitz-Zelle.** Sie bildet sich, wenn der Gitterpunkt mit seinen Nachbarn verbunden wird und durch die Mittelpunkte der Verbindungsgeraden Ebenen gelegt werden, die auf diesen Geraden senkrecht stehen.

Für das einfache kubische Gitter liefert die Konstruktion wiederum einen Würfel von der Kantenlänge des ursprünglichen (Bild 1.10). Seine Eckpunkte sind aber jetzt keine Gitterpunkte mehr. Bild 1.11 zeigt dagegen die **Wigner-Seitz-Zelle** des kfz-Gitters. Sie ist hier um den linken vorderen Eckpunkt konstruiert und stellt ein Rhombendodekaeder dar. Jede seiner 12 Flächen ist die Mittelebene auf der halbierten Flächendiagonale. Die Mittelebenen zu den Würfelkanten selbst sind zu Eckpunkten des 12flächners verkümmert.

Da die Konstruktion von jedem beliebigen Gitterpunkt aus durchführbar ist, läßt sich der ganze Raum in WS-Zellen zerlegen. Das kommt dem Umstand entgegen, daß sich viele physikalische Größen, wie die Bindungskräfte, die Packungsdichte der Atome, die elektrische Ladungsdichte, die Frequenzen der schwingenden Atome usw. in jeder WS-Zelle periodisch wiederholen. Die WS-Zelle widerspiegelt dann die Verhältnisse im ganzen Kristall.

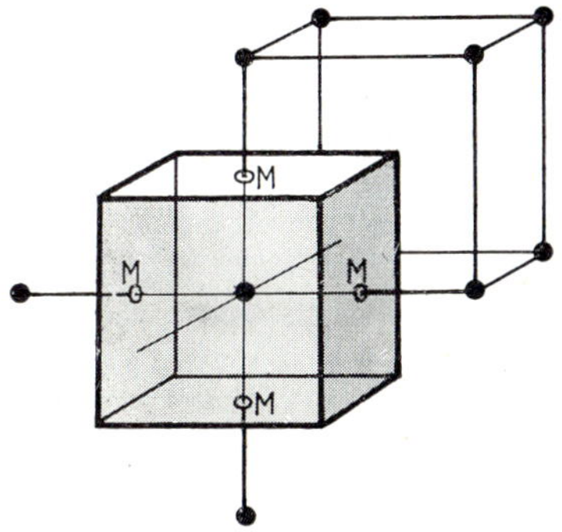

Bild 1.10 WIGNER-SEITZ-Zelle des einfachen kubischen Gitters

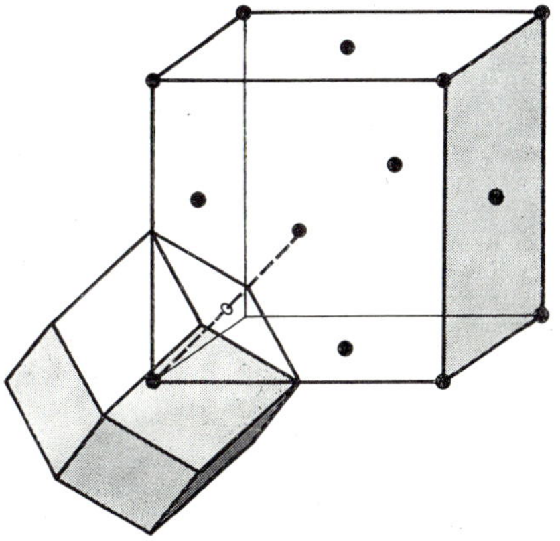

Bild 1.11 WIGNER-SEITZ-Zelle des kfz-Gitters

1.3.4. Netzebenen

Für bestimmte Betrachtungen erweist es sich schließlich als zweckmäßig, den Kristall in **Netzebenen,** d. s. parallele, in gleichbleibendem Abstand d befindliche

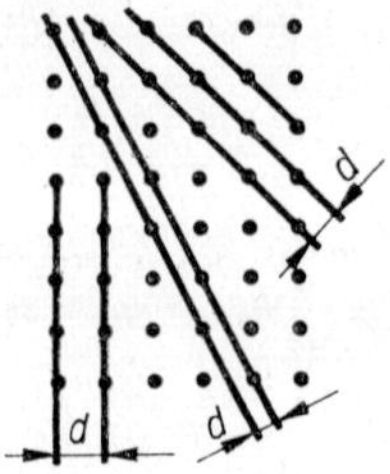

Bild 1.12 Netzebenen mit verschiedenem Abstand d und entsprechend unterschiedlicher Besetzungsdichte

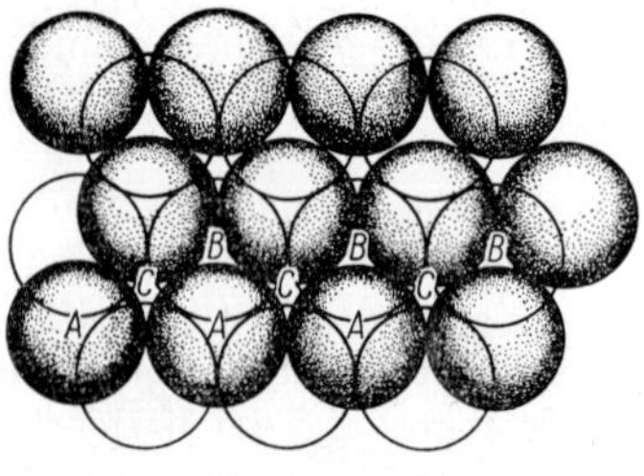

Bild 1.13 Zwei übereinanderliegende Schichten dichtester Kugelpackung

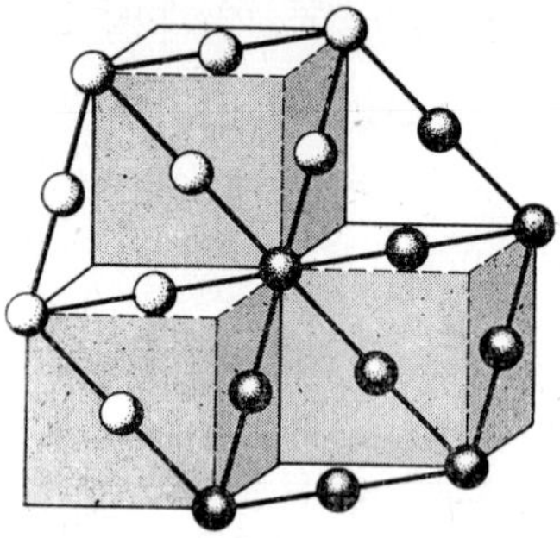

Bild 1.14 Netzebene der kubisch dichtesten Packung ist gleichzeitig (111)-Ebene des kfz-Gitters.

Lagen von Gitterpunkten, zu zerlegen. Je nach der gewählten Orientierung ist der Abstand d innerhalb einer solchen Schar von Netzebenen unterschiedlich (Bild 1.12). Er ist am größten, wenn die Netzebenen mit Gitterpunkten am dichtesten besetzt sind.

1.3.5. Praktisch wichtige Gittertypen

Die Aufgabe, Atome zu einem regelmäßigen Gitter anzuordnen, läßt sich auch ohne jede kristallografische Theorie lösen. Man braucht nur eine größere Anzahl gleich großer Kugeln, die den Boden einer flachen Schachtel bedecken, ein wenig hin und her zu schütteln. Ganz von allein legen sie sich zu dem auf Bild 1.13 wiedergegebenen Muster zusammen.

Darauf können wir in die Lücken B eine zweite Schicht legen, die genauso aussieht wie die erste. Eine abermals darauf gelegte dritte Schicht sieht ebenso aus wie die ersten beiden. Hier aber gibt es 2 Möglichkeiten. Die Kugeln der 3. Schicht können in der Lage A genau über denen der 1. Schicht liegen, so daß von oben aus gesehen nur 2 Schichten zu sehen sind. Dies ist die **hexagonal dichteste Kugelpackung** (hdP) mit der Schichtenfolge $ABABA\ldots$.

Man kann die 3. Schicht aber auch so legen, daß die Kugeln immer über jenen Lücken der 1. Schicht liegen, die von der 2. Schicht nicht zugedeckt wurden. Das liefert die **kubisch dichteste Kugelpackung** (kdP) $ABCABC\ldots$. Bei genauerem Hinsehen erweist sie sich mit der kubisch-flächenzentrierten Struktur identisch (Bild 1.14). Die Schnittebenen (111) des kfz-Gitters sind am dichtesten mit Atomen bedeckt und zugleich Schichten der kubisch dichtesten Packung.

In etwas aufgelockerter Form ist die hexagonal dichteste Packung auf Bild 1.15 zu sehen. Besonders deutlich tritt hier hervor, daß jedes Atom von 12 unmittelbaren Nachbarn umgeben ist. Hierfür verwendet man den Ausdruck Koordinationszahl:

Koordinationszahl = Anzahl der nächsten Nachbarn

Berühren sich alle Atome gegenseitig wie auf Bild 1.13, so beträgt das Achsenverhältnis $a:c = 1:1{,}633$. Auch bei etwas davon abweichendem Zahlenwert schreibt man vielen Kristallen noch eine hdP-Struktur zu, z. B. dem Zink mit 1 : 1,861 oder dem Beryllium mit 1 : 1,581.

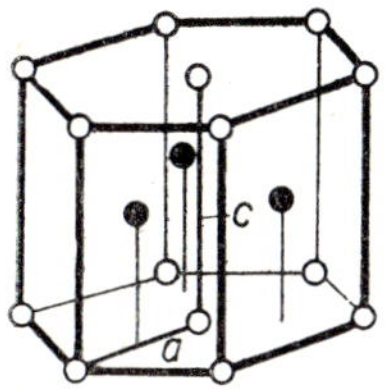

Bild 1.15 Aufgelockertes Schema der hexagonal dichtesten Kugelpackung

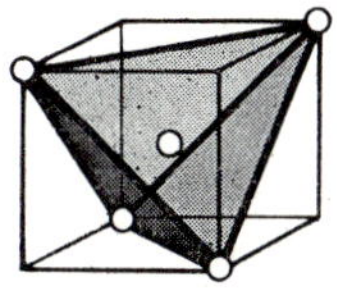

Bild 1.16 Zusammenhang von Tetraeder und Würfel

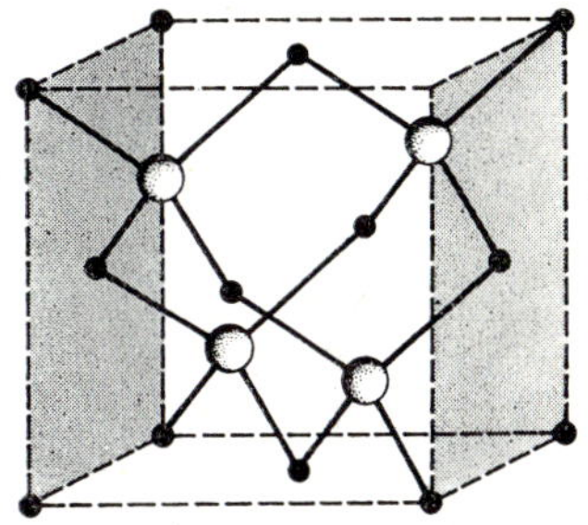

Bild 1.17 Zinkblende-(Wurtzit-)Struktur. Die schwarzen Atome besetzen ein kfz-Gitter.

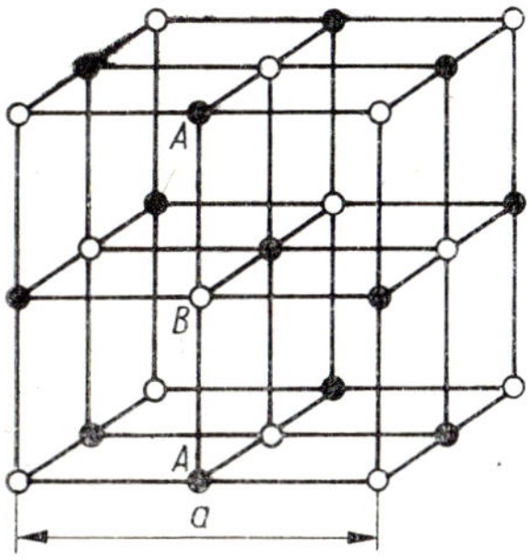

Bild 1.18 NaCl-Struktur. Beide Ionenarten A und B besetzen je ein kfz-Gitter.

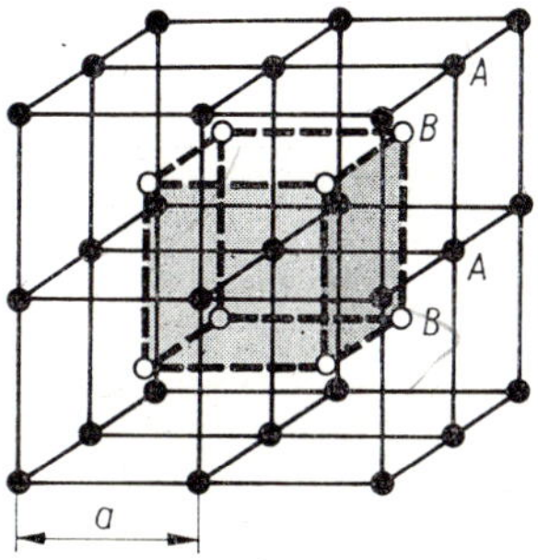

Bild 1.19 CsCl-Struktur (krz). Die Ionenart B bildet gegenüber der Ionenart A ein um $a/2$ verschobenes Untergitter.

Viele besonders für die Halbleitertechnik wichtige Stoffe weisen die **Diamantstruktur** auf. Entsprechend der Wertigkeit 4 des Kohlenstoffs sitzen die benachbarten, durch chemische Bindung fixierten Atome in den 4 Eckpunkten eines Tetraeders (Bild 1.16). Die Koordinationszahl ist somit 4.

Die Mittelpunkte der Tetraeder können auch Atome einer anderen Art sein, was dann die ebenfalls zum kubischen System gehörende **Zinkblendestruktur** ergibt. (Bild 1.17). Im Vergleich zur dichtesten Kugelpackung, bei der nur 26 % des Volumens

auf die unvermeidlichen Lücken entfallen, ist das Diamant- bzw. Zinkblendegitter verhältnismäßig leer. Wegen der räumlich sperrigen Anordnung der Atome beträgt die Raumerfüllung nur 34 % des Gesamtvolumens.
Zwei Bezeichnungsweisen für besonders häufig vorkommende Ionengitter seien noch genannt. Die **Natriumchlorid-Struktur** ist kubisch-flächenzentriert. Ihre Gitterlinien sind abwechselnd mit den Ionenarten A und B besetzt (Bild 1.18). Die **Cäsiumchlorid-Struktur** ist dagegen kubisch-raumzentriert, wobei die Ionenarten A und B die Würfelecken bzw. Würfelmitten besetzen (Bild 1.19).

1.4. Die Ermittlung der Kristallstruktur

1.4.1. Die Beugung von Röntgenstrahlen am Kristallgitter

Eine direkte Bestätigung für die Existenz des Kristallgitters ist erst mit der Entdeckung der Interferenzen von Röntgenstrahlen in Kristallen durch Max von Laue (1912) möglich geworden.
Ein feiner, durch den Kristall gesandter Röntgenstrahl erzeugt auf der dahinter aufgestellten Fotoplatte einen zentralen Punkt. Ringsherum aber zeigt sich ein regelmäßiges Muster dunkler Flecke. Es sind jene Stellen, wo die durch Beugung an den Atomen abgelenkten Strahlen sich durch Interferenz verstärken. Die weitere Vervollkommnung bei der Herstellung solcher **Laue-Diagramme** (Bild 1.20), deren erfolgreiche Deutung und die Zuhilfenahme auch noch anderer Strahlenarten führten schließlich bis zur strukturellen Untersuchung komplizierter organischer Moleküle.
Bei der Beugung von Röntgenstrahlen handelt es sich um eine Erscheinung, die auch das sichtbare Licht zeigt. An feinen Öffnungen oder an Teilchen, deren Abstand mit der Wellenlänge der Strahlung vergleichbar ist, werden die Strahlen nach allen nur möglichen Richtungen abgelenkt. Wie bei einem Wasserstrahl, der gegen ein festes Hindernis prallt, ist auch die Ablenkung nach rückwärts, d. h. um mehr als 90°,

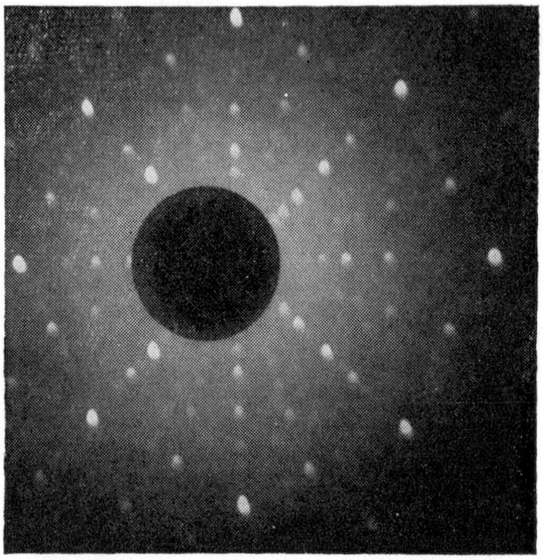

Bild 1.20 Laue-Diagramm eines Wolframkristalls; krz, [100]-Richtung

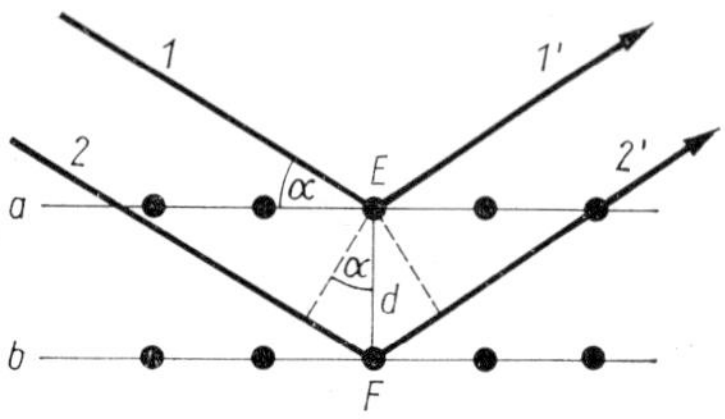

Bild 1.21 Interferenz zweier Röntgenstrahlen *1* und *2* an 2 Netzebenen *a* und *b*

möglich. Die gegenseitige Überlagerung (Interferenz) bewirkt dabei eine Bevorzugung ganz bestimmter Winkel, was dann den Eindruck erweckt, als werde die Strahlung nach dieser Richtung reflektiert.

1.4.2. Die Braggsche Bedingung

Um die «Reflexion» zu verstehen, sind auf Bild 1.21 zwei Netzebenen a und b im Abstand d mit zwei Gitterpunkten E und F angedeutet. Zwei parallele Strahlen *1* und *2* von gleich großer Wellenlänge kommen von links her. Von den zahllosen bei E und F abgelenkten Strahlen sind willkürlich zwei herausgegriffen, die zufällig ebenfalls parallel laufen. Dann hat Strahl *2'* gegenüber Strahl *1'* einen Umweg von $2\,d \sin\alpha$ zurückzulegen. Beträgt dieser ein ganzzahliges Vielfaches n einer Wellenlänge λ, müssen sich die beiden Wellen gegenseitig verstärken. Der Effekt kann nur zustande kommen, wenn die **Braggsche Bedingung** (1913)

$$2d \sin \alpha = n\lambda \quad (n = 1, 2, 3, \ldots) \tag{2}$$

erfüllt ist. Ist die Wellenlänge λ vorgegeben, so tritt die «Reflexion» (in Wahrheit ist es ein Interferenzeffekt) nur unter ganz bestimmten **Glanzwinkeln** α auf, je nach der durch die Zahl n gegebenen Ordnung der Interferenz. Außerdem – und hier erweist sich der unschätzbare Wert der Entdeckung – können bei bekannter Wellenlänge und den beobachteten Glanzwinkeln die Gitterkonstanten berechnet werden.

Beispiel: Welche Gitterkonstante hat das kubisch kristallisierende Steinsalz, wenn Röntgenstrahlung der Wellenlänge $\lambda = 30$ nm unter den Glanzwinkeln $\alpha = 15{,}6°$, $32{,}3°$ und $53{,}1°$ reflektiert wird? – Mit $n = 1$ wird aus Gleichung (2) $d = \dfrac{1 \cdot 30\ \text{nm}}{2 \cdot \sin 15{,}6°} = 56$ nm. Die beiden anderen Glanzwinkel führen mit $n = 2$ und $n = 3$ zum gleichen Ergebnis.

1.4.3. Experimentelle Verfahren der Röntgenbeugung

1. Anordnung nach Laue. Der feststehende Kristall wird mit dem kontinuierlichen Röntgenspektrum durchstrahlt. Reflexionen können nur bei jenen Wellenlängen auftreten, die der Braggschen Bedingung genügen. Die Methode wird heute nicht mehr zur Strukturbestimmung angewandt, wohl aber zur Untersuchung der Orientierung von Kristallen und zur Feststellung von Kristallfehlern.

2. Drehkristallverfahren. Der Kristall wird um eine feste Achse gedreht und von monochromatischer Röntgenstrahlung durchsetzt. Dabei werden die an den verschiedenen Netzebenen unter bestimmten Winkeln auftretenden Reflexe beobachtet.

3. Pulververfahren nach Debye-Scherrer. Für dieses besonders elegante Verfahren genügt eine kleine pulverförmige Probe in einem Glasröhrchen. Unter den zahllosen Kriställchen befindet sich stets eine ausreichende Anzahl, deren Netzebenen so liegen, daß sie der Braggschen Bedingung genügen. Jeder Winkel α ergibt einen Strahlenkegel, der auf dem darumgelegten Film eine Kreislinie von bestimmtem Radius zeichnet (Bild 1.22).
Ganz ähnliche Diagramme liefern Elektronenstrahlen hoher Energie, da (s. Abschn. 14.4.3.) auch diese Teilchen einer genau definierten Wellenlänge entsprechen und miteinander interferieren können (Bild 1.23).

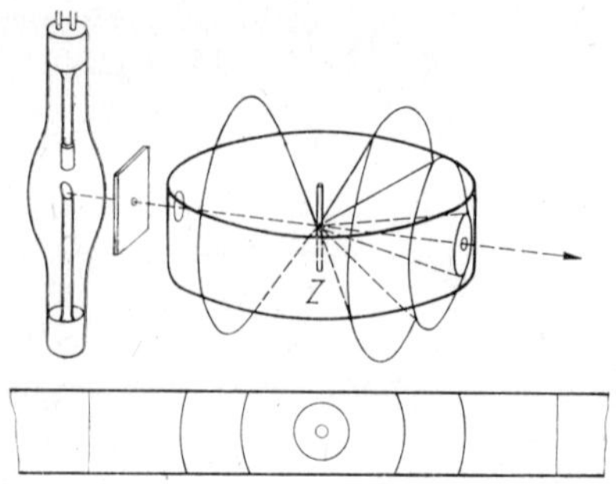

Bild 1.22 Schema des DEBYE-SCHERRER-Verfahrens

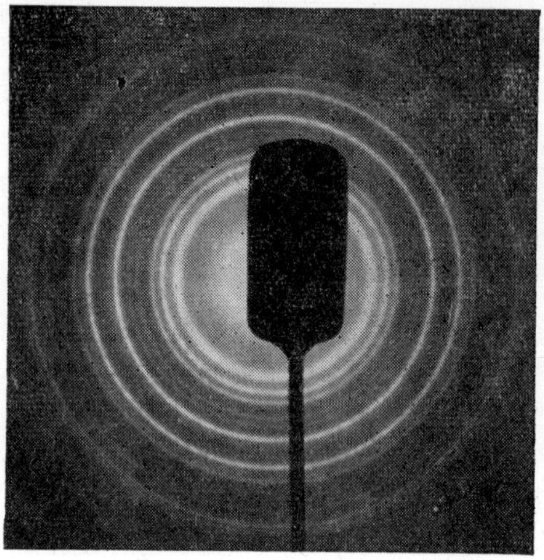

Bild 1.23 DEBYE-SCHERRER-Diagramm von Sb_2O_3

1.4.4. Die Beugung von Neutronen am Kristallgitter

Nicht nur Röntgenstrahlen und Elektronen, sondern auch Neutronen können vom Kristallgitter gebeugt werden. Ihre Wellenlänge hängt nach der DE-BROGLIEschen Gleichung (14/26) von ihrer Geschwindigkeit ab. Bei thermischen (d. h. sehr langsamen) Neutronen, wie sie z. B. im Kernreaktor zur Verfügung stehen, liegt die Wellenlänge in der Größenordnung der Gitterkonstanten, so daß die Neutronen je nach ihrer Energie an einem geeigneten Kristall mit unterschiedlichen BRAGGschen Winkeln abgelenkt werden.

Ist die Gitterkonstante genau bekannt, so arbeitet der Kristall als **Neutronenkristall-Spektrometer.** Aus dem breit aufgefächerten reflektierten Neutronenstrahl wird ein enges Bündel herausgeblendet, das dann Neutronen von genau definierter Wellenlänge, d. h. **monoenergetische Neutronen**, enthält, die zur Untersuchung anderer Kristallstrukturen dienen können. Geeignet sind hier Neutronen im Bereich von 0,10...1 eV.

Beispiel: Neutronen der Energie 0,05 eV haben infolge ihrer kinetischen Energie $W = \frac{mv^2}{2}$ die Geschwindigkeit $v = \sqrt{\frac{2W}{m}}$. Das ergibt mit Gl. (14/26) die Wellenlänge $\lambda = \frac{h}{\sqrt{2mW}} = 1{,}28 \cdot 10^{-10}$ m.

1.5. Das reziproke Gitter

1.5.1. Der Wellenzahlvektor

Bei der bisher besprochenen Wechselwirkung zwischen Strahlung und Kristallgitter kommt es in erster Linie auf zwei Größen an: Wellenlänge und Gitterkonstante. Für die theoretische Behandlung hat es sich nun als zweckmäßig und fruchtbar erwiesen,

diese beiden Größen durch zwei andere auszudrücken: Wellenzahlvektor und reziproker Gittervektor.
Da die Ausbreitungsgeschwindigkeit c einer jeden Welle gleich dem Produkt aus der Frequenz f und der Wellenlänge λ ist, gilt für die **Frequenz** stets

$$f = \frac{c}{\lambda} \tag{3}$$

bzw. die **Kreisfrequenz**

$$\omega = 2\pi f = \frac{2\pi c}{\lambda}. \tag{4}$$

Neben dem (bei vielen Vorgängen praktisch konstanten) Faktor c steht die **Wellenzahl**

$$k = \frac{2\pi}{\lambda}. \tag{5}$$

Verknüpft man sie mit der Richtung der Wellenausbreitung, so hat man den **Wellenzahlvektor.** Sein Betrag ist

$$|\boldsymbol{k}| = \frac{2\pi}{\lambda}. \tag{6}$$

1.5.2. Reziproke Vektoren

In Anbetracht der großen Bedeutung des Vektorbegriffes für alle gittertheoretischen Fragen kann die zunächst rein formal erscheinende Frage gestellt werden, was denn die reziproke Größe $\boldsymbol{a}^*$ eines gegebenen Vektors $\boldsymbol{a}$ sei. Zusammen mit noch zwei weiteren Vektoren $\boldsymbol{b}$ und $\boldsymbol{c}$ soll dieser ein entsprechendes Volumenelement aufspannen. Es soll also die Gleichung

$$\boldsymbol{a} \cdot \boldsymbol{a}^* = 1 \tag{7}$$

erfüllt werden. Um die daraus folgende Gleichung

$$\boldsymbol{a}^* = \frac{1}{\boldsymbol{a}}. \tag{8}$$

einer Lösung näherzubringen, kann man die rechte Seite mit dem Vektorprodukt $\boldsymbol{b} \times \boldsymbol{c}$ erweitern und erhält so den **reziproken Vektor**

$$\boldsymbol{a}^* = \frac{\boldsymbol{b} \times \boldsymbol{c}}{\boldsymbol{a}\,(\boldsymbol{b} \times \boldsymbol{c})} = \frac{\boldsymbol{b} \times \boldsymbol{c}}{V}. \tag{9}$$

Im Nenner des Bruches steht jetzt das **Volumenprodukt**, das ein Skalar und dessen Betrag gleich dem Volumen des genannten Volumenelementes ist, während der Zähler einen Vektor darstellt, der senkrecht auf der $\boldsymbol{b},\boldsymbol{c}$-Ebene steht. Wenn die 3 Vektoren $\boldsymbol{a}$, $\boldsymbol{b}$, $\boldsymbol{c}$ orthogonal sind, fällt die Richtung des reziproken Vektors mit der des ursprünglichen zusammen.

1.5.3. Der reziproke Gittervektor

Mit Hilfe der soeben definierten Begriffe läßt sich die im Abschnitt 1.4.2. beschriebene Reflexion von Strahlen am Kristallgitter in folgender Weise zum Ausdruck bringen. In Gl. (2) setzen wir anstelle von λ die nach Gl. (5) definierte Wellenzahl k ein und erhalten

$$2k \sin \alpha = \frac{2\pi n}{d}. \tag{10}$$

Weiterhin sehen wir, daß der auf Bild 1.21 dargestellte Streuvorgang darauf hinausläuft, daß der in den Kristall einfallende Wellenzahlvektor $\boldsymbol{k}$ ohne Änderung des Betrages die Richtung des reflektierten Vektors $\boldsymbol{k}'$ annimmt. Bild 1.24 zeigt dies schematisch und zugleich auch, daß man zum ursprünglichen Vektor $\boldsymbol{k}$ den **Streuvektor** $\Delta\boldsymbol{k}$ addieren muß, um den reflektierten Vektor $\boldsymbol{k}'$ zu erhalten. Andererseits

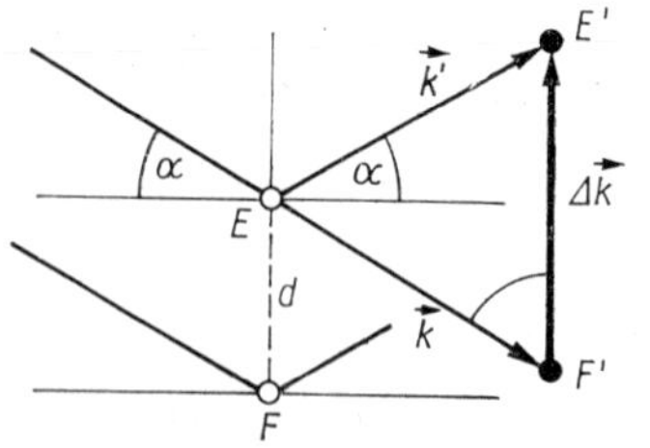

Bild 1.24 Streuvektor $\Delta\boldsymbol{k} = \boldsymbol{G}$ mit den Punkten E' und F' des reziproken Gitters

ist aus den geometrischen Verhältnissen abzulesen, daß der Betrag dieses Streuvektors $\Delta\boldsymbol{k}$ gleich der linken Seite von Gl. (10) ist und demzufolge

$$\Delta k = \frac{2\pi n}{d} \tag{11}$$

lautet.

Schließlich besetzen wir noch die Endpunkte von $\boldsymbol{k}$ und $\boldsymbol{k}'$ mit den Punkten eines gedachten **reziproken Gitters** und bezeichnen $\Delta\boldsymbol{k}$ als den zu $\boldsymbol{d}$ **reziproken Gittervektor** $\boldsymbol{G}$. Dann können wir den Reflexionsvorgang in folgende Worte kleiden:

> **Ein Röntgenstrahl wird so reflektiert, daß einfallender und reflektierter Wellenzahlvektor Anfangs- und Endpunkt des reziproken Gittervektors $\boldsymbol{G}$ bestimmen.**

Selbstverständlich gelten die Überlegungen zunächst nur für die Punkte eines linearen Gitters, die auf Bild 1.24 mit E und F bezeichnet sind und nach der Reflexion in die Punkte E' und F' des reziproken Gitters übergehen. Mit $n = 1$ können wir das abschließend noch in der Form

$$G = \frac{2\pi}{\boldsymbol{d}} \tag{12}$$

schreiben und sehen dabei, daß $\boldsymbol{G}$ den mit 2π multiplizierten, zu $\boldsymbol{d}$ reziproken Vektor darstellt.

1.5.4. Reziproke Gitter

Die soeben für das eindimensionale Gitter angestellten Betrachtungen lassen sich ohne weiteres auf den dreidimensionalen Fall erweitern. Ohne auf die hierzu eigentlich notwendigen mathematischen Schritte einzugehen, können wir die aus den Grundvektoren $\boldsymbol{a}$, $\boldsymbol{b}$, $\boldsymbol{c}$ eines gegebenen Gitters hervorgehenden Grundvektoren $\boldsymbol{A}$, $\boldsymbol{B}$, $\boldsymbol{C}$ des dazugehörigen reziproken Gitters analog zu den Gln. (9) u. (12) sofort hinschreiben:

$$A = 2\pi \frac{b \times c}{V}\,; \quad B = 2\pi \frac{c \times a}{V}\,; \quad C = 2\pi \frac{a \times b}{V}\,. \tag{13}$$

Wie aus der Definition des Vektorproduktes hervorgeht, gilt dann der Satz:

Die Grundvektoren des reziproken Gitters stehen senkrecht auf den entsprechenden Ebenen des ursprünglichen Gitters.

Ebenso wie man alle Punkte des ursprünglichen Gitters nach Gl. (1) durch den Translationsvektor $\boldsymbol{R}$ darstellen kann, sind die Punkte des reziproken Gitters nunmehr durch den **reziproken Gittervektor**

$$G = hA + kB + lC \quad (h, k, l = 1, 2, 3, \ldots) \tag{14}$$

definiert.

So läßt sich das reziproke Gitter in jedem Fall geometrisch konstruieren. Nur eine maßstäbliche Darstellung ist nicht möglich, da seine linearen Abmessungen die Dimension einer reziproken Länge haben, d. h., ihre Einheit ist m^{-1}, was an sich gar nicht vorstellbar ist.

Wie das folgende Beispiel zeigen wird, erweist sich das zum kubisch-raumzentrierten Gitter reziproke Gitter als kubisch-flächenzentriert. Beide Gitter sind also zueinander reziprok!

Beispiele: **1. Das reziproke Gitter zum krz-Gitter.**

Zur Berechnung von $\boldsymbol{A}$ werden die für das krz-Gitter im Beispiel 2 aus Abschn. 1.3.2. gefundenen Basisvektoren eingesetzt.[1]) Es ist dann $\boldsymbol{b} \times \boldsymbol{c} = \boldsymbol{a}_2 \times \boldsymbol{a}_3 = \frac{a^2}{4}(-\boldsymbol{x}_0 + \boldsymbol{y}_0 + \boldsymbol{z}_0) \times (\boldsymbol{x}_0 - \boldsymbol{y}_0 + \boldsymbol{z}_0) = \frac{a^2}{4}(\boldsymbol{z}_0 + \boldsymbol{y}_0 - \boldsymbol{z}_0 + \boldsymbol{x}_0 + \boldsymbol{y}_0 + \boldsymbol{x}_0) = \frac{a^2}{2}(\boldsymbol{x}_0 + \boldsymbol{y}_0)$ und weiterhin das Volumenprodukt $V = \boldsymbol{a}(\boldsymbol{b} \times \boldsymbol{c}) = \frac{a^3}{4}(\boldsymbol{x}_0 + \boldsymbol{y}_0 - \boldsymbol{z}_0) \times (\boldsymbol{x}_0 + \boldsymbol{y}_0) = \frac{a^3}{4}(\boldsymbol{x}_0^2 + \boldsymbol{y}_0^2) = \frac{a^3}{2}$. Damit wird schließlich $\boldsymbol{A} = 2\pi \frac{a^2(\boldsymbol{x}_0 + \boldsymbol{y}_0) \cdot 2}{2a^3} = \frac{2\pi}{a}(\boldsymbol{x}_0 + \boldsymbol{y}_0)$;

in entsprechender Weise ergeben sich $\boldsymbol{B} = \frac{2\pi}{a}(\boldsymbol{y}_0 + \boldsymbol{z}_0)$ sowie $\boldsymbol{C} = \frac{2\pi}{a}(\boldsymbol{x}_0 + \boldsymbol{z}_0)$.

Dies aber sind bis auf einen konstanten Faktor die Basisvektoren des kfz-Gitters, die im Beispiel 1 aus Abschn. 1.3.2. dargestellt wurden.

2. Das reziproke Gitter zum primitiv kubischen Gitter.

Die Grundvektoren des ursprünglichen Gitters seien $\boldsymbol{a}_1 = a\boldsymbol{x}_0$; $\boldsymbol{a}_2 = a\boldsymbol{y}_0$, $\boldsymbol{a}_3 = a\boldsymbol{z}_0$ mit $|\boldsymbol{x}_0| = |\boldsymbol{y}_0| = |\boldsymbol{z}_0| = 1$. Hierzu reziprok sind $\boldsymbol{A} = 2\pi \frac{a^2(\boldsymbol{y}_0 \times \boldsymbol{z}_0)}{a^3} = \frac{2\pi \boldsymbol{x}_0}{a}$; analog sind $\boldsymbol{B} = \frac{2\pi \boldsymbol{y}_0}{a}$ und $\boldsymbol{C} = \frac{2\pi \boldsymbol{z}_0}{a}$. Das reziproke Gitter ist also wiederum primitiv kubisch.

[1]) Man beachte hier besonders den Unterschied zwischen vektoriellen (fett gedruckten) und skalaren (mager gedruckten) Größen!

1.6. Brillouin-Zonen

Nicht nur im ursprünglichen, sondern auch im reziproken Gitter läßt sich nach der in 1.3.3. gegebenen Anleitung eine WIGNER-SEITZ-Zelle konstruieren. Sie trägt den besonderen Namen **Brillouin-Zone:**

> **Brillouin-Zonen eines Gitters sind Wigner-Seitz-Zellen im zugehörigen reziproken Gitter.**

Als besonders einfaches Schema zeigt Bild 1.25 einen Ausschnitt aus einem zweidimensionalen quadratischen reziproken Gitter, das – vom Maßstab abgesehen – nicht anders als das zugehörige Grundgitter aussieht (s. Beispiel 2 in 1.5.4.). Die Mittelsenkrechten auf AB, AC, AD und AE umranden die **1. Brillouin-Zone.**
Da der Betrag des reziproken Gittervektors nach Gl. (12) $G = 2\,\pi/a$ ist, erstreckt sie sich zwischen den Grenzen $-\dfrac{\pi}{a}$ und $+\dfrac{\pi}{a}$. Geht man dagegen von den übernächsten Nachbarn F und H aus, so laufen die Mittelsenkrechten durch die Punkte B und D und beranden die **2. Brillouin-Zone** zwischen den Grenzen $-\dfrac{2\pi}{a}$ und $+\dfrac{2\pi}{a}$. Hierzu rechnet man auch die entsprechenden Flächen in vertikaler Richtung.
Schließlich kann man u. a. auch in diagonaler Richtung fortschreiten und mit Hilfe der Punkte K, L, M und N eine weitere BRILLOUIN-Zone konstruieren, die durch das auf der Spitze stehende Quadrat in Bild 1.25 ersichtlich ist.

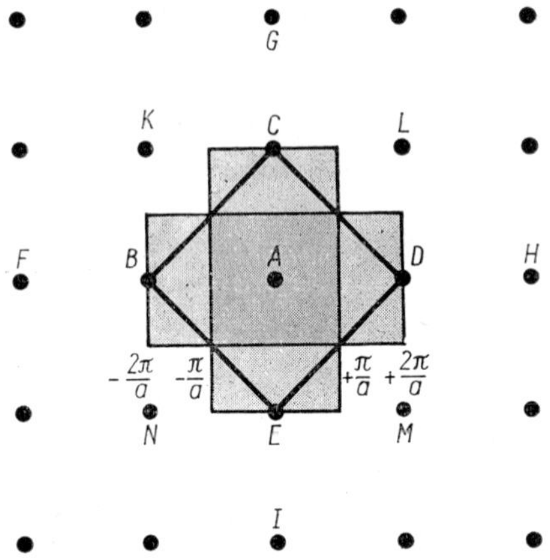

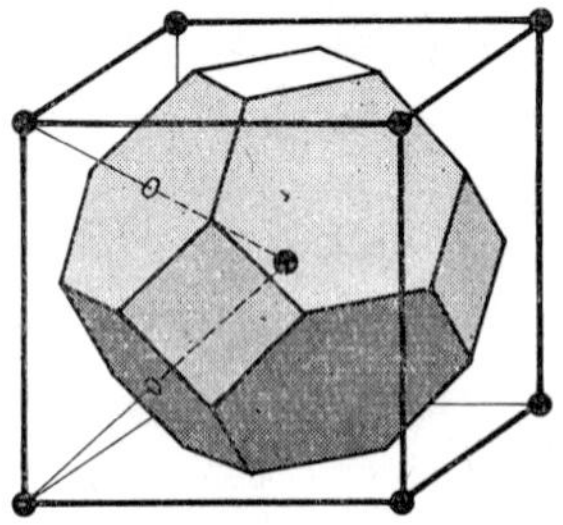

Bild 1.26 Erste BRILLOUIN-Zone des kubisch-flächenzentrierten Gitters

Bild 1.25 Die ersten 3 BRILLOUIN-Zonen im quadratischen reziproken Gitter

Noch interessanter sieht die BRILLOUIN-Zone des kfz-Gitters aus. Sein reziprokes Gitter ist das krz-Gitter (Beispiel 1 in 1.5.4.). Gehen wir von dem in der Würfelmitte besetzten Gitterpunkt aus, so können wir ihn mit den 8 Würfelecken verbinden und die Mittelebenen konstruieren (Bild 1.26). Das ergibt zunächst ein Oktaeder. Es sind aber noch die Mittelpunkte der angrenzenden 6 Würfel zu berücksichtigen. Die zugehörigen Mittelebenen schneiden von den Oktaedern die Ecken ab und hinterlassen 6 quadratische Schnittflächen, so daß ein 14flächner entsteht.

2. Die Bindungskräfte im Festkörper

2.1. Die Bindungsenergie

Die Frage nach der Struktur der Kristalle fordert sogleich die nächste heraus: Welche Kräfte halten die Gitterbausteine zusammen? Denken wir an die außerordentliche Festigkeit und Härte vieler Kristalle, so müssen auch erhebliche Kräfte wirken; denn es bedarf großen Energieaufwandes, die Bausteine voneinander zu trennen. Man spricht daher von der Gitter- oder **Bindungsenergie**:

> **Die Bindungsenergie ist gleich der Energie, die zur Abtrennung neutraler Atome aus dem Festkörper bei der Temperatur 0 K aufzuwenden ist.**

Sie wird üblicherweise in Kilojoule je Mol angegeben und ist in der Tabelle 11 am Ende des Buches mit aufgeführt. Sie kann dann leicht in Elektronenvolt auf ein einzelnes Atom bezogen werden.

Beispiel: Zur Abtrennung eines Atoms Silber wird mit dem Tabellenwert 285,96 kJ/mol (S. 196) die Energie

$$W_B = \frac{285{,}96\ \text{kJ/mol}}{6{,}022 \cdot 10^{23}\ \text{1/mol} \cdot 1{,}6 \cdot 10^{-22}\ \text{kJ/eV}} = 2{,}97\ \text{eV benötigt.}$$

2.2. Bindungsarten

Der Zusammenhalt der das Gitter aufbauenden Teilchen hat letzten Endes nur eine einzige Ursache. Es ist die elektrische Anziehungskraft, wie sie auch zwischen dem positiven Atomkern und der ihn umgebenden Elektronenhülle wirkt. Allerdings tritt sie äußerlich in recht verschiedenen Formen auf, denen auch die 4 verschiedenen Bindungsarten entsprechen:

Bindungsarten	Bindungspartner	Bindungsenergie W_B in eV
1. VAN-DER-WAALS-Bindung	neutrale oder geladene Teilchen	0,01 ... 0,2
2. Ionenbindung (heteropolare B.)	ungleichartige Ionen	3 ... 15
3. Atombindung (homöopolare B.)	gleichartige Atome mit gemeinsamer Elektronenhülle	1 ... 7
4. Metallische Bindung	Ionen und freie Elektronen	1 ... 8

2.2.1. Die Kristalle der Edelgase

Da die Elektronenhüllen der Edelgasatome kugelsymmetrisch um den Kern verteilt sind, müßten sich die Atome nach außen hin völlig inaktiv verhalten. Die Edelgase sollten daher keinerlei Kohäsion zeigen und auch keine festen Kristalle bilden können. Wenn sie dennoch schwache Anziehungskräfte zeigen und bei entsprechend tiefen Temperaturen auch feste Kristalle bilden,[1] so rührt das von der Bewegung der Elektronen in der Hülle her. Die vorübergehende geringe Asymmetrie macht das Atom zu einem kleinen elektrischen Dipol. Das von ihm erzeugte elektrische Feld influenziert im benachbarten Atom ebenfalls ein Dipolmoment von gleicher Richtung (Bild 2.1). Immer aber richten sich beide Dipole so aus, daß sie sich gegenseitig an-

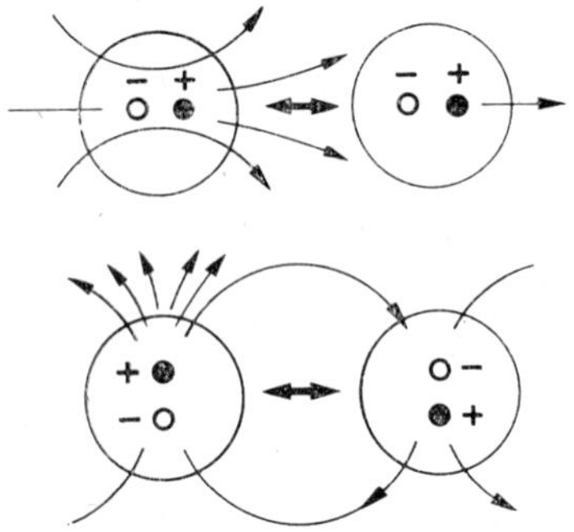

Bild 2.1 Anziehung benachbarter elektrischer Dipole

ziehen. Die Gesetze der Elektrostatik ergeben dann für das **Van-der-Waals-Potential** zweier Atome[2])

$$U = -\frac{C}{r^6}. \qquad (1)$$

Der Betrag der Konstanten C wird auf etwa 10^{-77} J m^6 geschätzt.

Die Atome können sich aber nicht beliebig nahe kommen. Es ist noch eine abstoßende Kraft vorhanden, die daran erkennbar ist, daß sich Atome nur unter erheblichem Kraftaufwand zusammendrücken lassen. Ursache ist die mit kleiner werdendem Abstand zunehmende Überlappung der Atome, wobei die Elektronenhülle des einen Atoms ein wenig in die des anderen eindringt. So ist denn die Abstoßungskraft von noch kürzerer Reichweite als das Potential nach Gl. (1). Ihr Potential läßt sich durch den Ausdruck

$$U = \frac{B}{r^{12}} \qquad (2)$$

mit der empirischen Konstanten B beschreiben.

Der stabilste Zustand wird erreicht, wenn die Gitterenergie ihren kleinstmöglichen Wert hat und jedes Atom von möglichst vielen Nachbarn umgeben ist. Das ergibt eine dichteste Kugelpackung, die bei den Edelgasen kubisch-flächenzentriert ist (Bild 2.2).

---

[1]) mit Ausnahme der suprafluiden Isotope ^{4}He und ^{3}He

[2]) Negatives Potential bedeutet stets eine anziehende Kraft, da die Kraft als negative Ableitung des Potentials nach dem Weg definiert ist.

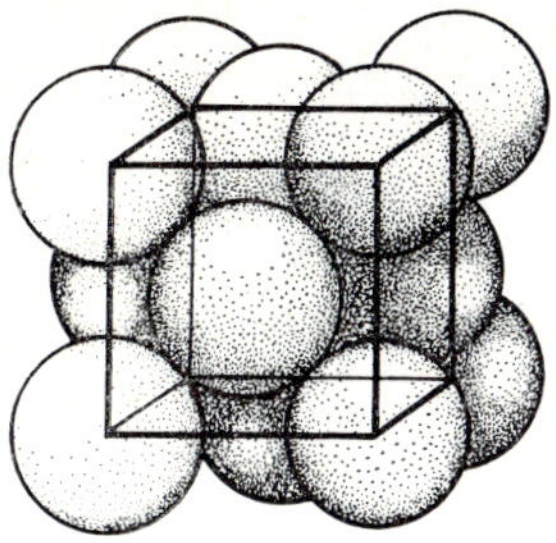

Bild 2.2 Kubisch-dichteste Kugelpackung der festen Edelgase

Da die VAN-DER-WAALS-Kräfte nicht nur bei neutralen, sondern auch bei geladenen Teilchen auftreten, wären sie auch bei den übrigen Bindungsarten mit zu berücksichtigen. Wie aber das folgende Beispiel lehrt, ist ihr Beitrag in diesen Fällen vernachlässigbar gering. Die Kristalle der Edelgase sind daher von nur geringer Härte und sehr niedrigem Schmelzpunkt.

Beispiel: Der Atomradius des Kryptons ist $2 \cdot 10^{-10}$ m. Bei der Berührung zweier Atome, d. h. im Abstand $r = 4 \cdot 10^{-10}$ m, ist mit der Konstanten $C = 0{,}5 \times 10^{-77}$ J m^6 die Bindungsenergie nach Gl. (1)

$$W_B = \frac{C}{r^6} = \frac{0{,}5 \cdot 10^{-77}\ \mathrm{J\,m^6}}{4{,}096 \cdot 10^{-57}\ \mathrm{m^6}} = 1{,}22 \cdot 10^{-21}\ \mathrm{J} \quad \text{oder } 7{,}6 \cdot 10^{-3}\ \mathrm{eV}\,.$$

2.2.2. Die Ionenkristalle

Der Zusammenhalt eines aus räumlich getrennten positiven und negativen Ionen aufgebauten Kristalls beruht auf der bekannten **Coulombschen Anziehungskraft**

$$F = \frac{Q^2}{4\pi\,\varepsilon_0 r^2}\,. \tag{3}$$

Soll daraus die Bindungsenergie berechnet werden, so ergibt sich zunächst für ein einzelnes Ion nach Gl. (14/33)

$$W_B = -\frac{Q^2}{4\pi\,\varepsilon_0 r}\,. \tag{4}$$

Im Gegensatz zum VAN-DER-WAALS-Potential (1), das mit der 6. Potenz der Entfernung und mithin außerordentlich schnell abnimmt, ist das COULOMB-Potential von relativ großer Reichweite. Es müssen daher auch noch die anziehenden bzw. abstoßenden Kräfte der weiter entfernten Nachbarn mit berücksichtigt werden. Wie das gemeint ist, zeigt Bild 2.3 für den Fall einer einfachen Reihe positiver und negativer Ionen, deren Abstand r sei. Anstelle des einfache Faktors $\frac{1}{r}$ im Potential (4) gilt dann in bezug auf ein herausgegriffenes Ion die Summe $\frac{\alpha}{r} = 2\left(\frac{1}{r} - \frac{1}{2r} + \frac{1}{3r} - \frac{1}{4r} + \dots\right)$. Der Faktor 2 steht hier, weil die Ionenkette nach beiden Seiten verläuft. Die Summierung dieser bekannten Reihe liefert

$$\frac{\alpha}{r} = \frac{2\ln 2}{r} = \frac{1{,}386}{r}\,.$$

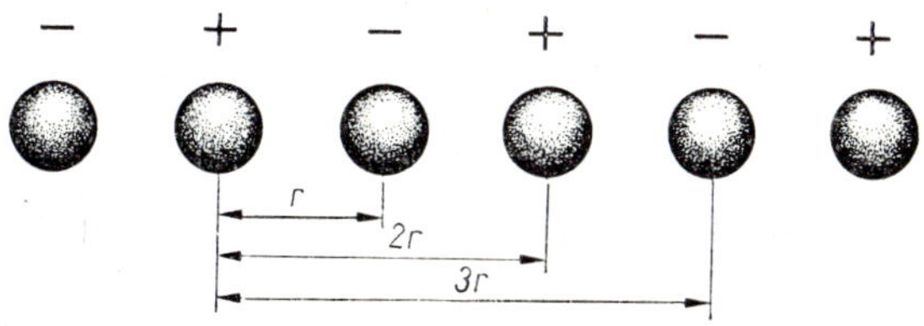

Bild 2.3 Zur Berechnung der MADELUNG-Konstanten

In einem dreidimensionalen Gitter ist die Berechnung umständlicher und ergibt einen Faktor, der als **Madelung-Konstante** bezeichnet wird. Es ist z. B. für das Steinsalz NaCl $\alpha = 1{,}75$.
Im Verhältnis dazu ist das vorhin erwähnte abstoßende Potential relativ gering und beträgt bei NaCl etwa 10 % des nach Gl. (4) berechneten COULOMBschen Potentials.

Beispiel: Für die Bindungsenergie des Natriumchlorids ergibt sich mit der MADELUNG-Konstanten $\alpha = 1{,}75$, dem Abstand zweier Ionen $r = 2{,}82 \cdot 10^{-10}$ m und den übrigen bekannten Kostanten

$$W_{\mathrm{B}} = -\frac{\alpha e^2}{4\pi\,\varepsilon_0 r} = -1{,}43 \cdot 10^{-18}\ \mathrm{J/Ion} = -8{,}62 \cdot 10^5\ \mathrm{J/mol}\,.$$

Unter Berücksichtigung des abstoßenden Potentials in Höhe von etwa 10 % kommt dies dem experimentell gefundenen Wert von $-7{,}66 \cdot 10^5$ J/mol recht nahe.

2.2.3. Kristalle mit Atombindung

Die Atombindung (oder auch echte chemische oder homöopolare Bindung) bildet die Grundlage der meisten chemischen, besonders der organischen Verbindungen. Sie beruht darauf, daß sich die Wellenfunktionen, anschaulich als Aufenthaltsräume (Orbitale) gedeutet (s. 14.6.3.), weitgehend überlappen. Je 2 Elektronen von entgegengesetzter Spinrichtung befinden sich dann in einem gemeinsamen, beide Atomrümpfe umschließenden Orbital. Beim Wasserstoffmolekül H_2 ist es ein Raum von ellipsoider Form, der die beiden nahe beieinander liegenden Atomkerne umschließt (Bild 2.4).
Diese Vereinigung bietet bei 2p-Elektronen, die ja aus je einem Paar von Orbitalen bestehen, ein besonders interessantes Bild. Es kann sein, daß die Längsachsen der Orbitale eine gerade Linie bilden. Das ergibt die **σ-Bindung** (Bild 2.5). Wenn die Längsachsen aber parallel stehen, liegt die **π-Bindung** vor (Bild 2.6).
Am auffallendsten ist jedoch, daß Kohlenstoff vierwertig ist, obwohl die Elektronenhülle den Aufbau $1s^2 2s^2 2p^2$ hat (s. 14.5.5.2.). Mit nur zwei 2p-Elektronen dürfte sie eigentlich nur 2wertig sein (Bild 2.7a). Beim Zusammentreten mit einem Verbindungspartner tritt aber etwas Neues ein: die **Hybridisierung.** Unter Energieaufwand von 674 kJ/mol gehen die beiden 2s-Elektronen in den 2p-Zustand über, womit nunmehr vier 2p-Elektronen zur Verfügung stehen[1]) (Bild 2.7 b). Damit sind die

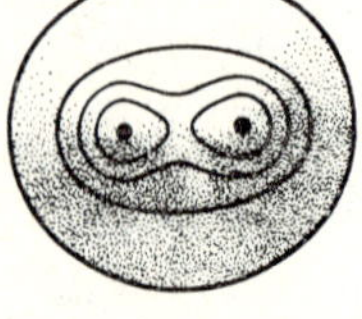

Bild 2.4 H_2-Molekül mit Flächen gleicher Aufenthaltswahrscheinlichkeit für beide Elektronen

Bild 2.5 σ-Bindung zweier 2p-Elektronen

[1]) Der erforderliche Energieaufwand wird von der beim Zustandekommen der Verbindung frei werdenden Bindungsenergie mehr als gedeckt.

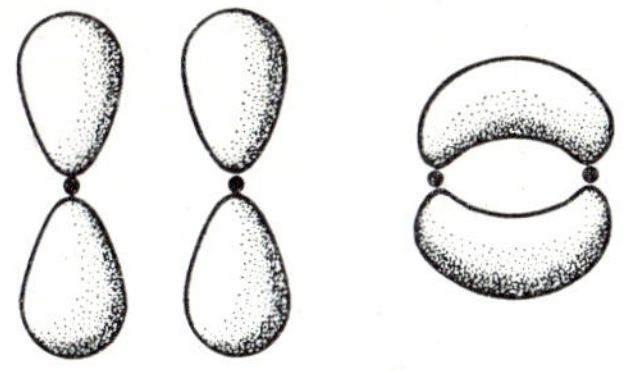

Bild 2.6 π-Bindung zweier 2p-Elektronen

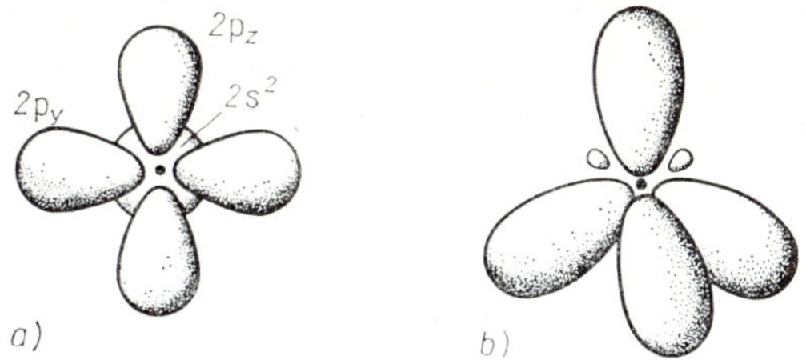

Bild 2.7 Hybridisierung zweier 2p-Elektronen
a) Grundzustand mit zwei 2s- und zwei 2p-Elektronen
b) Zustand nach Hybridisierung mit vier 2p-Elektronen

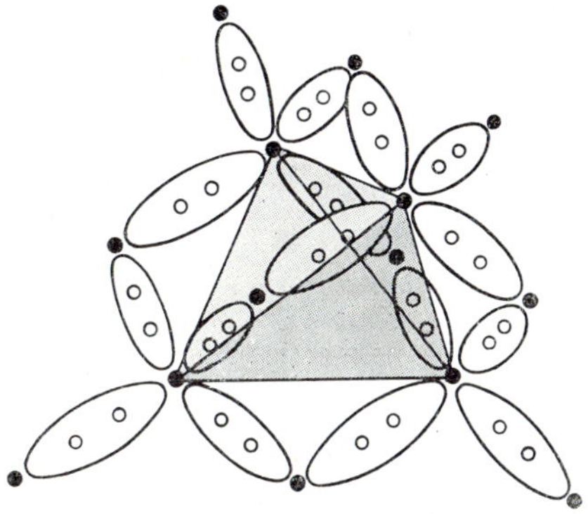

Bild 2.8 Diamant-Gitter. Jedes Orbital enthält 2 Elektronen.

Wertigkeit 4 und die raumsymmetrische Anordnung der Bindungskräfte verständlich, die nach dem gleichen Mechanismus auch beim Silizium und Germanium zustande kommen.

Unter exakter Beibehaltung des zwischen den Orbitalen bestehenden Winkels von 109,5° findet dann nach dem Schema der σ-Bindung die Verschmelzung mit dem entsprechenden Orbital des Nachbaratoms statt (Bild 2.8). In jedem Orbital befinden sich sodann 2 Elektronen, womit schließlich jedes Atom von 4 Elektronenpaaren umgeben ist. Die tetraedrische Struktur des Diamantgitters entspricht also nicht dem Streben nach engster Raumausfüllung, wie es bei den Edelgas- und Ionengittern der Fall ist, sondern folgt den streng gerichteten, aus dem Atombau folgenden Bindungskräften.

2.2.4. Die Kristalle der Metalle

Im Unterschied zum Ionengitter besteht das Kristallgitter der Metalle aus Ionen gleichartigen Vorzeichens. Die dazu gehörenden Elektronen sind ähnlich den frei beweglichen Teilchen eines Gases in diesem Gitter eingeschlossen und betätigen sich u. a. als Leitungselektronen beim Transport des elektrischen Stromes.

Zum Zusammenhalt des Gitters tragen je nach Art des Metalls Wechselwirkungen zwischen den Atomrümpfen und den freien Elektronen, bei den Übergangsmetallen[1]) auch homöopolare oder VAN-DER-WAALSsche Kräfte zwischen den Ionen selbst bei. Die Bindungskräfte sind daher viel schwächer und nicht streng gerichtet wie bei der Atombindung, sondern gleichmäßig nach allen Seiten hin verteilt. Das führt zur Anordnung höchstmöglicher Symmetrie, bei der jedes Atom von 12 Nachbarn umgeben ist, d. i. die hexagonal dichteste Kugelpackung, gleichbedeutend mit dem kfz-Gitter.

Außer diesem allgemeinen Charakter, der sich in der Tabelle 11 (S. 196 ff.) z. B. bei den Metallen Al, Ca, Ni, Cu usw. bestätigt findet, tritt u. U. noch ein besonderer Einfluß des Elektronenspins hervor, der zum energetisch tiefsten Zustand des krz-Gitters mit der Koordinationszahl 8 führt.

---

[1]) Übergangsmetalle sind solche mit unvollständig besetzten d- oder f-Zuständen, wie Fe, Ni, Cu (Periodensystem, vgl. 14.5.5.2.).

3. Gitterfehler

3.1. Kristallite und Korngrenzen

Die Vorstellungen vom idealen Kristallgitter bilden zwar die Grundlage der Festkörperphysik, reichen aber bei weitem nicht aus, alle beobachtbaren Erscheinungen zu erklären. Vielmehr sind es gerade die Abweichungen von der Idealstruktur, die **Gitterfehler**, aus denen charakteristische Eigenschaften hervorgehen, die dadurch oft in entscheidender Weise beeinflußt werden.
Schon im einfachen Mikroskop lassen die meisten Festkörper erkennen, daß sie aus einzelnen Körnern oder **Kristalliten** unterschiedlicher Orientierung bestehen (Bild 3.1). Es hängt dies mit ihrer Entstehung zusammen. Die Erstarrung aus dem Schmelzfluß beginnt an vielen Stellen gleichzeitig, von wo aus die Kristallite so lange wachsen, bis sie an den **Korngrenzen** aneinanderstoßen, wo sich besonders die Verunreinigungen anreichern.

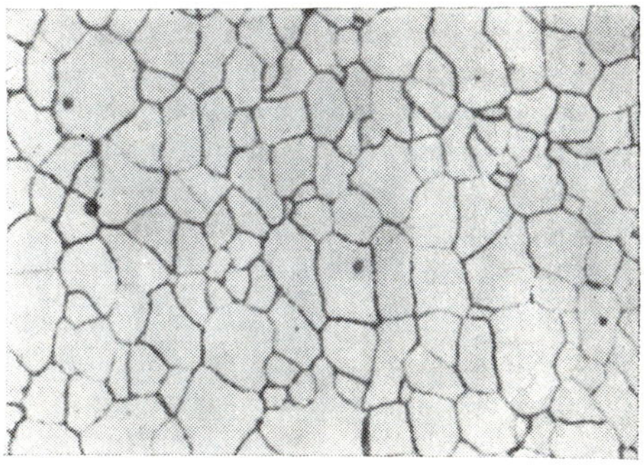

Bild 3.1 Polykristallines Gefüge von technisch reinem Eisen (200fach vergrößert)

Die Kristallite eines solchen **polykristallinen** Körpers bestehen ihrerseits aus noch kleineren Bereichen, der **Mosaik-** oder **Substruktur.** Es sind dies weitgehend ungestörte Kristallbereiche, die um eine gemeinsame Achse geringfügig gegeneinander verdreht sind. Der Durchmesser der Subkörner läßt sich mit etwa $10^{-9} \ldots 10^{-7}$ m angeben.

3.2. Arten der Gitterfehler

Die eigentlichen Gitterfehler sind jedoch Unregelmäßigkeiten im exakten Aufbau des Gitters selbst. Sie lassen sich wie folgt einteilen:

1. **Einzelne Fehlstellen:** Leerstellen, Zwischengitterplätze, Fremdstörstellen
2. **Linienhafte Fehlordnungen:** Versetzungen
3. **Flächenhafte Fehlordnungen:** Stapelfehler, Groß- und Kleinwinkelkorngrenzen.

3.3. Einzelne Fehlstellen

3.3.1. Leerstellen und Zwischengitterplätze

Einzelne, nicht besetzte Gitterplätze werden als **Leerstellen** bezeichnet. Zu mehreren nebeneinander oder gehäuft können sie Hohlräume oder Poren verursachen. Wenn das fehlende Atom außerhalb des geschlossenen Gitters – etwa an der Oberfläche – abgelagert wird, spricht man von **Schottkyscher Fehlordnung** (Bild 3.2).
Verschieben sich Atome von ihren ursprünglichen Plätzen an **Zwischengitterplätze,** so hinterlassen sie stets eine gleich große Anzahl von Leerstellen. Man spricht dann von **Frenkel-Defekten** (Bild 3.2).

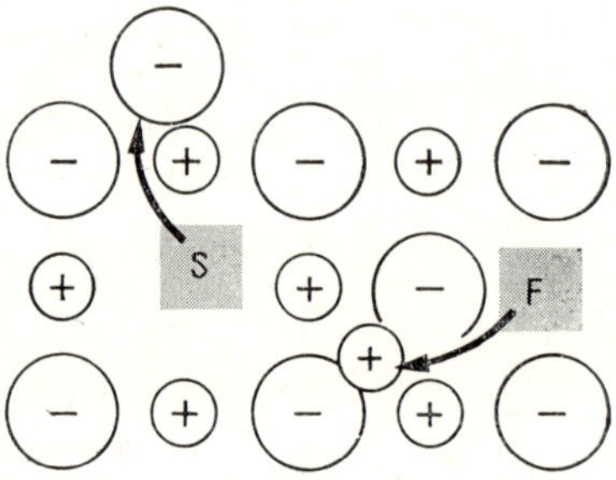

Bild 3.2 Schottky- (S-) und Frenkel- (F-) Fehlordnung

3.3.2. Zur Entstehung der Leerstellen

Die Ursache der Leerstellen ist thermodynamischer Art und eine zwangsläufige Folge der Wärmebewegung der Kristallbausteine. Ähnlich wie bei den Molekülen eines Gases ist ihre Energie statistisch verteilt, und im thermodynamischen Gleichgewicht gibt es bei endlicher Temperatur stets einen bestimmten Bruchteil aller n Bausteine, deren Energie **(Aktivierungsenergie)** W_S ausreicht, um von ihrem Gitterplatz aus an die Oberfläche zu gelangen. Ist die Anzahl der entstandenen Fehlstellen je Volumeneinheit n_S, so ist die **Konzentration der Schottky-Fehlstellen** n_S durch den bekannten Boltzmann-Faktor (14/16) gegeben:

$$n_S = n\, e^{-W_S/k_B T} \tag{1}$$

und analog dazu die **Konzentration der Frenkel-Fehlstellen** n_F

$$n_F = n\, e^{-W_F/2k_B T}. \tag{2}$$

In Kristallen, die aus dem Schmelzfluß hergestellt werden (z. B. Silizium), kann die bei hohen Temperaturen große Fehlstellenkonzentration durch schnelles Abkühlen «einfrieren»: **Leerstellenübersättigung,** die u. a. von Versetzungen (s. 3.4.) wieder abgebaut wird.

Beispiel: Setzt man die Aktivierungsenergie gleich der Bindungsenergie (s. 2.1.) und nimmt diese bei den Metallen ($n \approx 8 \cdot 10^{28}$ 1/m³) mit rund 2 eV (s. Tabelle 11, S. 196 ff.) an, so ergibt sich die Konzentration für SCHOTTKY-Fehlstellen nach Gl. (1) bei der Temperatur $T = 1000$ K

$$n_S = n\,e^{-23,2} = 8 \cdot 10^{28} \cdot 8,4 \cdot 10^{-11}\ 1/m^3 = 6,72 \cdot 10^{18}\ 1/m^3.$$

3.3.3. Die Ionenleitung

In Ionengittern sind auf Zwischengitterplätzen sitzende überzählige Ionen oder Leerstellen die Ursache elektrischer Leitfähigkeit, der **Ionenleitung.** Im ersten Fall bewegen sich die Ionen im angelegten elektrischen Feld von einem Zwischengitterplatz zum nächsten. Im zweiten Fall wandern die Leerstellen auf indirekte Weise, indem sie schrittweise durch benachbarte Ionen ausgefüllt werden, die ihrerseits neue Leerstellen hinterlassen.
Im wesentlichen Gegensatz zum elektrischen Strom in den Metallen ist die Ionenleitung stets mit einem **Materialtransport** verbunden, indem sich an den Elektroden entsprechende Atome bzw. Atomgruppen in wägbarer Menge abscheiden.
Ohne auf die vielen Einzelfälle einzugehen, sei nur bemerkt, daß der nach Gl. (1) oder (2) zu erwartende Temperatureinfluß sich praktisch sehr unterschiedlich bemerkbar macht. In vielen Fällen wird die Ionenleitung durch zusätzliche Elektronenleitung (s. elektronische Halbleiter, Abschn. 9.) überdeckt.

3.3.4. Fremdstörstellen

Wiederum andersartige Wirkungen haben Fremdatome oder -ionen zur Folge, die in das Wirtsgitter eingebaut sind. Solche **Fremdstörstellen** können auf regulären Gitterplätzen (Substitutionsstörstellen) oder auch auf Zwischengitterplätzen sitzen. Zur ersten Art gehören besonders die den Leitungstyp bestimmenden Donatoren und Akzeptoren in den dotierten Halbleitern, von denen noch ausführlich (Abschn. 9.2.) die Rede sein wird.
Findet die Substitution durch ein Atom der gleichen Gruppe des Periodensystems statt und besteht ein ausreichender Unterschied in der Elektronenaffinität, so entstehen **Haftstellen** mit besonders großer Einfangwahrscheinlichkeit für Elektronen oder Löcher (Abschn. 10.4.1.).

3.3.5. Farbzentren

An der deutlichen Verfärbung der Kristalle von Isolatoren sind **Farbzentren** erkennbar. Bei der am häufigsten vorkommenden Form, dem **F-Zentrum,** sitzt ein einzelnes Elektron in einer Leerstelle und ist dort rings von Kationen umgeben. Bei Einstrahlung von Licht nimmt es angeregte Zustände ein, indem es bestimmte Wellenlängen absorbiert (Bild 3.3). Die entsprechenden Absorptionskurven sind glockenförmig (Bild 3.4).

F-Zentren können auf folgende Arten erzeugt werden:

1. Erhitzen des Kristalls im Dampf einer im Kristall enthaltenen Komponente
2. Bestrahlung mit ionisierender Strahlung (UV-Licht, Röntgen-, γ- oder Protonenstrahlen)
3. Elektrolyse

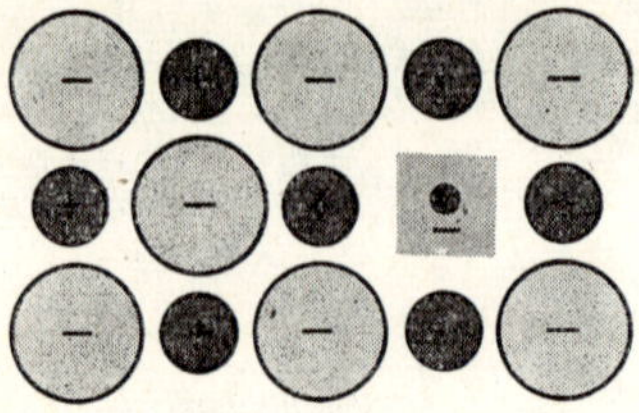

Bild 3.3 F-Zentrum: Elektron anstelle eines Ions

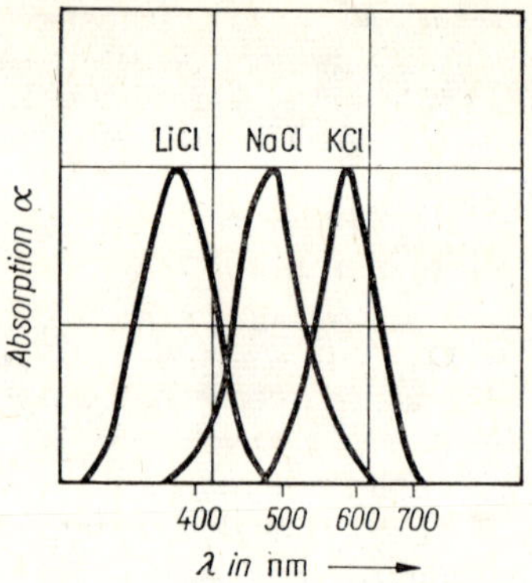

Bild 3.4 Absorptionskurven für Ionenkristalle mit F-Zentren

Beispiele: 1. Ein in Kaliumdampf erhitzter KBr-Kristall färbt sich blau, indem an der Oberfläche des Kristalls Metallatome angelagert werden, die durch Diffusion von Br-Ionen (Anionen) zur Oberfläche gebunden werden. Dadurch entstehen im Kristall Anionenleerstellen und Elektronen, da die Metallatome in Ionen übergehen.

2. Wird ein farbloser KBr-Kristall zwischen zwei Elektroden geklemmt und eine elektrische Spannung angelegt, so beginnt eine blaue Wolke von F-Zentren in den Kristall hineinzuwandern.

3.4. Linienhafte Fehlordnungen

Die im folgenden zu betrachtenden linien- und flächenhaften Fehlordnungen beruhen nicht auf thermodynamischen Vorgängen, sondern treten als bestimmte Unregelmäßigkeiten während des Wachstums und der plastischen Verformung von Kristallen auf.

3.4.1. Stufenversetzung

Von besonderer Bedeutung für die plastische Verformung und mechanische Festigkeit sind **die Versetzungen.** Bei der **Stufenversetzung** (Bild 3.5) schiebt sich eine zusätzliche Netzebene NE zwischen die übrigen und bricht längs der **Versetzungslinie** V ab. Die dadurch entstehende Verzerrung des Gitters gleicht sich in einigem Abstand wieder aus.

Die Versetzungslinie liegt in der **Gleitebene** G und teilt deren ungestörten Teil vom abgeglittenen Teil ab. In dieser Ebene – senkrecht zur Versetzungslinie – liegt der **Burgers-Vektor *b***, der i. allg. gleich einem Gittervektor ist. Erfolgt in dieser Richtung eine Schubbeanspruchung, so beginnen der obere und untere Teil aufeinander zu gleiten, wobei sich die Versetzungslinie parallel zu sich selbst bewegt.

Bild 3.6 zeigt das zweidimensionale Modell einer Stufenversetzung. Sie kommt dadurch zustande, daß in der durch den Pfeil a markierten Reihe von Kugeln eine fehlt. Dreht

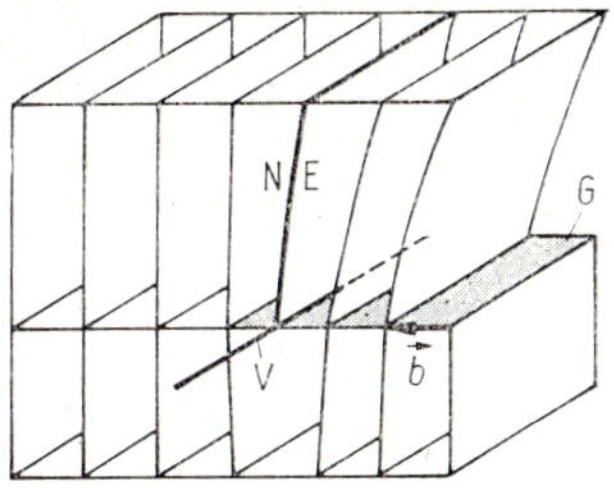

Bild 3.5 Stufenversetzung

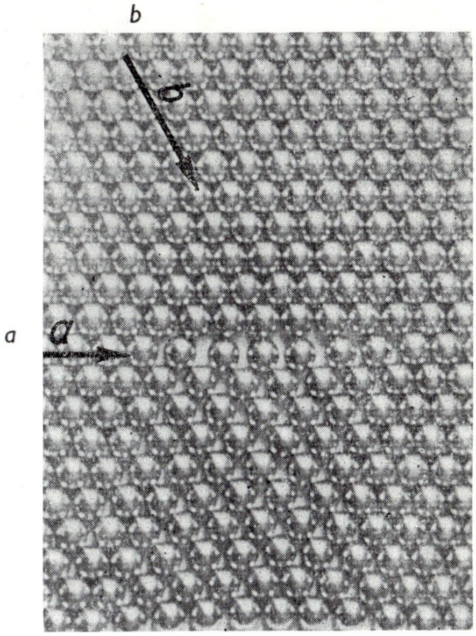

Bild 3.6 Kugelmodell einer Stufenversetzung

Bild 3.7 Epitaktisch auf MgAl-Spinell aufgewachsene polykristalline Si-Bereiche

man das Bild um 45° und blickt flach darüber hinweg, so ist zu sehen, wie sich die durch das Zeichen *b* markierte Reihe zwischen die übrigen schiebt und etwa in Bildmitte abbricht.

Derartige Versetzungen entstehen nicht nur beim gewöhnlichen Kristallwachstum, sondern bilden sich ganz zwangsläufig, wenn durch Aufdampfen eine Schicht B auf einer einkristallinen Unterlage A aufwächst und die Gitterkonstanten *b* und *a* nicht übereinstimmen. Ist z. B. *b* kleiner als *a*, so muß sich die Aufdampfschicht B durch stumpf endende Zwischenebenen ihrer Unterlage anpassen. Das orientierte Aufwachsen dünner Schichten, auch **Epitaxie** genannt, ist zu einer umfassenden Technik bei der Herstellung mikroelektronischer Bauelemente geworden (s. auch 9.7.1.1.) (Bild 3.7).

3.4.2. Schraubenversetzung

Hierzu denke man sich einen senkrechten längs einer Netzebene geführten Schnitt, der in einer bestimmten, gleichfalls senkrechten Versetzungslinie endigt. Dann läßt sich ein Teil des Kristalls parallel zur anfänglichen Lage so anheben, daß sich alle senkrecht zur Versetzungslinie verlaufenden Netzebenen schraubenförmig verwinden (Bild 3.8). Bei weiterer Fortsetzung des Vorganges ordnen sich diese nach Art einer Wendeltreppe mit der Versetzungslinie als Achse an. Die Ganghöhe ist gleich dem Betrag des Burgers-Vektors $\boldsymbol{b}$.

3.5. Flächenhafte Fehlordnungen

3.5.1. Stapelfehler

Bei der Betrachtung der dichtesten Kugelpackung (s. 1.3.5.) hatten wir zwei mögliche Schichtenfolgen unterschieden, und zwar *ABABA*... (hexagonal dichteste Packung) und *ABCABC*... (kubisch flächenzentriert). Werden diese Folgen nicht streng eingehalten, liegt ein **Stapelfehler** vor, wie z. B. bei der Folge *ABCABABCA*.... Hier wechselt der Typ kfz vorübergehend in den Typ hdP um. Bei der Schichtenfolge *ABCABCBA*... wiederum geht der kfz-Typ *ABC* von der 7. Schicht an in den umgekehrten kfz-Typ *CBA* über. Stapelfehler entstehen auch, wenn eine Schicht als Halbebene endigt und damit in der weiteren Fortsetzung ausfällt (Bild 3.9). Man spricht dann von einer **unvollständigen Versetzung** (Bild 3.10), wenn deren Burgers-Vektor kein Gittervektor mehr ist.

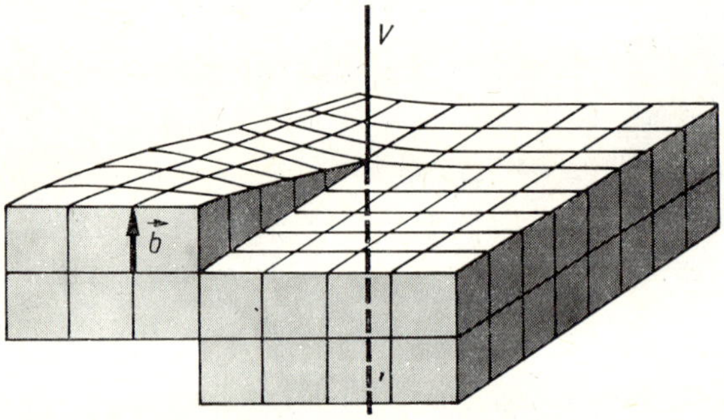

Bild 3.8 Schraubenversetzung. V Versetzungslinie, $\boldsymbol{b}$ Burgers-Vektor

Bild 3.9 Stapelfehler durch teilweisen Ausfall einer Netzebene

3.5.2. Kleinwinkelkorngrenzen

Versetzungen rufen auch die in 3.1. erwähnten Substrukturen hervor. Sie stoßen entlang von **Kleinwinkelkorngrenzen** aneinander, die aus einer Reihe von Stufenversetzungen bestehen. Bild 3.11 stellt ein aus Kugeln hergestelltes Modell dar. Werden der Kippwinkel mit φ, der Burgers-Vektor mit $\boldsymbol{b}$ und der Abstand der Versetzungen mit D bezeichnet, so kann man ablesen

$$\tan\varphi \approx \varphi = \frac{b}{D}. \qquad (3)$$

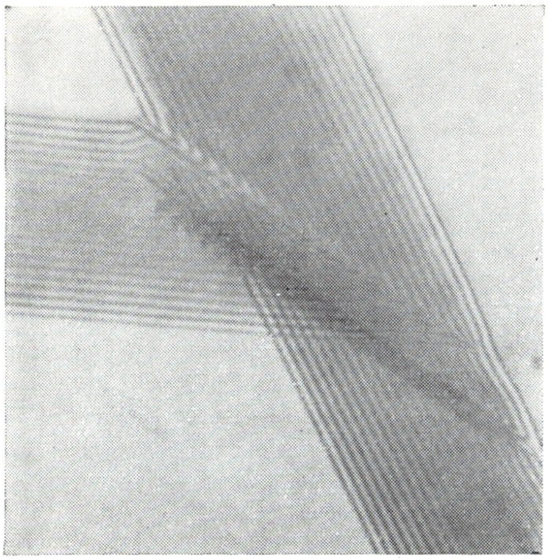

Bild 3.10 Stapelfehler in einer Si-Epitaxieschicht (elektronenmikroskopischer Beugungskontrast)

Bild 3.11 Kugelmodell einer Kleinwinkelkorngrenze

Diese Beziehung kann experimentell gut bestätigt werden, indem der Abstand D anhand von Ätzgrübchen direkt meßbar ist und die Größen φ und b röntgenografisch bzw. elektronenmikroskopisch bestimmbar sind.

3.6. Sichtbarmachung von Gitterfehlern

Versetzungen und andere Gitterfehler können im Mikroskop und noch besser im Elektronenmikroskop mittels unterschiedlicher Praktiken sichtbar gemacht werden. Wichtig sind u. a. die folgenden Verfahren.

3.6.1. Ätzgrübchen

Werden kristallografisch möglichst unversehrte Oberflächen, z. B. frische Spaltflächen, angeätzt, so markieren sich die Durchstoßpunkte von Versetzungslinien deutlich in Form von **Ätzgrübchen**, die schon bei geringer Vergrößerung sichtbar sind (Bild 3.12).

3.6.2. Oberflächendekoration

Die Oberfläche der Probe wird, zumeist in schräger Richtung, mit Gold oder einem anderen Schwermetall bedampft, wobei sich die Metallpartikeln u. a. entlang von Versetzungslinien wegen der hier besonders großen Bindungsenergie anreichern. Danach wird noch eine Kohleschicht aufgedampft, die sich mitsamt den Metall-

Bild 3.12 Ätzgrübchen auf Wolfram (elektronenmikroskopische Aufnahme, 4000fach)

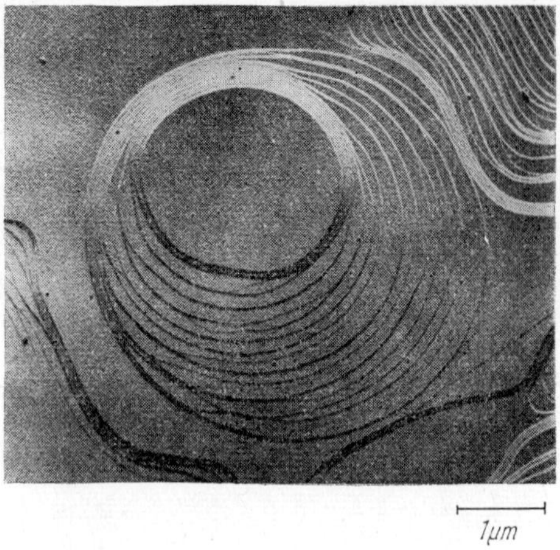

Bild 3.13 Wachstumshügel auf einer NaCl-Oberfläche (Pt-Kohle-Abdruck)

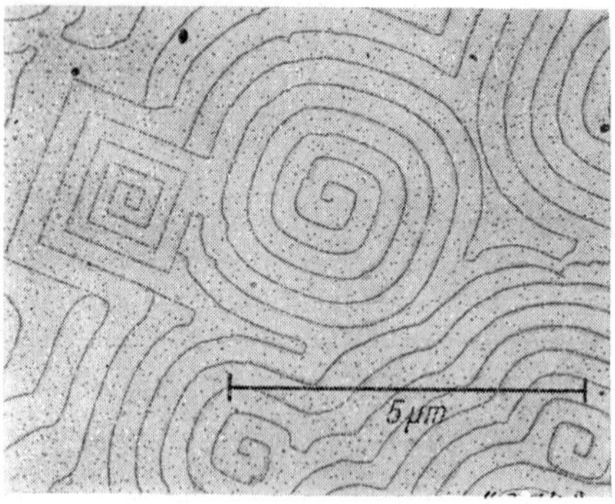

Bild 3.14 Abdampfspiralen auf einer NaCl-Oberfläche (Golddekoration; elektronenmikroskopische Aufnahme)

teilchen als Film ablösen und im Elektronenmikroskop untersuchen läßt. Auf Bild 3.13 ist ein mit dem **Platin-Kohle-Abdruckverfahren** sichtbar gemachter Wachstumshügel auf einer NaCl-Oberfläche zu sehen, der am Ort einer Kristallstörung entstanden ist. Bild 3.14 stellt ebenfalls eine NaCl-Oberfläche dar, die nach intensivem Abdampfen, d. h. Abtragung bei etwa 450 °C und Golddekoration, spiralige Strukturen erhält. Die runden Spiralformen haben eine Stufenhöhe von einer Atomlage ($2{,}8 \times 10^{-10}$ m), während die viereckigen Stufen zwei Atomlagen ($5{,}6 \cdot 10^{-10}$ m) hoch sind. Die Spiralen selbst markieren die Durchstoßpunkte von Schraubenversetzungslinien.

3.6.3. Röntgentopografie

Die unmittelbare Wiedergabe von Kristallbaufehlern wie Versetzungen, Korngrenzen, Ausscheidungen usw. gelingt mittels monochromatischer Röntgenstrahlen. Sie bilden sich dabei auf feinkörnigem Film als Kontrastunterschiede in natürlicher Größe ab. Erst bei lichtoptischer Nachvergrößerung werden sie fürs Auge erkennbar. Bild 3.15

zeigt z. B. den Querschnitt durch einen nach dem CZOCHRALSKI-Verfahren (s. 9.1.2.) gezogenen Granat-Einkristall. Die konzentrischen Ringe sind Zonen mit unterschiedlichen Gitterkonstanten und daher abweichendem Beugungsvermögen.

3.6.4. Elektronenmikroskopischer Beugungskontrast

Infolge ihrer Welleneigenschaften werden auch Elektronen von den Netzebenen eines Kristalls reflektiert. In einem Elektronenmikroskop läßt man einen parallelen Strahl nahezu streifend einfallen, wobei jede Netzebene mit unterschiedlichen BRAGGschen Winkeln reflektiert. Alle von einer Netzebene ausgehenden divergierenden Strahlen werden von dem stark vergrößernden Objektiv wieder zu einer scharfen Linie zusammengezogen, so daß auf dem Bildschirm ein entsprechend vergrößertes Bild der erfaßten Netzebenenschar entsteht (Bilder 3.16a und 3.17). Stapelfehler und andere Störungen werden auf diese Weise direkt sichtbar.
Wird aber in der hinteren Brennebene des Objektivs eine **Kontrastblende** angebracht, so schirmt diese alle seitlich abgebeugten Bündel ab und läßt nur noch das zentrale ungebeugte Bündel passieren (Bild 3.16b). Die Bildfläche wird gleichmäßig ausgeleuchtet, ihre Helligkeit ist um so geringer, je größer der an dieser Stelle seitlich abgebeugte Anteil ist. Befinden sich nun im Kristall lokale Störungen abweichenden Beugungsvermögens, so werden diese auf dem Bildschirm als entsprechende Helligkeitskontraste sichtbar. Da Versetzungen stets eine Verformung der umgebenden Kristallbereiche bewirken, bilden sich diese auf indirekte Weise ab (Bild 3.18).

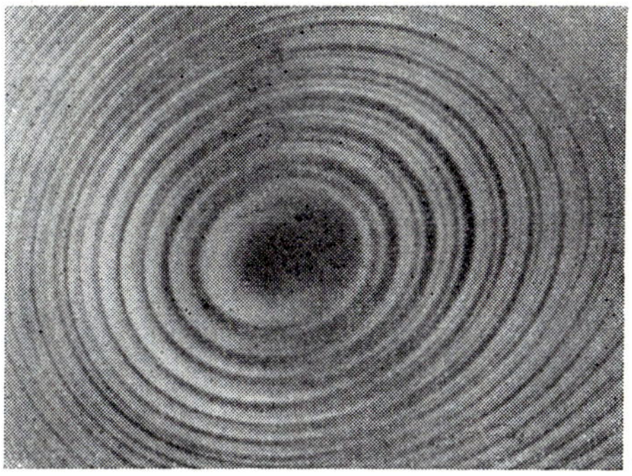

Bild 3.15 Wachstumsringe in einem nach CZOCHRALSKI gezogenen Granat-Einkristall (Röntgentopografie)

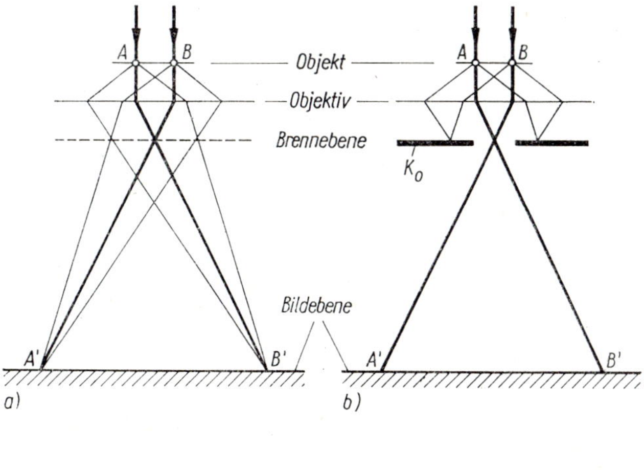

Bild 3.16 Strahlengänge im Elektronenmikroskop
a) Abbildung zweier Gitterpunkte A, B als Bildpunkte A', B'
b) Abschirmung der seitlich gebeugten Strahlen durch die Kontrastblende Ko. A', B' sind keine Bildpunkte, sondern Grenzen des gleichmäßig ausgeleuchteten Bildfeldes

Bild 3.17 (200)-Netzebenen in einem Goldeinkristall, $d = 2{,}04 \cdot 10^{-10}$ m

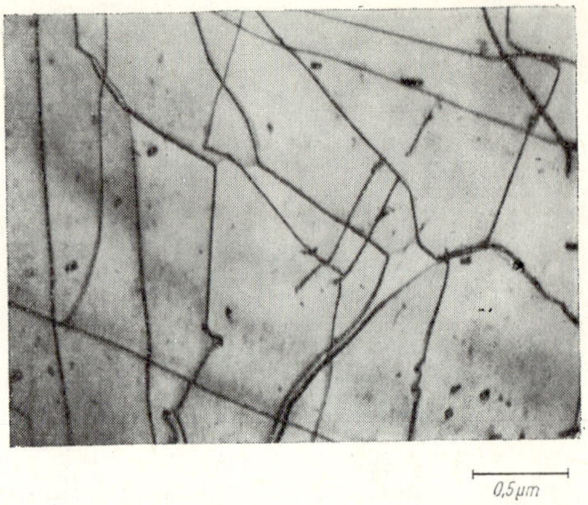

Bild 3.18 Versetzungen in einer Antimon-Einkristall-Folie (elektronenmikroskopischer Beugungskontrast)

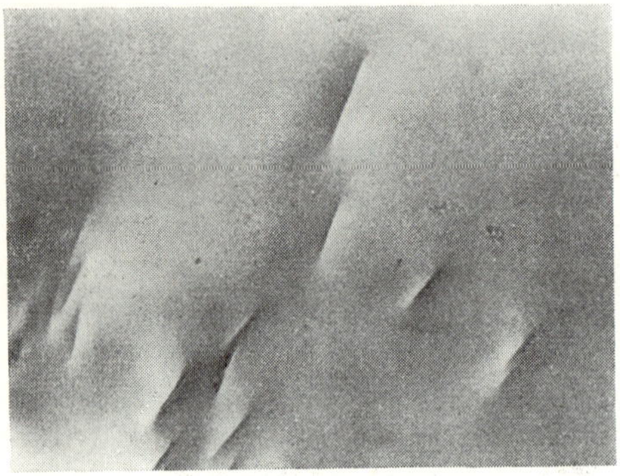

Bild 3.19 Stufenversetzungen in einem Granat-Einkristall (spannungsoptischer Beugungskontrast in polarisiertem Licht)

3.6.5. Spannungsoptischer Kontrast

Die mit den Störungen des Kristallbaus, wie Versetzungen usw., einhergehenden inneren Spannungen induzieren in vielen isotropen Medien eine **optische Doppelbrechung.** Wenn die Probe lichtdurchlässig ist, heben sich die Störungen wie bei dem bekannten Verfahren der Spannungsoptik zwischen gekreuzten Polarisationsfiltern durch entsprechende Aufhellungen von dem dunklen Hintergrund ab (Bild 3.19). Zur Durchführung genügt ein gewöhnliches Polarisationsmikroskop.

4. Mechanische Eigenschaften der Festkörper

4.1. Elastische Eigenschaften

4.1.1. Das Hookesche Gesetz

Zu den technisch wichtigsten Eigenschaften der festen Körper gehört deren Verformbarkeit unter dem Einfluß äußerer Kräfte. Geschieht die Verformung reversibel, so liegt **elastisches Verhalten,** ist sie irreversibel, d. h. bleibt sie nach Aufhören der Kräfte weiterhin bestehen, so liegt **plastisches Verhalten** vor.
Zur näheren Untersuchung wird eine stab- oder drahtförmige Probe des Materials eingespannt und einem **Zugversuch** unterworfen (Bild 4.1). Im elastischen Bereich gilt dabei das **Hookesche Gesetz:**

In einem elastischen Festkörper ist die Dehnung der Zugspannung proportional.

$$\Delta l = \alpha l \sigma \tag{1}$$

wobei Δl die bewirkte Dehnung, l die ursprüngliche Länge und $\sigma = \frac{F}{A}$ die Zugspannung (Kraft/Querschnitt) bedeuten. Der Proportionalitätsfaktor ist die **Dehnungszahl** α und deren reziproker Wert der **Elastizitätsmodul** $E' = \frac{1}{\alpha}$, so daß auch

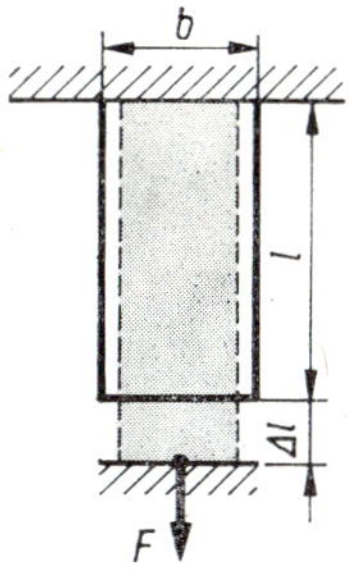

Bild 4.1
Zugversuch

$$\sigma = E' \frac{\Delta l}{l} \tag{2}$$

geschrieben werden kann.

4.1.2. Poissonsche Zahl und Schallgeschwindigkeit

Gleichzeitig mit der Verlängerung Δl tritt an der Probe eine **Querkontraktion** Δb des ursprünglichen Durchmessers b ein. Zusammen mit der relativen Längenänderung $\Delta l/l$ ergibt sich als weitere Konstante die **Poissonsche Zahl**

$$\mu = \frac{\Delta b/b}{\Delta l/l} \tag{3}$$

Damit lassen sich die beiden wichtigsten **elastischen Konstanten eines isotropen Stoffes** ausdrücken

$$c_{11} = E' \frac{1-\mu}{(1+\mu)(1-2\mu)} \quad \text{sowie} \tag{4}$$

$$c_{44} = \frac{E'}{2(1+\mu)}. \tag{5}$$

Isotrope Stoffe werden als vollkommen homogen und ohne jede Kristallstruktur betrachtet. Sie zeigen nach jeder beliebigen Richtung das gleiche Verhalten. Isotrop verhalten sich z. B. die polykristallinen Festkörper, wie die gewöhnlichen Metalle, deren elastische Eigenschaften mit den in der Technik üblichen Dehnungs- und Torsionsversuchen bestimmt werden.
In isotropen Stoffen haben **longitudinale Schallwellen** die Geschwindigkeit

$$c_{Sl} = \sqrt{\frac{c_{11}}{\varrho}} \tag{6}$$

und **transversale Wellen** die Geschwindigkeit

$$c_{St} = \sqrt{\frac{c_{44}}{\varrho}}. \tag{7}$$

Handelt es sich um relativ lange und dünne Stäbe, so kann die POISSONsche Zahl μ gegenüber 1 vernachlässigt werden, und es verbleibt für die Schallgeschwindigkeit mit $c_{11} = E'$

$$c_S = \sqrt{\frac{E'}{\varrho}}. \tag{8}$$

Eine Herleitung dieser Gleichung aus der Frequenz der Gitterschwingungen erfolgt in Abschn. 5.5.2.

4.1.3. Elastizität von Einkristallen

Im Gegensatz zum isotropen Festkörper sind die elastischen Eigenschaften von Einkristallen in starkem Maß richtungsabhängig. Ihre Berechnung erfordert höheren mathematischen Aufwand und führt auf eine entsprechend größere Zahl elastischer Konstanten. Im Fall hoher Symmetrie verringert sich diese allerdings, so daß z. B. kubische Kristalle nur noch 3 unabhängige Konstanten aufweisen.

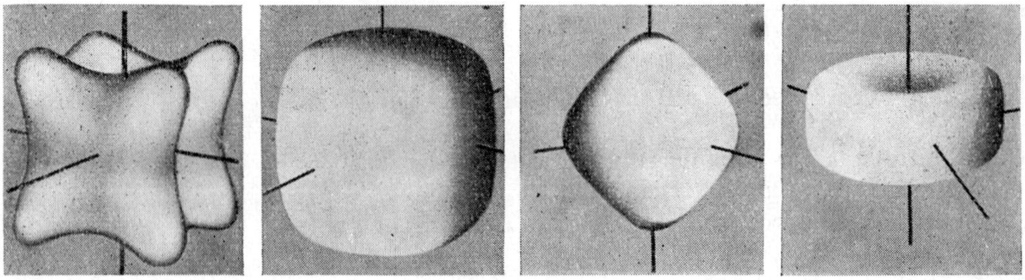

Bild 4.2 E-Modulkörper von a) Gold, b) Aluminium, c) Magnesium, d) Zink

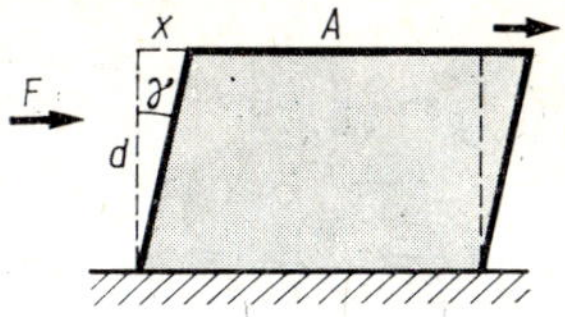

Bild 4.3 Schubversuch.
$\tau = F/A$ Schubspannung, γ Schubwinkel

Die Richtungsabhängigkeit des E-Moduls kann anschaulich mit Hilfe des **E-Modulkörpers** dargestellt werden. Die E-Moduln werden vom Koordinatenursprung aus als Vektoren abgetragen und deren Endpunkte durch eine Fläche verbunden (Bild 4.2). Das trotz gleichartigen Gitterbaus oftmals verschiedenartige Aussehen dieser Körper beweist, daß das elastische Verhalten in entscheidendem Maße von den Atomabständen im Gitter abhängt.

Beispiel: Magnesium und Zink haben beide hdP-Struktur. Die Achsenverhältnisse sind $c/a = 1{,}63$ (Mg) bzw. 1,86 (Zn). Dem größeren Atomabstand in der c-Achse entspricht ein kleinerer E-Modul (s. Bild 4.2c und d).

4.2. Plastische Eigenschaften

4.2.1. Deformation durch Schubspannung

Der Grundvorgang des plastischen Verhaltens ist die Deformation unter dem Einfluß einer **Schub- oder Scherspannung.** Wirkt z. B. nach Bild 4.3 auf einen an seiner Basis befestigten Quader von der Grundfläche A und der Höhe d eine von links nach rechts gerichtete Kraft F, so entsteht die **Schubspannung** $\tau = \frac{F}{A}$. Dadurch verschiebt sich die Oberseite gegenüber der Basis um das Stück x, und für den i. allg. sehr kleinen **Schubwinkel** γ gilt

$$\tan \gamma = \frac{x}{d} \approx \gamma \,. \tag{9}$$

Die Schubspannung ist diesem Winkel proportional, der vom Material abhängige Proportionalitätsfaktor ist der **Schubmodul** G. Damit ist

$$\tau = G\gamma = \frac{Gx}{d} \,. \tag{10}$$

In isotropen Stoffen ist der Schubmodul G identisch mit der bereits erwähnten elastischen Konstanten c_{44}:

$$G \equiv c_{44} \,. \tag{11}$$

4.2.2. Schubfestigkeit fester Körper

Ersetzen wir nun den kompakten Quader durch zwei Netzebenen mit dem Atomabstand a, die sich im Abstand $d \approx a$ parallel zueinander verschieben können. Liegen die Atome gerade übereinander oder genau in der Mitte der entsprechenden Zwischenräume, so befinden sich die Netzebenen im labilen bzw. stabilen Gleichgewicht

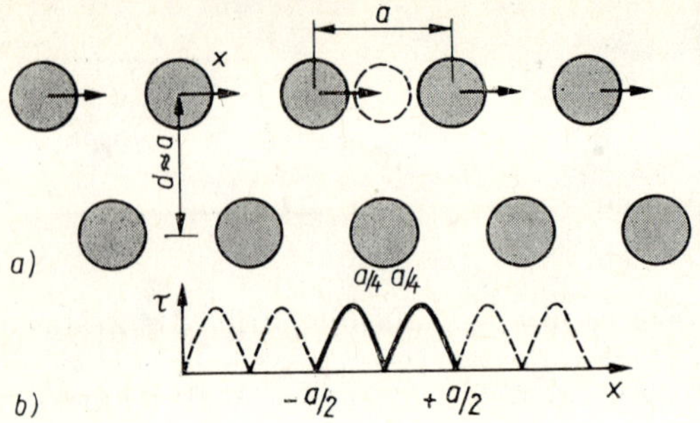

Bild 4.4 a) Verschiebung zweier Netzebenen mit der Gitterkonstanten a
b) Verlauf der Schubspannung in der Verschiebungsrichtung

(Bild 4.4). Die Schubspannung in diesen Punkten ist gleich Null. Bei den Verschiebungen um $x = \pm a/4$ erreicht die zur Verschiebung erforderliche Kraft etwa ihren Maximalwert, die **theoretische Schubfestigkeit** τ_{th}. Damit läßt sich der Verlauf der Schubspannung in Abhängigkeit von der Verschiebung x durch eine Sinusfunktion mit der Periode a annähern:

$$\tau = \tau_{th} \sin \frac{2\pi x}{a}. \tag{12}$$

Bei sehr kleinem Schubwinkel ist ferner

$$\tau = \tau_{th} \frac{2\pi x}{a}, \tag{13}$$

während nach Gl. (10) $\tau = \frac{Gx}{a}$ ist, wenn der Abstand d der Netzebenen etwa gleich dem Atomabstand a angenommen wird. Durch Vergleich dieser beiden Ausdrücke findet man die **theoretische Schubfestigkeit** τ_{th}, nach deren Überschreitung die beiden Netzebenen vorbeizugleiten beginnen und eine bleibende, d. h. plastische Verformung eintritt:

$$\tau_{th} = \frac{G}{2\pi}. \tag{14}$$

Nun sind die Schubmoduln der festen Körper experimentell leicht zu ermitteln. Sie liegen (Tabelle 1) i. allg. bei einigen 10^{10} N/m², so daß die Schubfestigkeit nach Gl. (14) bei einigen 10^9 N/m² liegen sollte.

Die Erfahrung lehrt jedoch, daß die der plastischen Verformung widerstehenden Schubfestigkeiten um mehrere Größenordnungen kleiner sind. In Tabelle 1 sind diese

Tabelle 1. Schubmodul und Elastizitätsgrenze

Werkstoff	Schubmodul G in N/m²	Elastizitätsgrenze σ_E in N/m²	$\frac{G}{\sigma_E}$
Silber, Einkristall	$2{,}8 \cdot 10^{10}$	$6 \cdot 10^5$	47000
Aluminium, Einkristall	$2{,}5 \cdot 10^{10}$	$4 \cdot 10^5$	63000
Aluminium, handelsüblich	$2{,}5 \cdot 10^{10}$	$9{,}9 \cdot 10^7$	253
Eisen, weich, Vielkristall	$7{,}7 \cdot 10^{10}$	$1{,}5 \cdot 10^8$	513
Flußstahl, wärmebehandelt	$8{,}0 \cdot 10^{10}$	$6{,}5 \cdot 10^8$	123

mit der Bezeichnung «Elastizitätsgrenze» angegeben, jenseits welcher die plastische, d. h. bleibende Verformung eintritt. Die Ursache dieser Diskrepanz wird in 4.3.2. noch erörtert.

4.2.3. Die Verfestigungskurve polykristalliner Festkörper

Um das Verhalten jenseits der Elastizitätsgrenze zu untersuchen, wird der eingangs betrachtete Zugversuch weiter fortgesetzt und die dabei aufgewandte **nominelle Spannung** $\sigma = \frac{F}{A_0}$ in Abhängigkeit von der relativen Dehnung $\Delta l/l$ gemessen. A_0 ist der Querschnitt bei Beginn des Versuches.
Das Ergebnis ist die in Bild 4.5 dargestellte **Spannungs-Dehnungs-Kurve,** auch **Verfestigungskurve** genannt. Kurve *1* ist typisch für reine Metalle und viele Legierungen. Der elastische Bereich, für den das HOOKEsche Gesetz gilt, geht fast stetig in den plastischen Bereich über.

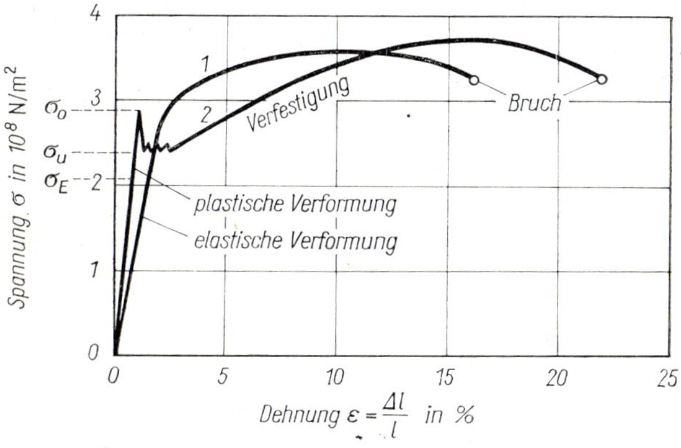

Bild 4.5 Spannungs-Dehnungs-Diagramm
1 eines reinen Metalls
2 von vergütetem Stahl
σ_E Elastizitätsgrenze
σ_u untere Streckgrenze, σ_o obere Streckgrenze

Kurve *2* dagegen ist charakteristisch für Kohlenstoffstähle und andere Legierungen. Sie zeigt eine scharfe **obere Streckgrenze** σ_o, die bei der plastischen Verformung einsetzt und sich bei der unteren Streckgrenze σ_u fortsetzt. Von hier an erfordert die Dehnung eine ständig steigende Spannung, ein Beweis für die zunehmende **Verfestigung** des Werkstoffes.
Schließlich bildet sich in einem begrenzten Abschnitt der Probe eine stärkere Einschnürung, wodurch die tatsächliche Spannung wegen des kleiner werdenden Querschnittes viel größer wird als die an der Abszisse verzeichnete nominelle Spannung und die Probe zum Schluß zerreißt.

4.3. Plastische Verformung von Einkristallen

4.3.1. Entstehung von Gleitpaketen

Genaueres über die Vorgänge bei der plastischen Verformung zeigt sich erst bei Zugversuchen mit Einkristallstäben. Es bestätigt sich dabei, daß der Vorgang auf einer **Gleitung** beruht, indem sich ein Teil des Kristalls wie ein Paket Karten über den anderen schiebt.

Die **Gleitebenen** liegen dabei parallel zu den am dichtesten besetzten Netzebenen des Kristalls. Im kubischen Gitter sind dies die durch die Flächendiagonalen verlaufenden Ebenen, die zugleich (Bild 1.14) Ebenen der kubisch dichtesten Packung darstellen. 4 unterschiedliche Orientierungen können diese Ebenen haben, und eine jede kann nach 3 verschiedenen Richtungen, nämlich denen der Flächendiagonalen, abgleiten. Somit hat das kfz-Gitter 12 **Gleitsysteme.**

Nach welchem dieser 12 Gleitsysteme sich der Vorgang abspielt, entscheidet das **Schmidsche Schubspannungsgesetz** für die größtmögliche Schubspannung τ:

$$\tau = \sigma \cos \alpha \cos \beta \,, \tag{15}$$

wenn die äußere Zugspannung σ gegeben ist (Bild 4.6). α und β sind die Winkel zwischen der Zugrichtung und der Gleitrichtung bzw. der Normalen der Gleitebene. Da das Produkt $\cos \alpha \cos \beta$ für $\alpha = \beta = 45°$ seinen Maximalwert hat, liegen die Winkel der

Bild 4.6 Gleitvorgang beim Zugversuch an einem Einkristall

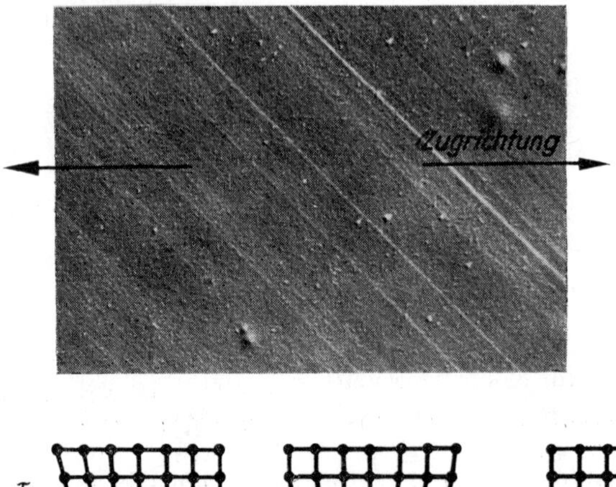

Bild 4.7 Oberfläche eines Wolfram-Einkristalls im Zugversuch (elektronenmikroskopische Abdrucktechnik, Vergrößerung 10000fach)

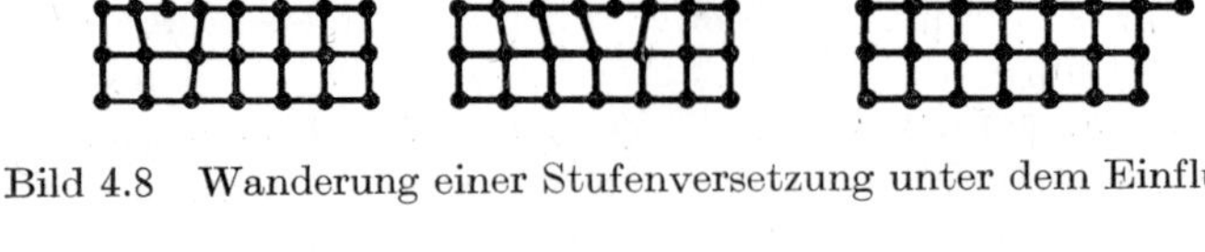

Bild 4.8 Wanderung einer Stufenversetzung unter dem Einfluß einer Schubspannung

beobachteten Gleitebenen allgemein zwischen 30° und 60°. Der praktische Versuch gibt Scharen von mehr oder weniger dicken **Gleitpaketen** zu erkennen. Die Gleitung ist **inhomogen** (Bild 4.7).

4.3.2. Gleitung und Versetzung

Wir hatten bereits in 4.2.2. bemerkt, wie überraschend niedrig die zu einer plastischen Verformung führenden Spannungen gegenüber dem Schubmodul G sind. Als Ursache dieses den Gleitvorgang außerordentlich erleichternden Mechanismus wurden die **Versetzungen** erkannt.
Ist z. B. auf Bild 4.8 die Schubspannung von links nach rechts gerichtet, so wandert lediglich die Versetzungslinie bzw. die durch sie bedingte Lücke durch den Kristall. Wenn sie am rechten Ende angekommen ist, hat sich der ganze Block um einen Burgers-Vektor nach rechts verschoben. So kommt es, daß nur ein kleiner Bruchteil der Kraft aufzuwenden ist.

Man vergleicht den Vorgang gern mit einem Teppich, der mit einer Querfalte auf dem Boden liegt. Drückt man seitlich gegen die Falte, so wandert diese mit nur ganz geringem Widerstand bis zum freien Rand. Auf diese Weise verschiebt sich der Teppich viel leichter, als wenn die Fläche als Ganzes entgegen der erheblichen Reibungskraft bewegt werden soll.

4.4. Verformbarkeit und Versetzungsdichte

Die Verformbarkeit hängt somit in erster Linie von der Zahl der in der Volumeneinheit enthaltenen Versetzungen ab:

> **Unter der Versetzungsdichte versteht man die Gesamtlänge der in der Volumeneinheit enthaltenen Versetzungslinien.**

In guten Germanium- oder Silizium-Einkristallen liegt sie bei $10^2 \ldots 10^3$ cm/cm³, in unverformten Einkristallen im allgemeinen bei etwa 10^7 cm/cm³, wofür man kurz 10^7 1/cm² schreibt. Nach starkem Walzen kann sie jedoch auf 10^{13} 1/cm² ansteigen. Derartige Zahlenangaben hängen auch sehr von der zur Anwendung kommenden Untersuchungsmethode ab.
Die auffallend leichte Verformbarkeit der Metalle setzt aber eine so große Versetzungsdichte voraus, wie sie von vornherein gar nicht gegeben ist. Besonders an den Korngrenzen bilden sich während der Verformung selbst fortlaufend und massenhaft neue Versetzungen. Hier sind also noch zusätzliche Mechanismen tätig, die eine einmal vorhandene Versetzung immer weiter ausbreiten und vervielfältigen und sie damit zu einer **Versetzungsquelle** machen (Bild 4.9).
Ist eine Versetzungslinie z. B. an einem Ende fixiert, so breitet sie sich bei Einwirkung von Schub oder Zug spiralförmig aus: **Spiralquelle.** Ist sie an beiden Enden begrenzt, so bildet sich nach anfänglicher Ausbuchtung ein System konzentrischer Linien aus: **Frank-Read-Quelle.** Auf Bild 4.10 nimmt die anfangs geradlinige Versetzungslinie AB nacheinander die Formen *2*, *3* und *4* an, bis sich die links überquellenden Bögen vereinigen. Daraus entsteht der geschlossene Ring *5a* und zugleich eine neue Versetzungslinie *5b*. Bis zu 1000 solcher Ringe aus einer Quelle konnten schon beobachtet werden!

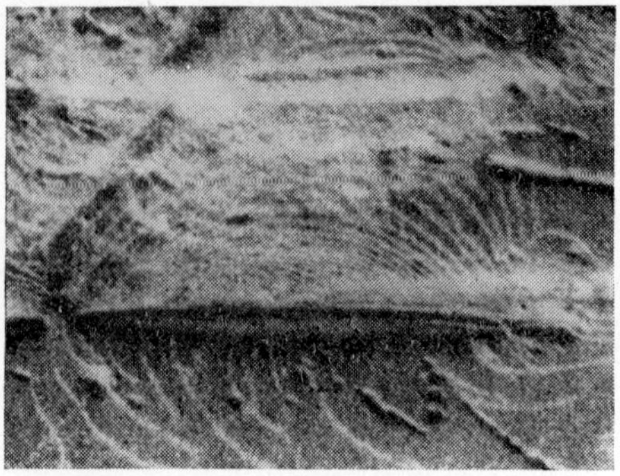

Bild 4.9 Versetzungsquellen an Ritzspuren auf einer Molybdän-Einkristalloberfläche (Röntgentopografie, Vergrößerung 50fach)

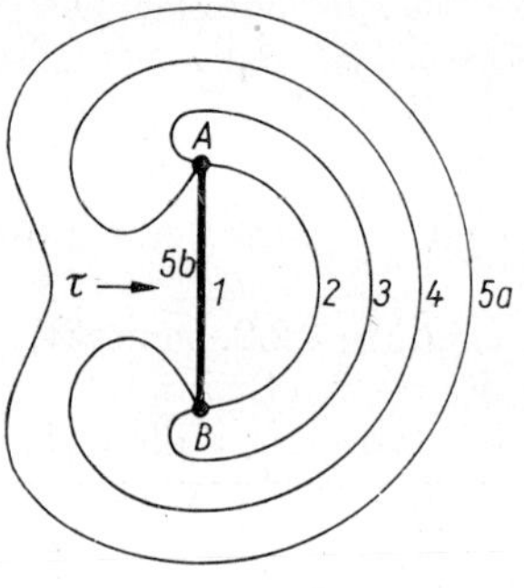

Bild 4.10 Vervielfachung einer Versetzungslinie AB bei einer Frank-Read-Quelle

4.5. Verfestigung und Versetzungen

Gitterstörungen beeinflussen nicht nur Festigkeit und plastisches Verhalten von Festkörpern, sondern ziehen noch viele weitere Folgen nach sich. Wie z. B. aus der Entstehung der Leerstellen hervorgeht, können Gitterbausteine leicht ihre Plätze wechseln und sowohl **Diffusions-** als auch **Selbstdiffusionsvorgänge** ermöglichen.

Auch Versetzungen wirken in diesem Sinne; denn dort, wo die eingeschobene Halbebene einer Stufenversetzung endet, ist das Grundgitter ein wenig ausgeweitet. Hier können Atome mit kleineren Radien eindiffundieren, z. B. Kohlenstoff-, Bor- oder Stickstoffatome, die im Eisen auf Zwischengitterplätzen liegen. Dadurch aber werden die Versetzungslinien in ihrer Beweglichkeit blockiert **(Cottrell-Effekt)**, was sich in einer Erhöhung der Elastizitätsgrenze zeigt. Erst nach Überschreiten der Elastizitätsgrenze σ_E (Bild 4.5) beginnt das Material, sich bis zur **oberen Streckgrenze** σ_o plastisch zu verformen. Die Versetzungslinien reißen sich dabei von ihren Verankerungen los, und es genügt bereits eine etwas geringere Spannung σ_u, um die Verformung im Fluß zu halten.

Im Sinne einer Verfestigung und Erhöhung der Elastizitätsgrenzen wirkt auch das Hinzulegieren von Metallen mit abweichendem Atomvolumen. Dies bewirkt eine Deformation der Gleitebenen und Blockierung der Versetzungslinien. Recht bekannte Beispiele sind Messing (Cu-Zn) und Bronze (Cu-Sn), die beide härter als reines Kupfer sind. Sehr drastisch ist auch der aus Tabelle 1 hervorgehende Unterschied zwischen reinstem und handelsüblichem Aluminium. Allein die technisch bedingten Verunreinigungen bewirken eine Erhöhung der Elastizitätsgrenze um das 250fache! In gleicher Weise wirken auch die bei der Bestrahlung mit Neutronen entstehenden Frenkel-Defekte (s. 3.3.1.).

Nicht zuletzt finden auch noch andere bekannte Erscheinungen ihre Deutung. An den Korngrenzen angestaute Versetzungen führen zu **Mikrorissen** und zum **Sprödbruch.** Anstauung von Versetzungen an Einschlüssen und Hohlraumbildung verursachen den **Verformungsbruch,** plastische Verformungen in Mikrobereichen haben den **Ermüdungsbruch** zur Folge.

4.6. Reißfestigkeit und Bindungsenergie

Um die zum **Zerreißen** einer Materialprobe erforderliche Zugspannung abzuschätzen, kann man auf die in Abschn. 2. betrachtete Bindungsenergie zurückgreifen; denn eine Materialprobe zu zerreißen bedeutet bei schematischer Betrachtung nichts anderes, als die Bindungskräfte vieler, etwa auf einer Netzebene befindlicher Atome mit einemmal zu überwinden.

Die hierzu erforderliche Arbeit sei in vereinfachter Weise mittels der **theoretischen Reißfestigkeit** σ_{th}, dem Querschnitt A der Probe und dem zu überwindenden Weg dx ausgedrückt:

$$dW = \sigma_{th} A\, dx = \sigma_{th}\, dV; \tag{16}$$

Damit wird die theoretische Reißfestigkeit

$$\sigma_{th} = \frac{dW}{dV} \tag{17}$$

gleich der im Material vorhanden **Energiedichte** w [1]).

Diese wiederum kann als Quotient aus der Bindungsenergie W_B eines Atoms und dessen Raumbeanspruchung nach Gl. (14.5) veranschlagt werden:

$$w = \frac{dW}{dV} = \frac{W_B}{V} = W_B n \tag{18}$$

(n Anzahl der Atome je Volumeneinheit).

Wie aber die folgende Tabelle 2 lehrt, sind die technisch gemessenen Reißfestigkeiten um mehrere Größenordnungen niedriger, was wieder auf die überragende Rolle der lawinenartig anschwellenden Versetzungsdichte hinweist. Diese führt schließlich zur Bildung von Mikrorissen und der Einleitung von Spaltvorgängen, die den Bruch des Materials herbeiführen.

Tabelle 2. Theoretische und gemessene Reißfestigkeit

Werkstoff	theoretische Reißfestigkeit σ_{th} in N/m²	gemessene Reißfestigkeit σ_B in N/m²	Quotient $\frac{\sigma_{th}}{\sigma_B}$
Aluminium	$3{,}2 \cdot 10^{10}$	$2{,}45 \cdot 10^{8}$	131
Eisen	$5{,}8 \cdot 10^{10}$	$7{,}85 \cdot 10^{8}$	74
Kupfer	$4{,}75 \cdot 10^{10}$	$3{,}93 \cdot 10^{8}$	121
Silber	$2{,}8 \cdot 10^{10}$	$3{,}92 \cdot 10^{8}$	71
Blei	$1{,}1 \cdot 10^{10}$	$0{,}20 \cdot 10^{8}$	550

Beispiel: Nach der Tabelle 11 (S. 196 ff.) beträgt die Bindungsenergie des Eisens $W_B = 414$ kJ/mol. Hieraus folgt die Energiedichte bzw. theoretische Reißfestigkeit mit der Anzahl n der Atome je Volumeneinheit (Ta-belle 11) zu

$$w = \sigma_{th} = W_B n = \frac{414 \cdot 10^3\,\mathrm{J/mol} \cdot 8{,}5 \cdot 10^{28}/\mathrm{m}^3}{6{,}022 \cdot 10^{23}/\mathrm{mol}} = 5{,}8 \cdot 10^{10}\,\mathrm{N/m}^2 .$$

[1]) Die Einheiten sind $[\sigma_{th}] = \frac{\mathrm{J}}{\mathrm{m}^3} = \frac{\mathrm{Nm}}{\mathrm{m}^3} = \frac{\mathrm{N}}{\mathrm{m}^2}$

5. Gitterschwingungen und Phononen

5.1. Die Entstehung von Gitterschwingungen

Die elastischen Eigenschaften des Gitters weisen bereits darauf hin, daß dieses kein völlig starres Gebilde sein kann. Infolge ihrer elastischen Bindung sind die einzelnen Gitterpunkte in der Lage, aus den verschiedensten Anlässen leicht in Schwingungen zu geraten. Die Energie dieser Schwingungen macht sich nach außen hin besonders als **Wärmeinhalt** des Kristalls bemerkbar.

Die in einem Festkörper enthaltenen Atome führen auch ohne äußere Anregung aufgrund ihrer thermischen Energie Schwingungen aus, deren Amplitude mit steigender Temperatur zunimmt.

Außer durch unmittelbare Erwärmung oder thermischen Kontakt mit anderen erhitzten Körpern können Gitterschwingungen auch durch Einwirkung von Schall, elektromagnetischen Wellen oder Einstrahlung von Neutronen von außen her angeregt werden.

5.2. Das Spektrum der Gitterschwingungen

Da die Atome des Gitters nicht völlig frei schwingen, sondern eng miteinander gekoppelt sind, gibt es auch keine einzige feststehende Frequenz, sondern ein ganzes **Schwingungsspektrum.** Es läßt sich überblicken, wenn die Schwingungen als stehende Wellen aufgefaßt werden. Diese kommen durch Überlagerung laufender Wellen zustande, die infolge der an den Begrenzungen des Kristalls stattfindenden Reflexionen mit großer Geschwindigkeit hin und her eilen. Wie bei einer zwischen zwei festen Punkten ausgespannten Saite können sich dann stehende Wellen unterschiedlichster Länge ausbilden (Bild 5.1). Gehen wir noch einen Schritt weiter und fassen eine aus zwei Ionenarten elastisch verbundene Kette ins Auge, so haben wir ein eindimensionales Gitter mit der Gitterkonstanten a (Bild 5.2) (d. i. der kleinste Abstand zweier gleichnamiger Ionen) und sehen zugleich, daß es eine **kürzeste Wellenlänge** gibt. Sie besteht aus 2 Schwingungsbäuchen und 3 Knoten und hat die Länge $\lambda = 2a$.

Die halbe Wellenlänge kann nicht kleiner als die Gitterkonstante sein.

Andererseits ist die Anzahl der möglichen größeren Wellen dadurch begrenzt, daß $\lambda/2$ nur ganzzahlige Vielfache der Länge a betragen darf; in unserem Falle sind es

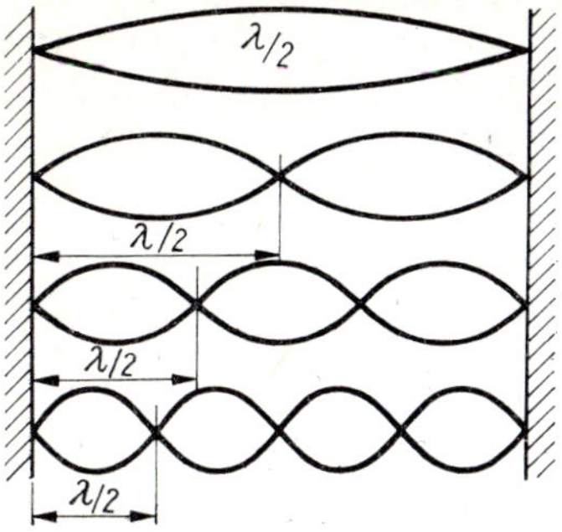

Bild 5.1 Stehende Wellen auf einer gespannte Saite

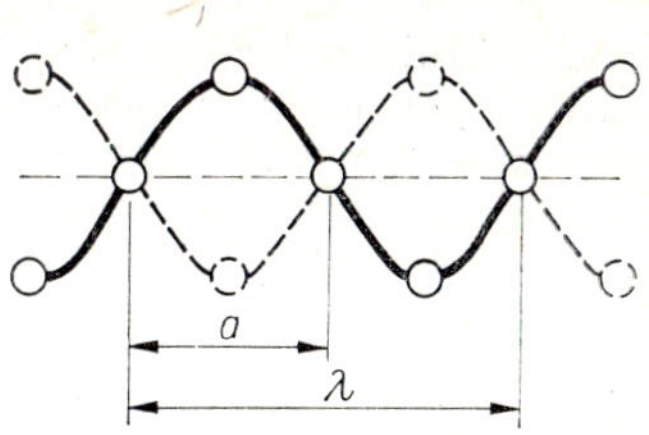

Bild 5.2 Kleinste stehende Welle in einem linearen Gitter aus 2 Ionenarten

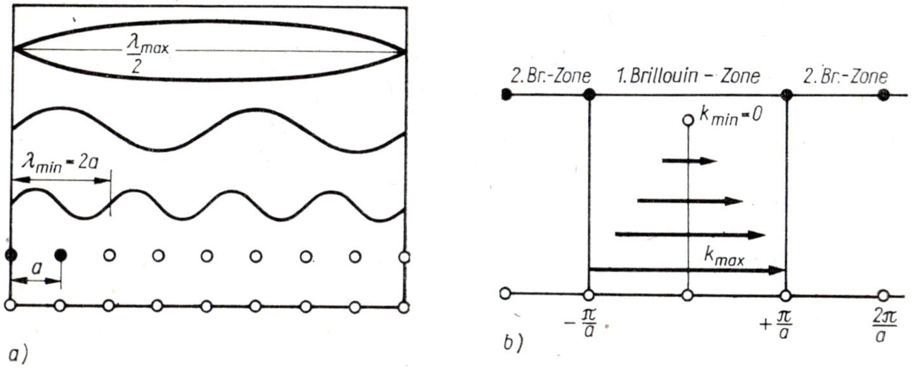

Bild 5.3 a) Kleinste und größte Wellenlänge von Phononen im ursprünglichen Gitter b) Kleinster und größter Wellenzahlvektor von Phononen im reziproken Gitter

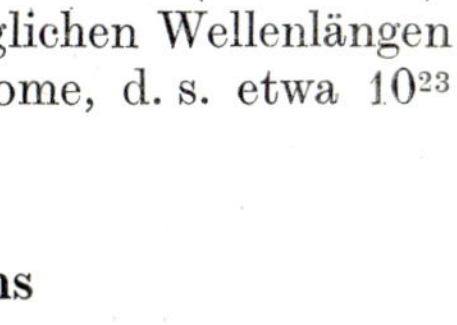

Bild 5.4 Harmonisch schwingender Gitterbaustein

ebensoviel halbe Wellen, wie die Kette Ionen der einen Art enthält (Bild 5.3 a). Auch in einem dreidimensionalen Gitter liegt die Zahl der möglichen Wellenlängen in der Größenordnung der in seinem Innern befindlichen Atome, d. s. etwa 10^{23} im Volumen eines Kubikzentimeters.

5.3. Die maximale Eigenfrequenz eines Gitterbausteins

Um die der kleinsten Wellenlänge entsprechende größtmögliche Frequenz der in einem Kristall schwingenden Atome grob abzuschätzen, sei von einem einfachen kubischen Gitter mit der Gitterkonstanten a ausgegangen und angenommen, jedes

Atom sei mit Federn in dem im übrigen starren Gitter aufgehängt (Bild 5.4). Wird überdies nur die Wirkung der in der Längsrichtung gespannten Federn berücksichtigt, so beträgt deren Dehnung unter dem Einfluß der Zugspannung σ nach dem HOOKEschen Gesetz $\Delta a = \alpha a \sigma$, was für den **Elastizitätsmodul**

$$E' = \frac{1}{\alpha} = \frac{a\sigma}{\Delta a} \tag{1}$$

liefert. Setzt man hier die Zugspannung $\sigma = \frac{F}{A}$, den Materialquerschnitt $A = a^2$ und die Federkonstante $D = \frac{F}{\Delta a}$, so wird

$$D = E'a\,. \tag{2}$$

Die bekannte Gleichung für den harmonisch schwingenden Massenpunkt ergibt schließlich die **maximale Frequenz der Eigenschwingung eines Gitterbausteins** der Masse m_0

$$f = \frac{1}{2\pi}\sqrt{\frac{D}{m_0}} = \frac{1}{2\pi}\sqrt{\frac{E'\,a}{m_0}}\,. \tag{3}$$

Wie das folgende Beispiel zeigt, liegt die Frequenz im **Hyperschallbereich** ($f > 10^9$ Hz) und entspricht derjenigen von langwelligem infrarotem Licht.

Beispiel: Für Eisen mit dem Elastizitätsmodul $E' = 20 \cdot 10^{10}$ N/m², der Gitterkonstanten $a = 2{,}9 \cdot 10^{-10}$ m, der molaren Masse (14/2) $M = 55{,}85$ kg/mol und der Teilchenmasse (14/3) $m_0 = \frac{M}{N_A}$ ist die Eigenfrequenz nach Gl. (3) $f =$

$$\frac{1}{2\pi}\sqrt{\frac{E'a\,N_A}{M}} = \frac{1}{2\pi}\sqrt{\frac{20\cdot 10^{10}\text{N}\cdot 2{,}9\cdot 10^{-10}\text{m}\cdot 6{,}022\cdot 10^{26}/\text{kmol}}{\text{m}^2\cdot 55{,}85\ \text{kg/kmol}}} = 3{,}98\cdot 10^{12}\ \text{Hz}$$

5.4. Phononen

5.4.1. Phononen als Teilchen

Am Anfang der modernen Atomtheorie steht die Entdeckung MAX PLANCKS, daß sich die Energie der elektromagnetischen Schwingungen aus einzelnen diskreten Quanten vom Betrag $W = hf$ (s. 14.4.1.) aufbaut. Trotz des großen Unterschiedes in der Entstehungsursache sind auch die Schwingungen des Gitters gequantelt, d. h., ihre Energie existiert nur in diskreten «Portionen» hf. Es sind dies Quanten der Gitterschwingungen, die **Phononen:**

> **Phononen sind die Quanten (kleinsten Energiebeträge) elastischer Gitterschwingungen bzw. des von diesen erzeugten Wellenfeldes.**

Ähnlich wie die Photonen (Quanten des Lichtes) kann man sich die Phononen als winzig kleine Teilchen vorstellen, die sich mit Schallgeschwindigkeit fortbewegen und einen bestimmten Impuls und damit auch eine bestimmte Masse mit sich führen. Ihre Wechselwirkungen mit anderen Teilchen, z. B. mit Elektronen oder Lichtquanten, werden dann als Stoßvorgänge anschaulich verständlich, wobei Impuls- und Energiesatz in bewährter Weise angewandt werden. Ihre Masse berechnet sich nach der DE-BROGLIEschen Gleichung (14/26).

5.4.2. Arten der Phononen

Ungeachtet der Teilchenvorstellung kommt in den meisten Beobachtungen der Schwingungs- bzw. Wellencharakter der Phononen zur Geltung. Nach der Schwingungsart sind zu unterscheiden:

1. Akustische Phononen. Alle Atome des Körpers schwingen wie bei langwelligen akustischen Schwingungen gleichsinnig, unabhängig von ihrem elektrischen Ladungssinn (Bild 5.5a).

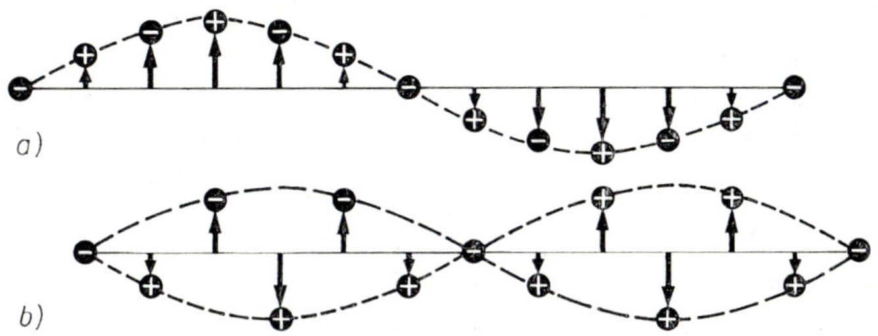

Bild 5.5 a) Transversale akustische Phononenwelle
b) Transversale optische Phononenwelle

2. Optische Phononen. Die Auslenkung der positiv bzw. negativ geladenen Teilchen des Gitters erfolgt gegensinnig (Bild 5.5b). Die Bezeichnung rührt daher, daß ihre Bewegung von eingestrahlten elektromagnetischen Wellen (z. B. Licht) erregt werden kann. Da entgegengesetzt geladene Gitterbausteine sich nur unter Überwindung erheblicher Kräfte voneinander entfernen lassen, ist hier die «Federkonstante D» und damit die Frequenz f nach Gl. (3) wesentlich größer als bei akustischen Phononen.

Nach der Schwingungsrichtung sind ferner zu unterscheiden

1. Transversale Phononen. Die Gitterbausteine schwingen quer zur Ausbreitungsrichtung. Bei der Absorption elektromagnetischer Wellen können z. B. nur transversale Phononen entstehen, da die hier als elektrisch geladen vorausgesetzten Teilchen nur der Schwingungsrichtung des ebenfalls transversalen elektrischen Feldvektors folgen.

2. Longitudinale Phononen. Die Schwingungen der Gitterbausteine fallen mit der Ausbreitungsrichtung der Phononen zusammen.

Wie im Fall der eindimensionalen Kette leicht einzusehen ist, sind die Richtkräfte, d. h. die Federkonstante D, bei transversalen Schwingungen erheblich kleiner als bei longitudinalen. Die Frequenz longitudinaler Phononen muß somit zufolge Gl. (3) größer als die von transversalen Phononen sein. Da aber die **Ausbreitungsgeschwindigkeit von Wellen** in jedem Einzelfall grundsätzlich gleich dem Produkt

$$c = f\lambda = \frac{\omega}{k} \text{ }^{1)} \qquad (4)$$

ist, kann diese in einem gegebenen Gitter i. allg. keine konstante Größe sein.

Beispiel: Welche Masse kann einem akustischen Phonon in Steinsalz zugeschrieben werden, wenn seine Wellenlänge gleich der 5fachen Gitterkonstanten ($a = 5{,}6 \cdot 10^{-10}$ m) und die Schallgeschwindigkeit $c_S = 4{,}4 \cdot 10^3$ m/s ist? –

[1]) Nach Erweitern mit 2π entsteht aus Gl. (1/5) $c = \frac{2\pi f\lambda}{2\pi} = \frac{\omega}{k}$

Nach der DE-BROGLIEschen Gleichung (14/26) ist

$$m = \frac{h}{\lambda c_S} = \frac{6{,}626 \cdot 10^{-34}\,\mathrm{Ws^2 \cdot s}}{5 \cdot 5{,}6 \cdot 10^{-10}\,\mathrm{m} \cdot 4{,}4 \cdot 10^3\,\mathrm{m}} = 5{,}38 \cdot 10^{-29}\,\mathrm{kg}.$$

Die Frequenz dieser Phononen beträgt nach Gl. (4)

$$f = \frac{c_S}{\lambda} = \frac{4{,}4 \cdot 10^3 \mathrm{m}}{5 \cdot 5{,}6 \cdot 10^{-10} \mathrm{m} \cdot \mathrm{s}} = 1{,}57 \cdot 10^{12}\,\mathrm{Hz}.$$

5.5. Phononenspektren

Um die in 5.2. versuchte erste Abschätzung zu verbessern, betrachten wir nochmals eine einfache Kette aus n gleichartigen, elastisch verbundenen Atomen, in der wiederum nur longitudinale harmonische Schwingungen möglich sein sollen (Bild 5.6). Würde es

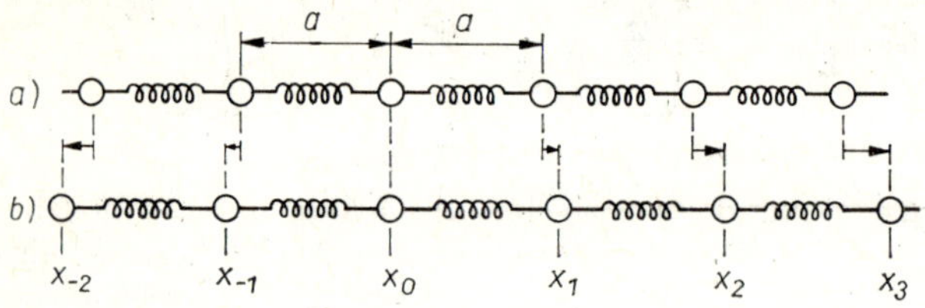

Bild 5.6 Kette aus gleichartigen Atomen
a) Ausgangslage, b) Lage während des Schwingens

sich nur um eine einzelne Masse m handeln, so könnte man die auslenkende Kraft in der üblichen Weise mit

$$F = m \frac{\mathrm{d}^2 x}{\mathrm{d}t^2} = -D\,(x - x_0)\,, \tag{5}$$

d. h. proportional zur Auslenkung $(x - x_0)$ aus der Ruhelage x_0 setzen. Beziehen wir auch die von den übrigen n Atomen ausgehenden Richtkräfte mit ein, so haben wir

$$F = m \frac{\mathrm{d}^2 x}{\mathrm{d}t^2} = -\sum_n D\,(x_n - x_0)\,. \tag{6}$$

In ähnlicher Weise, wie auch sonst Schwingungsgleichungen gelöst werden, macht man jetzt einen Ansatz, der diese Gleichung befriedigt.[1] Das Ergebnis ist

$$\omega^2 = \frac{2D}{m} \sum_n (1 - \cos nka)\,. \tag{7}$$

In einem letzten Schritt vereinfachen wir noch weiter und nehmen nur Wechselwirkungen mit dem nächsten Nachbaratom an. Mit $n = 1$ wird

$$\omega = \sqrt{\frac{2D}{m}\,(1 - \cos ka)}\,. \tag{8}$$

Für die Kreisfrequenz ω ergibt sich somit kein feststehender Wert, sondern ein ganzes Spektrum, da für die Wellenzahl k jeder beliebige Wert von 0 bis $\pm \frac{\pi}{a}$ eingesetzt werden kann. Auch die Ausbreitungsgeschwindigkeit $c_S = f\lambda$ dieser Schwingungen

[1]) Der Ansatz lautet $x_n = x\,\mathrm{e}^{-\mathrm{i}(\omega t - nka)}$.

ist nicht einheitlich. Wäre nämlich $c_S = f\lambda = \frac{\omega}{k}$ konstant, so müßte die Kreisfrequenz $\omega = c_S k$, d. h. proportional zur Wellenzahl k sein. Ein Blick auf die Gleichung (8) bzw. Bild 5.7 zeigt aber, daß die Funktion keineswegs linear ist. Die Geschwindigkeit c_s hängt nicht nur von der Art der Phononen (s. 5.4.2.), sondern auch von der jeweiligen Wellenlänge ab. Man bezeichnet diese Erscheinung kurz als **Dispersion.** Der Ausdruck stammt aus der Optik, da das durch einen durchsichtigen Körper laufende Licht ebenfalls für jede Wellenlänge eine andere Ausbreitungsgeschwindigkeit hat.

Weitere Aufschlüsse über das Schwingungsspektrum ergeben sich, wenn die einfache Kette nicht aus gleichartigen Atomen, sondern aus zwei Atomarten mit unterschiedlichen Massen m_1 und m_2 aufgebaut wird, wie es z. B. bei der NaCl-Struktur vorliegt. Der Ansatz der Bewegungsgleichung wird dann etwas umfangreicher und liefert

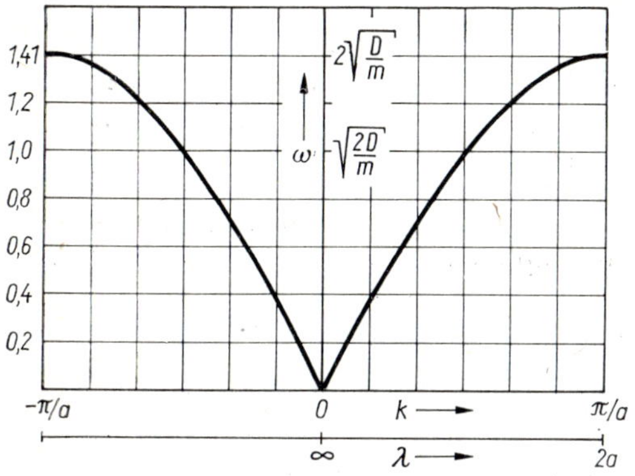

Bild 5.7 Dispersionskurve $\omega(k)$ eines eindimensionalen Gitters

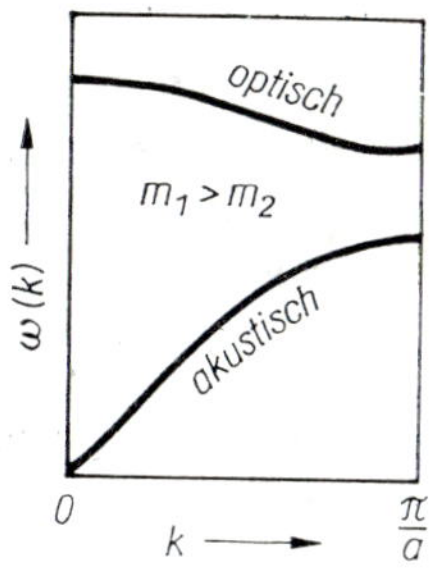

Bild 5.8 Dispersionsspektrum einer zweiatomigen Kette

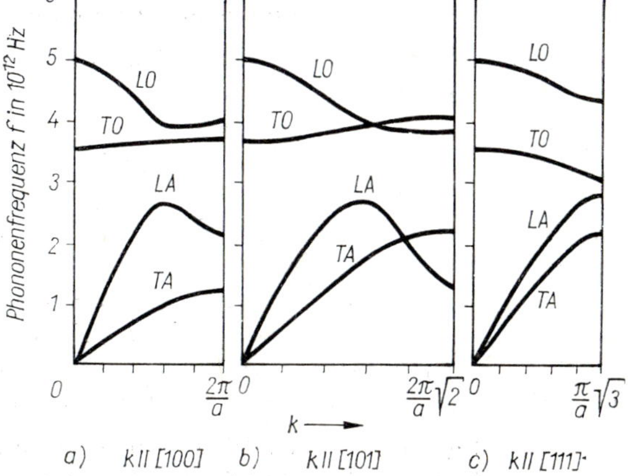

Bild 5.9 Dispersionskurven für Kaliumbromid (kfz), gewonnen durch Neutronenbeugung
L longitudinal, T transversal,
O optisch, A akustisch

für jeden k-Wert zwei Frequenzen, die auf zwei Kurvenästen liegen: dem optischen Phononenzweig und dem akustischen Phononenzweig (Bild 5.8).

5.5.1. Die Dispersionsrelation im Kristall

Die in unserem einfachen Modell dargestellte Funktion $\omega(k)$ wird allgemein als **Dispersionsrelation** bezeichnet. Wie bereits Gl. (8) zeigt, ist sie eine periodische Funktion. Sie erreicht ihr Maximum bei $k = \pm \frac{\pi}{a}$, wo $\omega = 2\sqrt{\frac{D}{m}}$ wird (Bild 5.9). Wenn aber k nicht größer als $\pm \frac{\pi}{a}$ werden kann, gibt es auch keine Wellenlänge, die kleiner als $\lambda = \frac{2\pi}{k} = 2\,a$ ist! Damit haben wir den in 5.2. aufgestellten Satz auch von der formalen Seite her bestätigt.

Der Bereich von $-\frac{\pi}{a}$ bis $+\frac{\pi}{a}$ ist nun, wie wir uns noch erinnern (s. 1.5.3.), für unseren einfachen Fall der reziproke Gittervektor $\frac{2\pi}{a}$. Er stellt zugleich die 1. Brillouin-Zone (s. 1.6.) des linearen Gitters dar. Bei noch größeren k-Werten wiederholt sich die Dispersionskurve immer wieder von neuem, so daß das gesamte Schwingungsspektrum innerhalb der 1. Brillouin-Zone liegt:

In der 1. Brillouin-Zone des reziproken Gitters ist das gesamte Schwingungsspektrum eines Kristalls enthalten.

Verständlicherweise ist die Dispersionsrelation bei dreidimensionalen Kristallen, zumal wenn diese noch aus mehreren Atomarten bestehen, wesentlich komplizierter. Dabei sind nicht nur longitudinale (L), sondern auch transversale (T) Schwingungen bzw. Wellen möglich. Da sich ferner bei zweiatomigen Kristallen in der Funktion $\omega(k)$ eine Quadratwurzel als Summand ergibt, entstehen für jeden k-Wert zwei Frequenzen. Die Dispersionskurve besteht demnach aus je 2 Ästen für die longitudinalen und transversalen **optischen (kurzwelligen)** sowie longitudinalen und transversalen **akustischen (langwelligen) Phononen.** Diese Funktionen hängen außerdem noch von der gewählten Ausbreitungsrichtung im Kristall ab.

5.5.2. Die Geschwindigkeit der Phononen

Daß die Ausbreitungsgeschwindigkeit der Phononen keine konstante Größe ist, kann auch aus den Bildern 5.8 und 5.9 ersehen werden. Die Grundgleichung (4) ist somit in der Form

$$c_S = \frac{\partial \omega}{\partial k} \tag{9}$$

zu schreiben und die Geschwindigkeit c_S als Anstieg der Funktion $\omega(k)$ zu verstehen. Dieser ist für akustische Phononen in der Umgebung von $k = 0$, d. h. für relativ große Wellenlängen, am steilsten. Hier ist die Geschwindigkeit c_S nicht nur am größten, sondern verläuft auch praktisch linear. Frequenz und Wellenlänge sind hier gemäß $c_S = f\lambda$ mit der klassischen Geschwindigkeit des Hörschalls (16 Hz $< f <$ 20000 Hz) verknüpft, woher auch die Bezeichnung dieser Zweige rührt.

Phononen, deren Wellenlänge gegenüber der Gitterkonstanten groß ist, breiten sich praktisch ohne Dispersion mit Schallgeschwindigkeit aus.

Rechnerisch läßt sich dies bestätigen, wenn Gl. (8) in

$$\omega^2 = \frac{4D}{m} \sin^2 \frac{ka}{2} \tag{10}$$

umgeformt wird. Dann ist die Ausbreitungsgeschwindigkeit durch

$$c_S = \frac{\partial \omega}{\partial k} = 2 \sqrt{\frac{D}{m}} \frac{a}{2} \cos \frac{ka}{2} \tag{11}$$

gegeben. Für sehr kleine Werte von k, d. h. große Wellenlängen, wird

$$c_S = a \sqrt{\frac{D}{m}} \,. \tag{12}$$

Setzen wir nach Gl. (2) $D = E' a$ sowie die Dichte $\varrho = \frac{m}{a^3}$ ein, so erhalten wir den bekannten Ausdruck für die **Schallgeschwindigkeit** in Stäben

$$c_S = \sqrt{\frac{E'}{\varrho}} \,. \tag{13}$$

Beispiel: **1. Ausbreitungsgeschwindigkeit longitudinaler akustischer Phononen im Kaliumbromid** ($a = 6{,}59 \cdot 10^{-10}$ m). Für einen aus Bild 5.9a herausgegriffenen Punkt $k = \frac{1}{4} \frac{2\pi}{a}$ im linearen Teil der Kurve ist die Wellenlänge $\lambda = \frac{2\pi}{k} = 4a$. Hierzu gehört die Ordinate $f \approx 1{,}3 \cdot 10^{12}$ Hz, woraus für die Geschwindigkeit $c_S = f\lambda = 4 \cdot 1{,}3 \cdot 10^{12} \cdot 6{,}59 \cdot 10^{-10}$ m/s $= 3427$ m/s folgt.
2. Desgl. für transversale optische Phononen. Bei der gleichen Wellenlänge wie im Beispiel 1 wird die Frequenz $f \approx 0{,}37 \cdot 10^{12}$ Hz abgelesen, was die wesentlich geringere Geschwindigkeit $c_S' = 975$ m/s ergibt.

5.6. Thermische Phononen

Die gleichsam natürlichste Art von Gitterschwingungen ist mit der in jedem Körper enthaltenen Wärme gegeben. Bei Abkühlung wird die Amplitude dieser Schwingungen zunehmend kleiner. Mit Annäherung an den absoluten Nullpunkt kommt schließlich ein Gitterbaustein nach dem anderen zum Stillstand, womit es sich zwanglos erklärt, daß die spezifische Wärmekapazität ebenfalls dem Wert 0 zustrebt.

Ganz ähnlich wie der schwarze Körper Photonen an die dunklere und kältere Umgebung abstrahlt, stellt z. B. ein an einem Kristall befestigter erhitzter Metallfilm einen **thermischen Phononengenerator** dar, dessen Spektrum im idealen Fall der PLANCKschen Strahlungskurve entspricht. Wird der Kristall auf extrem niedrige Temperatur gekühlt, so können die Phononen, ohne mit anderen bereits vorhandenen Phononen zusammenzustoßen, den Kristall mit voller Geschwindigkeit durcheilen. Wenn der Metallfilm durch einzelne Stromstöße erregt wird, treffen auf der anderen Seite des Kristalls immer zwei Impulse kurz nacheinander ein: zuerst der von den schnelleren longitudinalen Phononen und später der von den langsameren transversalen Phononen herrührende (Bild 5.10). Als Detektor dient in diesem Fall ein Bolometer, d. i. eine Leiteranordnung, deren elektrischer Widerstand sich bei Erwärmung empfindlich ändert.
Mittels dieser **Wärmepulsmethode** läßt sich nachweisen, in welcher Weise freie Elektronen mit Phononen in Wechselwirkung treten. Ist der durchstrahlte Kristall ein stark mit

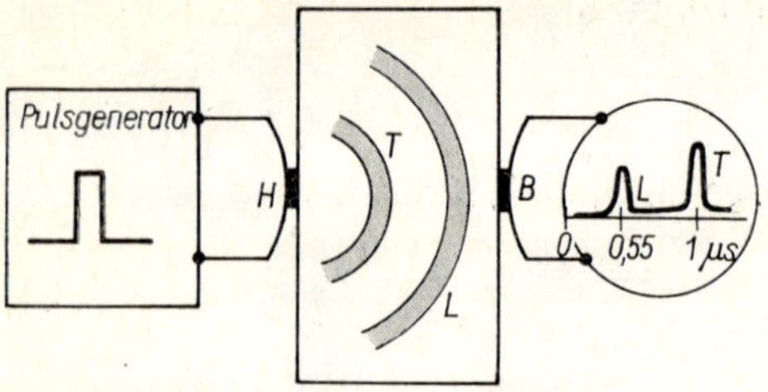

Bild 5.10 Nachweis thermischer Phononen. H Heizelement, B Bolometer; Signal der ankommenden Phononen: T transversale und L longitudinale Phononen

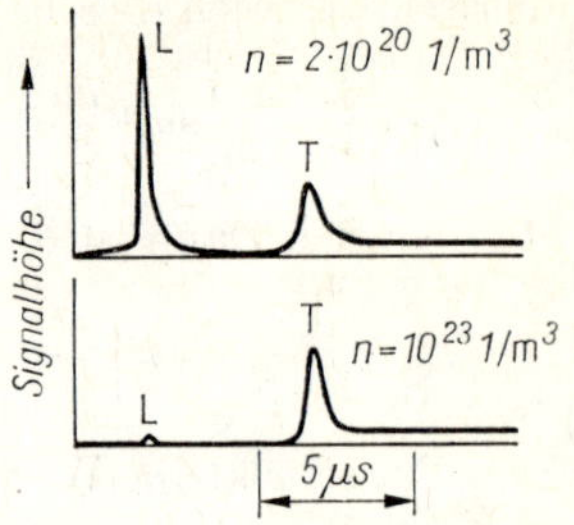

Bild 5.11 Signale ankommender Phononenimpulse in InSb bei unterschiedlicher Konzentration der Elektronen

Elektronen dotierter Halbleiter (z. B. InSb), so kommt das Signal der transversalen Phononen in voller Stärke an, während die longitudinalen durch unelastische Zusammenstöße mit freien Elektronen je nach deren Konzentration mehr oder weniger absorbiert werden (Bild 5.11).

Nicht nur Elektronen in Halbleitern, sondern überhaupt alle Störstellen und Fremdatome in Kristallen absorbieren und streuen Phononen in jeweils charakteristischer Weise. Um sie aufzufinden und zu analysieren, gibt es zwei Wege:

1. Abstimmbare Phononenquelle mit möglichst schmalem Frequenzbereich und breitbandiger Detektor.

2. Phononenquelle mit breitem Spektrum und monochromatischer bzw. durchstimmbarer Detektor.

Damit ist die Phononspektroskopie neben der Röntgenstrukturanalyse und der Neutronenspektroskopie ein wichtiges Hilfsmittel zur Untersuchung der Vorgänge im Kristallgitter geworden.

5.7. Wechselwirkungen der Phononen mit anderen Teilchen

5.7.1. Absorption und Streuung von Licht

Während kurzwelliges Licht nur auf die Elektronenhüllen einwirkt, liegen die Frequenzen schwingender Ionen vorzugsweise im Infrarot (s. 5.3.). Daher bietet das **Absorptionsspektrum infraroten Lichtes** eine wertvolle Hilfe bei der Erkundung der räumlichen Orientierung und Bindungsenergie bestimmter Atomgruppen, z. B. des CO_3-Ions im Kristallgitter.

Die noch festeren Bindungen innerhalb solcher Ionen wie CO_3, NH_4, SO_4 usw. verursachen Schwingungen von besonders hoher Frequenz und Absorptionsmaxima im kurzwelligen, bei einigen Mikrometern liegenden Teil des Infrarots, das einer spektroskopischen Untersuchung leicht zugänglich ist.

Da diese komplexen Gitterbausteine elektrisch polarisierbar sind, induziert das elektrische Feld der einfallenden Lichtwellen innerhalb der Atomgruppen außerdem noch Dipolmomente, die der Polarisierbarkeit proportional sind. Bei diesem als **Raman-Streuung** (1928) bezeichneten Effekt liegt die Frequenzänderung sichtbaren Lichtes bei etwa 1 %, was mit herkömmlichen Meßmethoden mit Sicherheit erfaßt werden kann. Auf die Erfolge der **Raman-Spektroskopie** für die Erforschung der Schwingungsspektren von Halbleitern usw. sei hier nur nebenbei hingewiesen.

5.7.2. Stöße zwischen Photonen und Phononen

Um nun die Wechselwirkungen des Lichtes mit Phononen zu verstehen, muß wieder an deren Teilcheneigenschaften gedacht werden. Sie führen stets einen bestimmten Impuls mit sich und können diesen dann mit den Lichtquanten austauschen. Dabei muß sowohl der Energiesatz als auch der Impulssatz erfüllt sein.

Betrachten wir zunächst den **unelastischen Stoß** eines Photons gegen einen Gitterbaustein, so wird es einen Teil seiner Energie $W = hf$ an das Gitter abgeben. Außerdem wird es um den **Streuwinkel** φ abgelenkt und fliegt mit der etwas niedrigeren Energie $W' = hf'$ weiter. Die verlorengehende Energie wird dabei von einem neu gebildeten Phonon übernommen. Seine Energie ist

$$hf_S = hf - hf' . \tag{14}$$

Physikalisch ebenso möglich ist der Prozeß, bei dem das Lichtquant ein Phonon absorbiert und entsprechend an Energie *gewinnt*.[1]

Hinsichtlich der **Impulse** (14/24) gilt der Erhaltungssatz

$$\hbar \boldsymbol{k} = \hbar \boldsymbol{k}' + \hbar \boldsymbol{K} . \tag{15}$$

Der Wellenzahlvektor des Phonons ist hier mit dem großen Buchstaben $\boldsymbol{K}$ geschrieben. Nach Division von Gl. (15) durch $\hbar$ verbleibt die Vektorsumme (Bild 5.12)

$$\boldsymbol{k} = \boldsymbol{k}' + \boldsymbol{K} . \tag{16}$$

Wenn sich nun, wie wir soeben fanden, die Frequenzen f und f' des ursprünglichen und des gestreuten Lichtquants nur sehr wenig unterscheiden, gilt das auch für die Beträge der Wellenzahlvektoren $\boldsymbol{k}$ und $\boldsymbol{k}'$. Deshalb ist das im Bild 5.13 noch einmal gezeichnete Dreieck der Wellenzahlvektoren gleichschenklig. Mit dem Streuwinkel φ

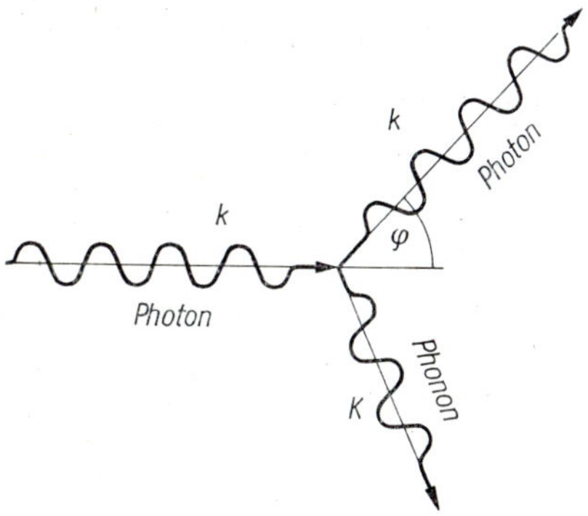

Bild 5.12 Streuung eines Photons an einem Phonon

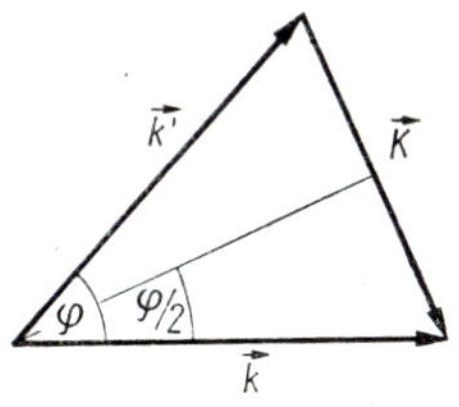

Bild 5.13 Addition der Wellenzahlvektoren

[1] In Anlehnung an die STOKESsche Regel (s. 10.5.1.) spricht man dabei von **antistokesscher Streuung**.

gilt dann die einfache Beziehung

$$K = 2k \sin \frac{\varphi}{2} \,. \qquad (17)$$

Je nach dem Streuwinkel φ kann sich die Wellenzahl K des am Streuvorgang beteiligten Phonons zwischen 0 und $2k$ bewegen.

Beispiel: **Vergleich der Impulse und Energien von Photonen und Phononen.**
Unter Benutzung der in 5.5.2. gegebenen Werte für longitudinale akustische Phononen ergibt sich für den Impuls

$$p = \hbar k = \frac{6{,}626 \cdot 10^{-34}\,\text{Js} \cdot 2\pi}{2\pi \cdot 4 \cdot 6{,}59 \cdot 10^{-10}\,\text{m}} = 2{,}5 \cdot 10^{-25}\,\text{Ns}$$

und für deren Energie

$$W = hf = 6{,}626 \cdot 10^{-34}\,\text{Js} \cdot 1{,}3 \cdot 10^{12}\,1/\text{s} = 8{,}6 \cdot 10^{-22}\,\text{J}.$$

Für grünes Licht der Wellenlänge $\lambda = 550$ nm ergibt sich dagegen

$p = 1{,}2 \cdot 10^{-27}$ Ns und $W = 3{,}6 \cdot 10^{-19}$ J.

Photonen	**haben einen relativ**	**kleinen**	**Impuls und**	**große**	**Energie.**
Phononen		**großen**		**wenig**	

5.7.3. Die Brillouin-Streuung

In diesem Fall sind akustische Phononen für die Frequenzänderung des Streulichtes verantwortlich. An ihnen wird das Licht gestreut, analog zur Beugung von Röntgenstrahlen an den periodisch angeordneten Gitterbausteinen eines Kristalls.
Die Größe der in Frage kommenden Phononenfrequenzen liegt nach den im Abschn. 5.3. angestellten Überlegungen in der Größenordnung um 10^{12} Hz, d. i. etwa $^1/_{1000}$ von der Frequenz des sichtbaren Lichtes. Deshalb sind die Frequenz und damit auch die Energie der am Streuprozeß beteiligten Phononen so gering, daß sich die Frequenz des gestreuten Photons von der Frequenz f des ursprünglichen i. allg. nur sehr wenig unterscheidet.

Setzt man in die Streuformel (17) die Wellenzahl des Lichtes $k = \frac{2\pi f}{c}$ und die des Phonons $K = \frac{2\pi f_S}{c_S}$ ein, so erhält man für die **Frequenzänderung**

$$f_S = 2f \frac{c_S}{c} \sin \frac{\varphi}{2} \,. \qquad (18)$$

Da die Geschwindigkeit der Phononen nur rund $3 \cdot 10^3$ m/s, die des Lichtes aber 3×10^8 m/s beträgt, kann die Frequenzänderung im Höchstfall nur etwa $10^{-5} f$ ausmachen. Dies meßtechnisch zu erfassen ist schwierig und fordert Lichtquellen, deren Wellenlänge extrem scharf definiert ist, in Verbindung mit hochauflösenden Interferometern.

5.7.4. Streuung von Neutronen an Phononen

Wir sahen bereits, wie Neutronen infolge ihrer Welleneigenschaft ähnlich wie Röntgenstrahlen am Kristallgitter gestreut werden. Denkt man andererseits an die Teilcheneigenschaft, so läßt sich die Streuung als **elastischer Stoß** zwischen Neutron und Phonon auffassen. Der Stoß kann aber auch **unelastisch**, d. h. unter Änderung der

Neutronenenergie, vor sich gehen, die sich nach (14/25) in der Form $W = \frac{\hbar^2 k^2}{2m_n}$ ausdrücken läßt. Die Energie der bei dem Streuvorgang erscheinenden oder verschwindenden Phononen folgt dann aus dem Energiesatz

$$\frac{\hbar^2}{2m_n}(k^2 - k'^2) = \hbar\omega_K \,. \tag{19}$$

Der Impuls der Phononen ergibt sich aus dem Streuwinkel φ nach den Gleichungen (16) und (17).
Die für diesen Zweck benötigten Ströme monoenergetischer Neutronen erhält man auf die in 1.4.4. beschriebene Weise (Bild 5.14). Aus der Winkelverteilung und Energie der gestreuten Neutronen läßt sich das Spektrum der Phononen, insbesondere die Dispersionsrelation $\omega(k)$, für jede beliebige Richtung im Kristall bestimmen. Die auf Bild 5.9 wiedergegebenen Kurven wurden auf diese Weise gewonnen.

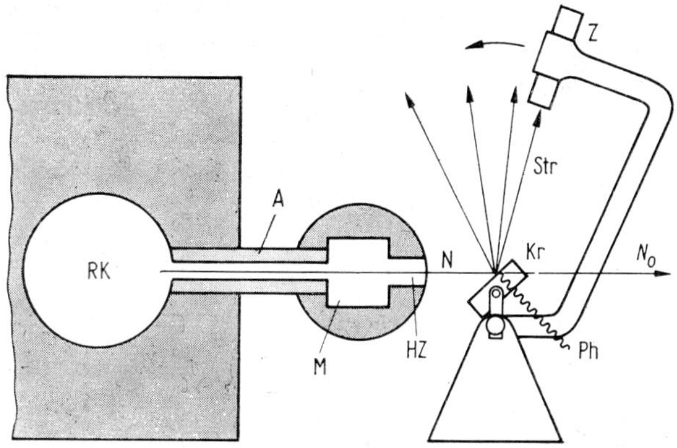

Bild 5.14 Schema zur Neutronenstreuung an Kristallen
RK Reaktorkern, A Austrittskanal, M Monochromator, HZ Hilfszähler, N Neutronenstrahl, Kr Kristallprobe, Z BF_3-Zähler, Str gestreute Neutronen, Ph Phononen, N_0 nicht abgelenkte Neutronen, dunkel: Beton-Abschirmung

6. Thermische Eigenschaften der Festkörper

6.1. Die spezifische Wärmekapazität

Mangels anderer Anhaltspunkte ging die klassische Wärmetheorie von der Annahme aus, daß die in einem Körper enthaltene Wärmeenergie proportional zur absoluten Temperatur und die spezifische Wärmekapazität c eine konstante Größe sei. Die praktischen Messungen zeigten jedoch – besonders bei sehr tiefen Temperaturen – eine starke Abhängigkeit der spezifischen Wärmekapazität von der Temperatur.
Den entscheidenden Fortschritt brachte erst MAX PLANCK (1900). Er zeigte, daß die Energie W eines harmonisch schwingenden atomaren Teilchens nicht einfach, wie in Gl. (14/10), proportional zu seiner Temperatur T, d. h. $\overline{W} = k_B T$, ist, sondern vielmehr gemäß dem Ausdruck

$$W = \frac{\hbar\omega}{e^{\hbar\omega/k_B T} - 1} \tag{1}$$

eine komplizierte Funktion der Frequenz f und der Temperatur T darstellt.[1])
Wie diese Gleichung weiterhin zu der berühmten PLANCKschen Strahlungsformel führt, soll uns hier nicht beschäftigen. EINSTEIN hat sie aber dazu verwendet, um den Energiegehalt des Kilomols eines festen Körpers auszudrücken, indem er ihn wie in den Gleichungen (14/10, 12) mit dem Faktor 3 und der Anzahl N_A der Teilchen je Kilomol multiplizierte. Außerdem ist es noch üblich, zur Abkürzung die **charakteristische Temperatur**

$$\Theta' = \frac{\hbar\omega}{k_B} \tag{2}$$

zu verwenden. Das ergibt die **molare thermische Energie**

$$W_m = 3 N_A k_B \frac{\Theta'}{e^{\Theta'/T} - 1}\,. \tag{3}$$

Die **molare Wärmekapazität des festen Körpers** folgt dann analog zu Gl. (14/11) als Ableitung dieses Ausdruckes nach der Temperatur T:

$$C_m = \frac{dW_m}{dT} = 3R\left(\frac{\Theta'}{T}\right)^2 \frac{e^{\Theta'/T}}{(e^{\Theta'/T} - 1)^2}\,. \tag{4}$$

---

1) k_B ist die BOLTZMANN-Konstante Gl. (14/7).

6.2. Charakteristische und Debye-Temperatur

An dieser Stelle muß aber die Frage entstehen, welcher Wert für die Kreisfrequenz ω hier einzusetzen ist. Zunächst betrachtete man sie als eine Materialkonstante, die sich aus den experimentell für C_m gewonnenen Werten ermitteln ließ. Nach einem anderen, von LINDEMANN (1910) gefundenen Weg ergibt sich die Frequenz ω aus dem Schmelzpunkt des Stoffes, bei dem die Amplituden der schwingenden Atome offenkundig so groß werden, daß sie gegeneinander stoßen und das Kristallgitter zusammenbrechen lassen. Die Übereinstimmung mit den Meßwerten war recht gut. Für Silber ergab sich z. B. $\omega = 20{,}1 \cdot 10^{12}$ 1/s und für Diamant $\omega = 157 \cdot 10^{12}$ 1/s, wonach sich mit Gl. (2) die charakteristischen Temperaturen 154 K (Silber) und 1200 K (Diamant) ergeben.

Dennoch hatte schon EINSTEIN Bedenken gegen die Annahme einer einzigen Frequenz ω, da die Schwingungen eines Atoms durch die Nachbaratome erheblich beeinflußt werden, wie wir dies bei der Betrachtung der linearen Kette (s. 5.5.) leicht erkennen konnten. In Gl. (2) ist vielmehr der Verlauf der Funktionen $\omega(k)$ zu berücksichtigen, wie er aus der Dispersionskurve (s. Bild 5.7) zu entnehmen ist. Damit wird die Berechnung von Fall zu Fall außerordentlich kompliziert und macht u. U. den Einsatz großer Rechenanlagen erforderlich.

Demgegenüber stellt ein bereits von DEBYE (1912) benutztes Verfahren eine gute Näherung dar. Es geht von einer konstanten mittleren Schallgeschwindigkeit aus und legt ein Schwingungsspektrum zugrunde, das sich aus dem Ersatz der 1. BRILLOUIN-Zone durch eine volumengleiche Kugel ergibt. Mit der damit errechneten **Grenzfrequenz** ω_{max} ergibt sich gegenüber Gl. (2) die verbesserte **Debye-Temperatur**

$$\Theta = \frac{\hbar \omega_{max}}{k_B}\,. \tag{5}$$

Einige DEBYE-Temperaturen sind in Tabelle 11 (Spalte 13, S. 199) mit aufgeführt. Sie betragen z. B. für Silber 225 K und Diamant 2230 K. Bild 6.1 zeigt den Temperaturverlauf der spezifischen Wärmekapazität nach der EINSTEINschen und DEBYEschen Näherung. Da sie als Funktion des Verhältnisses T/Θ dargestellt sind, ist die Kurve vom Stoff unabhängig.

Abgesehen von der nunmehr befriedigenden Lösung des Problems überhaupt, sind noch die beiden Grenzfälle der DEBYE-Funktion von Interesse. Bei extrem hohen Temperaturen, d. h., wenn $T \gg \Theta$ ist, liefert sie $C_m = 3\,R$, d. h. die **Dulong-Petitsche Regel** Gl. (14/14); für sehr niedrige ($T \ll \Theta$) aber führt sie zu dem berühmten T^3-Gesetz

$$C_m = aT^3\,. \tag{6}$$

Im Bild 6.1 ist es durch eine Strichlinie angedeutet, und wir sehen, daß sie sich bis zu einem T/Θ-Wert von 0,1 recht gut an die DEBYEsche Kurve anschmiegt.

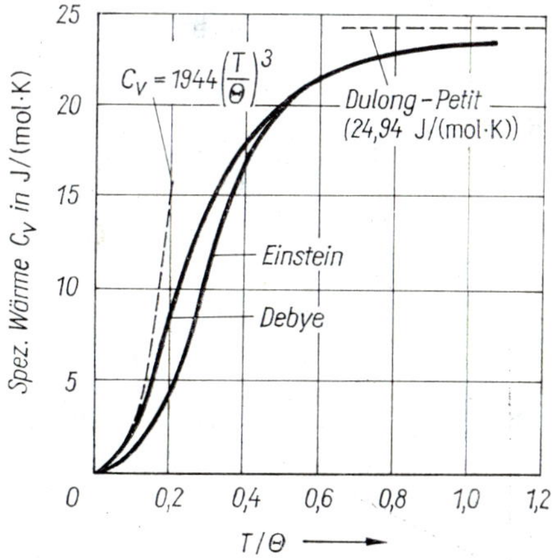

Bild 6.1 Molwärme der Festkörper in Abhängigkeit von T/Θ

Beispiel: Für Kupfer beträgt mit $\Theta = 343$ K bei Raumtemperatur $T = 300$ K der Parameter $T/\Theta = 0{,}875$ und nach Bild 6.1 $C_m = 23{,}5$ J/(mol K). Die Regel von DULONG und PETIT führt nach Gl. (14/12) auf $C_m \approx 25$ J/(mol K). Der experimentelle Wert ist $C_m = 24{,}5$ J/(mol K).

6.3. Die Wärmeleitung im Festkörper

6.3.1. Streuprozesse zwischen Phononen

Bringen wir nun die Erscheinung der Wärmeleitung mit den Gitterschwingungen, d. h. den Phononen, in Zusammenhang, so stoßen wir auf einen krassen Wiederspruch. Phononen verbreiten sich in Festkörpern mit Schallgeschwindigkeit, wogegen der Wärmetransport auffallend langsam vor sich geht. Es muß also ein Mechanismus wirken, der die Bewegung der Phononen in entscheidender Weise eindämmt.
Eine anschauliche Erklärung findet sich schon, wenn man sich die Phononen als Teilchen eines das Kristallgitter erfüllenden Gases vorstellt. Sie werden hier in der unregelmäßigsten Weise miteinander zusammenstoßen und ihre Bewegungsrichtung fortgesetzt ändern müssen.
Ganz ähnlich wie auch bei der unregelmäßigen Bewegung von Gasmolekülen steht den Phononen eine **mittlere freie Weglänge** zur Verfügung:

$$\Lambda = c_S \bar{t}\,. \tag{7}$$

Die mittlere freie Weglänge Λ wird im Mittel zwischen zwei Zusammenstößen zurückgelegt, wobei jedesmal die mittlere Zeit $\bar{t}$ verstreicht.

6.3.2. Die Wärmeleitfähigkeit

Um die Wärmeleitung durch feste Körper zu beschreiben, denkt man sich einen solchen gewöhnlich zwischen zwei im Abstand Δx befindlichen parallelen Flächen eingeschlossen, an denen ein konstant bleibender Temperaturunterschied $T_1 - T_2 = \Delta T$ aufrechterhalten wird (Bild 6.2). Das ergibt ein lineares **Temperaturgefälle** $\dfrac{\Delta T}{\Delta x}$.
Die Erfahrung lehrt dann, daß die je Zeit- und Flächeneinheit transportierte Wärmemenge

$$Q' = \lambda \frac{\Delta T}{\Delta x} \tag{8}$$

ist.

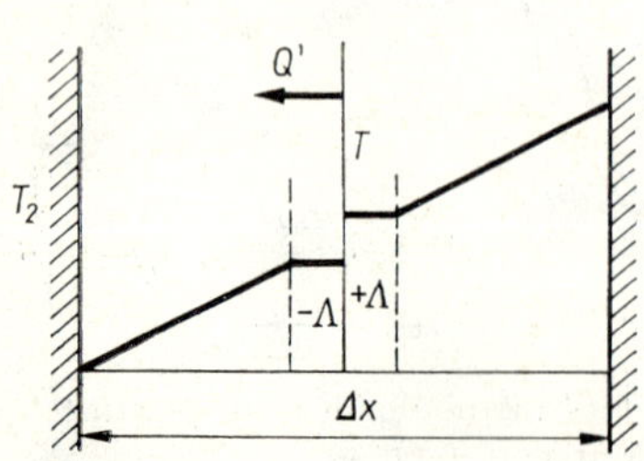

Bild 6.2 Temperaturgefälle und Wärmeleitung

Die **Wärmeleitfähigkeit** λ wird üblicherweise bei Zimmertemperatur gemessen, wobei leicht der Eindruck entsteht, daß λ eine Konstante sei. Um das zu untersuchen, wollen wir λ mit den Methoden der kinetischen Gastheorie berechnen.
Hierzu gehen wir von einer zwischen den beiderseitigen Grenzflächen gelegenen Mittelebene aus, wo die Temperatur T besteht. Zu beiden Seiten liegt ein Bereich von $-\Lambda$ bis $+\Lambda$, in welchem kein Zusammenstoß stattfindet und in dem sich die Temperatur auch nicht ändert. Die von links kommenden Phononen haben nach Gl. (14/10) die Energie $3\,k_B\left(T - \Lambda\frac{\Delta T}{\Delta x}\right)$ und die von rechts kommenden die Energie $3\,k_B\left(T + \Lambda\frac{\Delta T}{\Delta x}\right)$. Befinden sich in der Volumeneinheit n Phononen, so bewegen sich im zeitlichen Mittel und in der Zeiteinheit je $^1/_6\, nc_S$ nach den positiven und negativen Richtungen der 3 Koordinatenachsen und jeweils so viel, wie sich in einem Prisma von der Länge c_S befinden. In unserem Fall strömt also durch die Mittelebene T von links nach rechts die Energie

$$\frac{1}{6}\cdot 3nk_B\, c_S\left(T - \Lambda\frac{\Delta T}{\Delta x}\right) \quad \text{und von rechts nach links}$$

$$\frac{1}{6}\cdot 3nk_B\, c_S\left(T + \Lambda\frac{\Delta T}{\Delta x}\right).$$

Der gesamte Energiestrom von rechts nach links ist somit die Differenz

$$Q' = nk_B\, c_S\Lambda\frac{\Delta T}{\Delta x}. \tag{9}$$

Hier ist $3\,nk_B$ die spezifische Wärmekapazität je Volumeneinheit, die ihrerseits gleich ϱc ist, d. h. gleich dem Produkt aus der Dichte ϱ und der spezifischen Wärmekapazität c. Damit erhalten wir durch Vergleich mit Gl. (8) das **spezifische Wärmeleitvermögen**

$$\lambda = \frac{1}{3}\varrho c\, c_S\Lambda. \tag{10}$$

Da bis auf Λ alle hier stehenden Größen bequem meßbar sind, kann die mittlere freie Weglänge der Phononen leicht berechnet werden.
Erinnern wir uns noch daran, was die Überlegungen zur spezifischen Wärmekapazität c ergeben haben (s. 6.2.)! Da bei tiefen Temperaturen c proportional zu T^3 ist, gilt dies auch jetzt hinsichtlich λ. Mit steigender Temperatur überwiegt aber ein anderer Einfluß; denn c wird konstant. Dafür werden immer mehr Phononen erzeugt, da die Zahl der angeregten Zustände der Temperatur T proportional ist. Mit der Anzahl der Zusammenstöße nimmt die mittlere freie Weglänge also ab. Zusammenfassend gilt demnach:

Das Wärmeleitvermögen der festen Körper ist bei tiefen Temperaturen proportional zu T^3, bei hohen Temperaturen proportional zu $^1/T$.

Bild 6.3 zeigt diese Gesetzmäßigkeit für Germanium. Zum Vergleich mit dem aufsteigenden Ast ist die Parabel $\lambda = 6\,T^3$ punktiert eingetragen. Im abfallenden Ast geht die Kurve in die Hyperbel $\lambda = \frac{20000}{T}$ über.
Die hier skizzierten Überlegungen allein reichen aber noch nicht aus, das wirkliche thermische Verhalten der Festkörper in allen Einzelheiten zu erklären. So wird z. B. die mittlere freie Weglänge durch Streuung der Phononen an den Kristallgrenzen ein-

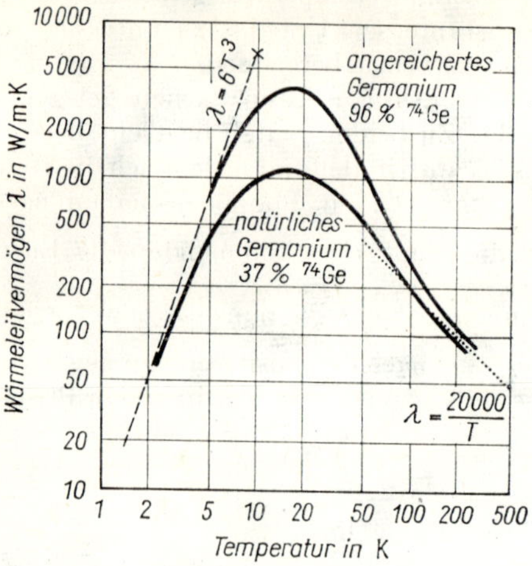

Bild 6.3 Wärmeleitvermögen für natürliches und angereichertes Germanium; gestrichelt: Näherung für tiefe Temperaturen; punktiert: Näherung für hohe Temperaturen

geengt, besonders dann, wenn sie von derselben Größenordnung wie der Durchmesser des Versuchskörpers ist.

Verunreinigungen und Gitterfehler wirken im gleichen Sinn.

Selbst die **Beimengung von Isotopen**, wodurch die Periodizität des Gitters gestört wird, führen zu beträchtlicher Streuung der Phononen. Wie sich gerade dieser Effekt bei Germanium auswirkt, zeigt ebenfalls Bild 6.3. Eine mit 96 % ^{74}Ge angereicherte Probe weist im Maximum der Kurve das 3fache Wärmeleitvermögen auf wie natürliches Germanium mit einem Gehalt von 37 % ^{74}Ge + 27 % ^{72}Ge + 20 % ^{70}Ge + 8 % ^{76}Ge + 8 % ^{73}Ge.

Beispiel: Für Quarz mit der Dichte $\varrho = 2{,}64 \cdot 10^3\ \mathrm{kg/m^3}$, der spezifischen Wärmekapazität $c = 0{,}745\ \mathrm{kJ/(kg\ K)}$, der Schallgeschwindigkeit $c_S = 5\,250\ \mathrm{m/s}$ und dem Wärmeleitvermögen $\lambda = 13{,}4\ \mathrm{J/(m\ s\ K)}$ wird die mittlere freie Weglänge der Phononen

$$\Lambda = \frac{3\lambda}{\varrho c\, c_S} = 3{,}9 \cdot 10^{-9}\ \mathrm{m}\,.$$

Für Kupfer ergibt sich $0{,}9 \cdot 10^{-7}$ m.

7. Die Metalle als Stromleiter

Die Metalle heben sich durch eine Reihe auffälliger Merkmale von den übrigen festen Stoffen ab: das glänzende Aussehen, die leichte plastische Verformbarkeit, die vorzügliche elektrische und thermische Leitfähigkeit usw. Bis jetzt haben wir nur Eigenschaften besprochen, die auch andere Stoffe aufweisen.
Weitere Besonderheiten liegen aber in der eigentümlichen metallischen Bindung (s. 2.2.4.) begründet. Das Gitter besteht aus ionisierten Atomrümpfen, zwischen denen sich entsprechend den Vorstellungen der klassischen Theorie freie Elektronen wie die Teilchen eines Gases bewegen. Da sie den Transport des elektrischen Stromes besorgen, heißen sie **Leitungselektronen** und bilden das **Elektronengas.** Die von den Gitterionen ausgehenden elektrostatischen Kräfte hindern es daran, aus dem Kristallgitter zu entweichen. Diese Wechselwirkung mit den Atomrümpfen kann jedoch bei der theoretischen Behandlung des Elektronengases zunächst vernachlässigt werden.

7.1. Die klassische Elektronentheorie

7.1.1. Die Dichte des Elektronengases

Wenn in erster Näherung angenommen wird, daß jedes Atom ein Elektron an das Elektronengas abgibt, so erhält man die Anzahl der Elektronen je Volumeneinheit, d. h. die **Elektronendichte,** nach Gl. (14/5) zu

$$n_e = \frac{\varrho N_A}{M}. \tag{1}$$

Beispiel: Für Kupfer ergibt sich mit der relativen Atommasse $A_r = 63{,}55$ und der Dichte $\varrho = 8930\ \mathrm{kg/m^3}$

$$n_e = \frac{8930\ \mathrm{kg/m^3} \cdot 6{,}022 \cdot 10^{26}/\mathrm{kmol}}{63{,}55\ \mathrm{kg/kmol}} = 8{,}5 \cdot 10^{28}\ \mathrm{1/m^3}$$

Halten wir diesem Ergebnis die Dichte eines gewöhnlichen Gases gegenüber, die unter Normalbedingungen $27 \cdot 10^{24}\ \mathrm{1/m^3}$ beträgt, so hat das Elektronengas die 3000fache Dichte. Es ist ein erster Hinweis darauf, daß wir bei weiteren Betrachtungen mit einigen Überraschungen rechnen müssen.

7.1.2. Die mittlere thermische Geschwindigkeit der Elektronen

Die Ähnlichkeit mit einem Gas legt es nahe, die elektrischen Eigenschaften der Metalle mit Hilfe der kinetischen Gastheorie zu erklären. Es erschien denn auch keineswegs erstaunlich, als es PAUL DRUDE um 1900 gelang, eine ganze Reihe von Metalleigenschaften auf dieser Grundlage in guter Übereinstimmung mit den experimentellen Werten zu berechnen, obwohl – wie wir heute wissen – die eigentliche Grundlage seiner Theorie falsch war.

Folgen wir vorerst seinen Überlegungen und berechnen die **mittlere thermische Geschwindigkeit** der Elektronen in der gleichen Weise, wie dies für die Moleküle eines Gases üblich ist, so ergibt die bekannte Gleichung (14/8) mit der relativen Atommasse des Elektrons $A_r = 0{,}00055$ bei 0 °C

$$v_{th} = \sqrt{\frac{3RT}{M}} = 111{,}3 \text{ km/s }^{1)}. \tag{2}$$

Mit dieser Geschwindigkeit fliegt das Elektron geradeaus, bis es (nach klassischer Vorstellung) mit einem Metallion oder einem anderen Elektron zusammenstößt Das ergibt eine zickzackförmige Bahn (Bild 7.1). Zwischen je 2 Zusammenstößen vergeht die mittlere Zeit $\bar{t}$.

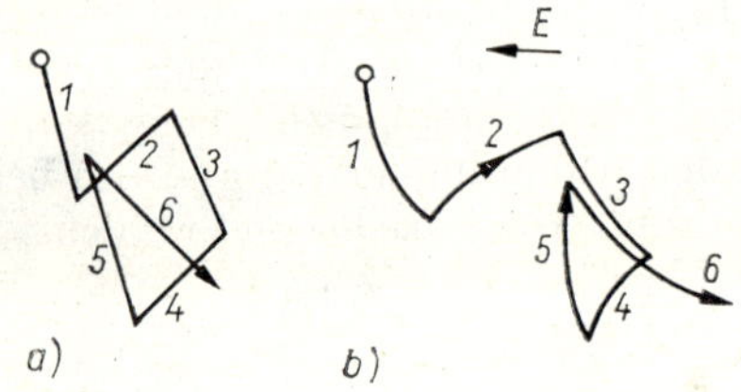

Bild 7.1 a) Freie Bewegung eines Elektrons im Gitter
b) die gleiche Bewegung unter Einfluß eines elektrischen Feldes E

7.1.3. Driftgeschwindigkeit und Ohmsches Gesetz

Wenn nun eine elektrische Spannung an die Probe gelegt wird, ändert sich das Bild. Während die zur Feldrichtung E senkrecht verlaufenden Geschwindigkeitskomponenten unverändert bleiben, erfahren die dazu parallelen Komponenten einen entsprechenden Zuwachs. Die Überlagerung beider Bewegungen ergibt parabelförmig gekrümmte Teilstrecken (Bild 7.1b). Es entsteht ein **elektrischer Strom**; die Elektronen bewegen sich mit der **Driftgeschwindigkeit** $\bar{v}$ dem elektrischen Feld entgegen, d. h. vom Minus- zum Pluspol.

Unter der Stromstärke I ist dann die durch den Querschnitt A je Zeiteinheit transportierte Ladung Q zu verstehen, d. h. $I = \frac{Q}{t}$, wobei $Q = e\, n_e\, V$ und V das Leitervolumen $V = A\, l$ ist. In dem Ausdruck $I = \frac{e\, n_e\, A\, l}{t}$ bedeutet l/t die Driftgeschwindigkeit $\bar{v}$ der Elektronen. Es ist daher die **Stromstärke**

$$I = e n_e A \bar{v}\,. \tag{3}$$

---

[1]
$$v_{th} = \sqrt{\frac{3 \cdot 8314 \text{ J/kmol} \cdot 273{,}2 \text{ K}}{\text{K} \cdot 0{,}00055 \text{ kg/kmol}}} = 1{,}113 \cdot 10^5 \text{ m/s}\,.$$

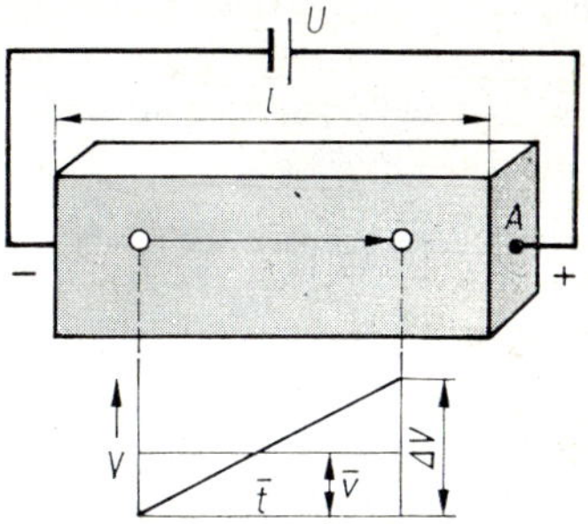

Bild 7.2 Auf die Feldrichtung projizierte Bewegung eines Elektrons im Leiter zwischen zwei Stößen; $\bar{v}$ Driftgeschwindigkeit

Betrachtet man aber nach DRUDE ein einzelnes Elektron, so erhält dieses während seines freien Fluges im Zeitraum $\bar{t}$ zwischen zwei Stößen eine Beschleunigung, die, mit seiner Masse m_e multipliziert, gleich der vom Feld ausgeübten Kraft eE ist (Bild 7.2):

$$\frac{m_e \Delta v}{\bar{t}} = eE\,. \tag{4}$$

Wenn im Zeitraum $\bar{t}$ die Geschwindigkeit vom Wert 0 auf dem Endwert Δv zunimmt, ist die **mittlere (Drift-)Geschwindigkeit** $\bar{v} = \Delta v/2$, d. h. also

$$\bar{v} = \frac{e\bar{t}E}{2m_e}\,. \tag{5}$$

Setzt man dies in den Ausdruck (3) ein, so wird mit der am Leiter liegenden Spannung $U = E\,l$ die Stromstärke

$$I = \frac{e^2 n_e\, A\bar{t}\, U}{2 l m_e}\,. \tag{6}$$

Da alle neben der Spannung U stehenden Faktoren konstante Größen sind, stellt die Gleichung das bekannte **Ohmsche Gesetz** $I = U/R$ dar. Mit dem Widerstand $R = l/\varkappa A$ ergibt sich für die **Leitfähigkeit**

$$\varkappa = \frac{e^2 n_e \bar{t}}{2m_e}\,. \tag{7}$$

Sie kann mit den verschiedensten Hilfsmitteln leicht und genau gemessen werden, so daß mit der geschätzten Elektronendichte n_e die **mittlere Zeit zwischen 2 Stößen** berechnet werden kann:

$$\bar{t} = \frac{2\,\varkappa\, m_e}{e^2 n_e}\,. \tag{8}$$

Sehen wir noch einmal nach, wovon die Driftgeschwindigkeit $\bar{v}$ eigentlich abhängt, so finden wir in Gl. (5) als äußere Ursache die Feldstärke E, während die übrigen Einflußgrößen an der Art der Ladungsträger selbst liegen. Es ist üblich, sie unter der Bezeichnung **Beweglichkeit b** zusammenzufassen. Dann ist

$$b = \frac{\bar{v}}{E} \quad \text{oder auch} \quad b = \frac{e\bar{t}}{2m_e}\,. \tag{9}$$

Gehen wir aber von Gl. (3) aus und setzen dort $I = \frac{E\,l}{R}$ sowie $\varkappa = \frac{l}{RA}$, so folgt die einfache Beziehung

$$b = \frac{\varkappa}{e n_e} \tag{10}$$

(Tabelle 11, Spalte 18).

Beispiele: 1. Für Kupfer findet man mit den Tabellenwerten aus dem Anhang die mittlere Zeit zwischen 2 Stößen nach Gl. (8)

$$\bar{t} = \frac{2 \cdot 5{,}88 \cdot 10^{7}\,\mathrm{S} \cdot 9{,}11 \cdot 10^{-31}\,\mathrm{kg\,m^3}}{1{,}602^2 \cdot 10^{-38}\,(\mathrm{As})^2 \cdot 8{,}5 \cdot 10^{28}\,\mathrm{m}} = 4{,}91 \cdot 10^{-14}\,\mathrm{s}\,.$$

2. Mit welcher Geschwindigkeit bewegen sich die Elektronen bei der Stromstärke 2 A durch einen Aluminiumdraht von 1 mm² Querschnitt?

Aus Gl. (3) erhält man $\bar{v} = \dfrac{I}{e n_e A} =$

$$= \frac{2\,\mathrm{A\,m^3}}{1{,}602 \cdot 10^{-19}\,\mathrm{As} \cdot 18{,}06 \cdot 10^{28} \cdot 10^{-6}\mathrm{m^2}} = 0{,}069\,\mathrm{mm/s}\,.$$

3. Wie groß ist die Leitfähigkeit des Aluminiums, wenn die Beweglichkeit der Elektronen $b = 1{,}26 \cdot 10^{-3}\,\mathrm{m^2/Vs}$ und die Elektronendichte $n_e = 18{,}06 \cdot 10^{28}\,{}^1/\mathrm{m}^3$ betragen?
$\varkappa = e n_e b = 3{,}65 \cdot 10^{7}\,{}^1/(\Omega\,\mathrm{m})$ (vgl. mit Tabelle 11, S. 199).

7.1.4. Die Joulesche Wärme

Auf die Dauer aber behalten die Elektronen den aus dem elektrischen Feld gewonnenen Energiezuwachs nicht für sich. Bei ihren Zusammenstößen mit den positiven Atomrümpfen geben sie diesen an das Kristallgitter weiter. Das ist der Ursprung der **Jouleschen Wärme.** Wenn der Einfachheit halber angenommen wird, daß das Elektron die ihm zugeführte kinetische Energie $\dfrac{4\,m_e \bar{v}^2}{2}$¹) sofort an das Gitter weitergibt, so folgt die auf die Volumeneinheit bezogene **Wärmeleistung** P/V durch Multiplikation mit $n_e/\bar{t}$, d. h. der Anzahl der je Zeiteinheit erfolgenden Stöße:

$$\frac{P}{V} = \frac{4 n_e m_e \bar{v}^2}{2\bar{t}}\,. \tag{11}$$

Wie sich durch Einsetzen von Gl. (5) leicht bestätigt, ergibt sich unter Verwendung von Gl. (7) die bekannte Formel für die **Leistung des Stromes**

$$P = \frac{A \varkappa U^2}{l} = \frac{U^2}{R}\,. \tag{12}$$

7.1.5. Das Wiedemann-Franzsche Gesetz

Schließlich gelang es Drude auch, mit Hilfe der Gesetze der kinetischen Gastheorie die bislang nur empirisch begründete **Wiedemann-Franzsche Regel** (1853) herzuleiten:

> **Gute elektrische Leiter sind zugleich gute Wärmeleiter; schlechte elektrische Leiter sind schlechte Wärmeleiter.**

Das Wärmeleitvermögen haben wir in 6.3.2. aus der Bewegung der Phononen berechnet und dabei Gl. (6/10) gefunden. Das gute Wärmeleitvermögen der Metalle legt es aber nahe, von der Bewegung der freien Elektronen auszugehen. Dann ist, da nach der klassischen Theorie die molare Wärmekapazität C_m des «einatomigen»

¹) Hier muß die nach Ablauf der Zeit $\bar{t}$ erreichte Endgeschwindigkeit $\Delta v = 2\,\bar{v}$ eingesetzt werden.

Elektronengases nur die Hälfte von der des Festkörpers betragen sollte, in Gl. (6/10) nach Gl. (14/6 und 11) für das Produkt $\varrho c = \frac{3nk_B}{2}$ einzusetzen und für c_S die Driftgeschwindigkeit $\bar{v}$. Damit wird zunächst

$$\lambda = \frac{n_e k_B \bar{v} \Lambda}{2} . \tag{13}$$

Die elektrische Leitfähigkeit $\varkappa$ läßt sich andererseits mit $\bar{t} = \frac{\Lambda}{\bar{v}}$ nach Gl. (7) in die Form

$$\varkappa = \frac{e^2 n_e \Lambda}{2 m_e \bar{v}} \tag{14}$$

bringen. Der Quotient von (13) und (14) ist

$$\frac{\lambda}{\varkappa} = \frac{k_B m \bar{v}^2}{e^2} .$$

Für einatomige Gase ist nach Gl. (14/6) die Energie[1]) eines Teilchens $\frac{m\bar{v}^2}{2} = \frac{3k_B T}{2}$, womit sich das **Wiedemann-Franzsche Gesetz** ergibt:

$$\frac{\lambda}{\varkappa} = 3 \left(\frac{k_B}{e}\right)^2 T . \tag{15}$$

Das Verhältnis aus dem Wärmeleitvermögen und der elektrischen Leitfähigkeit der Metalle ist der absoluten Temperatur proportional.

Der hierin enthaltene Proportionalitätsfaktor wird auch als **Lorentzsche Zahl** bezeichnet:

$$L = \frac{\lambda}{\varkappa T} = 3 \left(\frac{k_B}{e}\right)^2 . \tag{16}$$

Unter Anwendung der FERMIschen Verteilungsfunktion (s. 7.2.5.) ergibt sich das etwas genauere Resultat

$$L = \frac{\pi^2}{3} \left(\frac{k_B}{e}\right)^2 , \tag{17}$$

d. h. ein um etwa 10% höherer Betrag.

Beispiele: 1. Für die LORENTZsche Zahl ergibt sich numerisch nach Gl. (16)

$$L = 3 \left(\frac{1{,}38 \cdot 10^{-23}\,\mathrm{W\,s}}{1{,}602 \cdot 10^{-19}\,\mathrm{As\,K}}\right)^2 = 2{,}23 \cdot 10^{-8}\,\mathrm{V^2/K^2}.$$

2. Nach Tabelle 11 (S. 199) sind die experimentell für Kupfer bestimmten Werte $\lambda = 398$ W/(m K) und $\varkappa = 5{,}88 \cdot 10^7$ A/(Vm), wonach gemäß Gl. (16)

$$L = \frac{\lambda}{\varkappa T} = \frac{398\,\mathrm{W\,V\,m}}{5{,}88 \cdot 10^7\,\mathrm{A\,m\,K} \cdot 293\,\mathrm{K}} = 2{,}31 \cdot 10^{-8}\,\mathrm{V^2/K^2} \text{ ist} .$$

Für Blei ergibt sich mit $\lambda = 35{,}2$ W/(m K) und $\varkappa = 0{,}48 \cdot 10^7$ A/(V m) die Zahl $L = 2{,}67 \cdot 10^{-8}$ V²/K², d. i. nahezu der gleiche Wert wie für Kupfer und auch für die übrigen Metalle.

---

[1]) Da an diesem Vorgang nur Teilchen an der FERMI-Oberfläche (s. 7.2.2.) beteiligt sind, kann hier $\frac{m\bar{v}^2}{2} = \frac{m\overline{v^2}}{2}$ gesetzt werden.

7.1.6. Das Versagen der klassischen Elektronentheorie

Wenngleich es gelungen war, auch das WIEDEMANN-FRANZsche Gesetz aus bereits bekannten Beziehungen abzuleiten, führte die klassische Elektronentheorie nicht zu den erhofften Ergebnissen. Sie versagte besonders im Bereich tiefer Temperaturen, vollständig aber bei der Deutung der spezifischen Wärmekapazität der Metalle.
Wenn alle bisherigen Überlegungen richtig wären, müßte das im Metall enthaltene Elektronengas einen ganz bedeutenden Beitrag zur spezifischen Wärmekapazität liefern. Zu dem nach Gl. (14/12) genannten Betrag $C_m = 3R$ käme noch der einatomigen Gasen gemäß Gl. (14/13) entsprechende Anteil $C_{mv} = \frac{3}{2} R$, was unter krasser Verletzung der DULONG-PETITschen Regel Gl. (14/14) den Gesamtbetrag (25 + 12,5) kJ/(kg K) = 37,5 kJ/(kg K) ergeben würde. Die mit aller erdenklichen Sorgfalt vorgenommenen Messungen ergaben jedoch, daß der Beitrag der Elektronen nur um etwa 1 % liegen kann.
Das Elektronengas muß demnach Eigenschaften aufweisen, die aus der klassischen Theorie nicht zu erklären sind und völlig neue Annahmen notwendig machen. Nur in Ausnahmefällen und bei extrem niedrigen Elektronendichten, die mit den Verhältnissen in einem gewöhnlichen Gas vergleichbar sind, ist das klasssische Gesetz auch auf das Elektronengas anwendbar.

7.2. Quantenmechanische Betrachtung des Elektronengases

7.2.1. Der k-Raum des freien Elektronengases

Die Widersprüche, in denen die klassische Elektronentheorie hängengeblieben war, ließen sich erst mit Hilfe der quantenmechanischen Gesetze beseitigen. Dazu ist es vor allem notwendig, das Elektron als eine Wellenerscheinung zu behandeln, für die die DE-BROGLIEsche Gleichung (14/26) $\lambda = \frac{h}{p}$ gilt. Mit dem Wellenzahlvektor $|\boldsymbol{k}| = \frac{2\pi}{\lambda}$ ist der Impuls des Elektrons nach Gl. (14/24)

$$\boldsymbol{p} = \hbar \boldsymbol{k} \tag{18}$$

und seine **kinetische Energie** nach Gl. (14/25)

$$W = \frac{\hbar^2 k^2}{2 m_e}. \tag{19}$$

Während die klassische Theorie von Teilchen ausgeht, die im Geschwindigkeitsraum nach allen Richtungen davonfliegen, haben wir es jetzt mit Wellen zu tun. Je nach dem Impuls der Elektronen haben ihre Wellenzahlvektoren ebenfalls die unterschiedlichsten Beträge und Richtungen. Werden alle diese Vektoren in einem bestimmten Zeitpunkt von einem festen Punkt aus abgetragen, so erhält man den **k-Raum** (Bild 7.3). Er ist, ebenso wie der Raum des reziproken Gitters (s. 1.5.4.), ein gedachtes Gebilde, was schon daraus hervorgeht, daß die darin enthaltenen Vektoren $\boldsymbol{k}$ die Einheit 1/m haben. Da ihre Beträge $|\boldsymbol{k}|$ aber dem Impuls $p = m\,v$ proportional sind, besteht doch wieder eine Ähnlichkeit mit dem vorhin erwähnten v-Raum. Der Unterschied gegenüber dem MAXWELLschen Geschwindigkeitsraum besteht aber darin, daß es nicht beliebig viele solcher $\boldsymbol{k}$-Vektoren, sondern nur eine begrenzte Anzahl

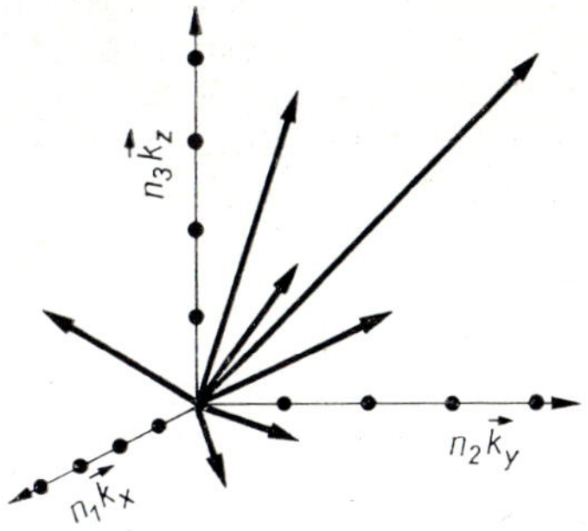

Bild 7.3 Vektoren im $\boldsymbol{k}$-Raum

gibt und die Überlegungen vorerst noch nichts mit der Temperatur zu tun haben. Sie gelten zunächst nur für den absoluten Nullpunkt. Wir müssen vielmehr an das PAULI-Prinzip (s. 14.5.5.1.) denken, das nicht nur für ein einzelnes Atom, sondern auch für den ganzen Kristall mit seinen N Elektronen gilt, von denen sich nicht zwei im gleichen Zustand befinden dürfen. Dementsprechend zerlegen wir den $\boldsymbol{k}$-Raum in N Volumenelemente. In jedem endigt die Spitze eines $\boldsymbol{k}$-Vektors, der einem ganz bestimmten Elektron entspricht. Nehmen wir für den ganzen Kristall einen Würfel von der Kantenlänge l und setzen die größte darin mögliche Wellenlänge λ gleich dieser Kantenlänge l, so hat der kleinste Wellenzahlvektor nach Gl. (1/6) die Länge $|\boldsymbol{k}| = \frac{2\pi}{l}$. Demgemäß zerlegen wir den ganzen $\boldsymbol{k}$-Raum in Elementarwürfelchen, von denen jedes das Volumen $\left(\frac{2\pi}{l}\right)^3$ hat, und können auf diese Weise mühelos alle $\boldsymbol{k}$-Vektoren unterbringen (Bild 7.4).

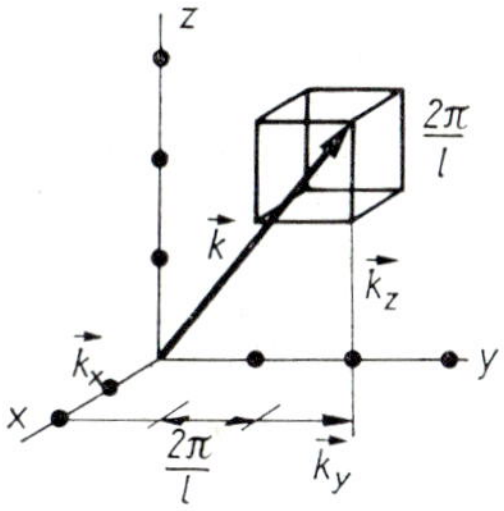

Bild 7.4 Volumenelement im $\boldsymbol{k}$-Raum.
Es gehört zum Wellenzahlvektor $\boldsymbol{k}$ mit den Komponenten

$$k_x = 2\,\frac{2\pi}{l}\,,\ k_y = 3\,\frac{2\pi}{l}\,,\ k_z = 3\,\frac{2\pi}{l}\,.$$

7.2.2. Fermi-Kugel und Grenzenergie

Die hiermit im Raum fixierten $\boldsymbol{k}$-Vektoren lassen sich nun dadurch am einfachsten unterscheiden, daß wir sie in je 3 Komponenten $\boldsymbol{k}_x$, $\boldsymbol{k}_y$, $\boldsymbol{k}_z$ zerlegen und deren jeweilige Länge durch eine ganze Zahl n (Quantenzahl) angeben:

$$k_x = n_1\,\frac{2\pi}{l}\,;\ k_y = n_2\,\frac{2\pi}{l}\,;\ k_z = n_3\,\frac{2\pi}{l} \tag{20}$$

$$(n_1, n_2, n_3 = 0, 1, 2, 3\ldots)\,.$$

Somit ist jeder $\boldsymbol{k}$-Vektor durch ein bestimmtes Zahlentripel eindeutig gekennzeichnet und von allen anderen unterschieden, wie es das PAULI-Prinzip verlangt. Alle Vektoren eines bestimmten Betrages k_i definieren die Oberfläche einer Kugel vom Radius k_i. Die Größe des im $\boldsymbol{k}$-Raum besetzten Gebietes ist daher durch einen Maximalwert k_{F} begrenzt, da nicht unendlich viele, sondern nur N Elektronen vorhanden sind. Diese lassen sich in einer Kugel vom Radius k_{F} unterbringen. Die Anzahl N der Teilchen ist daher gleich dem Volumen dieser Kugel, dividiert durch das Elementarvolumen:

$$N = \frac{2\cdot 4\pi\,k_{\mathrm{F}}^3/3}{(2\pi/l)^3} = \frac{l^3\,k_{\mathrm{F}}^3}{3\pi^2}\,. \tag{21}$$

l^3 ist aber das Volumen des Würfels, von dem wir ausgegangen sind, und der Faktor 2 rührt von den jeweils 2 Spinrichtungen der Elektronen her.
Die Elektronen mit dem Wellenzahlvektor $\boldsymbol{k}_F$ stellen lediglich die energiereichsten dar. Sie haben die kleinste Wellenlänge und den größten Impuls. Ihre Endpunkte liegen alle auf der Oberfläche der im $\boldsymbol{k}$-Raum gedachten Kugel. Der Radius dieser **Fermi-Kugel** ist dann aufgrund von Gl. (21) mit der **Elektronendichte** $n_e = \frac{N}{V} = \frac{N}{l^3}$

$$k_F = \sqrt[3]{3\pi^2 n_e} \tag{22}$$

und die **Fermische Grenzenergie** (oder kurz FERMI-Energie) nach Gl. (19)

$$W_F = \frac{\hbar^2}{2m_e} k_F^2 = \frac{\hbar^2}{2m_e} (3\pi^2 n_e)^{2/3}. \tag{23}$$

Die Fermi-Energie W_F ist gleich der Energie des höchsten besetzten Zustandes bei der Temperatur des absoluten Nullpunktes.

Sie kann aus den für alle Metalle gut bekannten Daten der Elektronenkonzentration n_e und der Elektronenmasse m_e leicht berechnet werden.

Beispiele: **1. Radius der Fermi-Kugel des Kupfers.** Da das kubisch-flächenzentrierte Gitter des Kupfers je Elementarzelle 4 Elektronen enthält (s. 1.3.2.), ist mit der Gitterkonstanten a die Elektronendichte $n = 4/a^3$. Dies in Gl. (22) eingesetzt, ergibt

$$k_F = \sqrt[3]{\frac{12\,\pi^2}{a^3}} = \frac{4{,}91}{a}.$$

Der Radius der FERMI-Kugel liegt demnach in der Größenordnung der 1. BRILLOUIN-Zone, die im linearen Gitter die Ausdehnung $\frac{2\pi}{a}$ hat.

2. Die Fermische Grenzenergie für Kupfer. Mit der Elektronendichte $n_e = 8{,}45 \cdot 10^{28}\,{}^1/\text{m}^3$ (Tabelle 11, S. 199) ist nach Gl. (23) $W_F = 1{,}125 \cdot 10^{-18}$ Ws oder 7,02 eV. Weitere Werte sind in Tabelle 11 aufgeführt.

7.2.3. Fermi-Geschwindigkeit und Temperatur

Mit der Kenntnis der maximalen Wellenzahl k_F können wir nunmehr auch die maximale Elektronengeschwindigkeit v_F berechnen. Aus dem Impuls $p = m_e v$ erhalten wir nach Gl. (18) sofort die **Fermi-Geschwindigkeit**

$$v_F = \frac{\hbar k_F}{m_e} = \frac{\hbar}{m_e} \sqrt[3]{3\pi^2 n_e}\,. \tag{24}$$

Schließlich läßt sich auch noch die **mittlere Energie** eines Elektrons berechnen. Sie beträgt

$$W_m = \frac{3W_F}{5}. \tag{25}$$

Schreibt man den Elektronen nochmals die Eigenschaft eines einatomigen klassischen Gases zu, so müßte deren Energie gleich $\frac{3}{2} k_B T$ (k_B BOLTZMANN-Konstante) sein. Das führt dann zur **Fermi- oder Entartungstemperatur**, die sich nach Gleichsetzen dieses

Ausdruckes mit Gl. (25) zu

$$T_e = \frac{2W_F}{5k_B} \tag{26}$$

ergibt. Diese Temperatur müßten also die Teilchen eines klassischen Gases mindestens haben, wenn sie die nach Gl. (25) geforderte Energie enthalten sollen:

Unterhalb der Entartungstemperatur zeigen die Gase grobe Abweichungen von den klassischen Gasgesetzen.

Beispiele: 1. Für Kupfer ergibt sich mit dem Tabellenwert für die Elektronendichte $n_e = 8{,}45 \cdot 10^{28}\ ^1/\mathrm{m}^3$ gemäß Gl. (24) die FERMI-Geschwindigkeit $v_F = 1{,}57 \cdot 10^6$ m/s.

2. Mit den bekannten Werten für Kupfer folgt für die Entartungstemperatur nach Gl. (26) und dem Ergebnis von Beispiel 2 aus 7.2.2.

$$T_e = \frac{2 \cdot 1{,}125 \cdot 10^{-18}\ \mathrm{Ws/K}}{5 \cdot 1{,}38 \cdot 10^{-23}\ \mathrm{Ws}} = 32\,600\ \mathrm{K}\,.$$

7.2.4. Der elektrische Widerstand der Metalle

7.2.4.1. Allgemeines Verhalten

Die theoretische Behandlung des elektrischen Widerstandes ist ein sehr kompliziertes Problem, weshalb wir uns hier mit der praktischen Seite begnügen wollen. Es ist ja bekannt, daß der Widerstand mit sinkender Temperatur immer mehr abnimmt. Innerhalb eines weiten Bereiches ist der spezifische Widerstand der absoluten Temperatur proportional. Bei sehr tiefen Temperaturen ist er jedoch proportional zu T^5. Die Kurve biegt dort um und nähert sich einem bestimmten **Restwiderstand** ϱ_0 (Bild 7.5). Dies gilt jedoch nur für die nicht supraleitenden Metalle (Supraleitung s. Abschn. 11.).

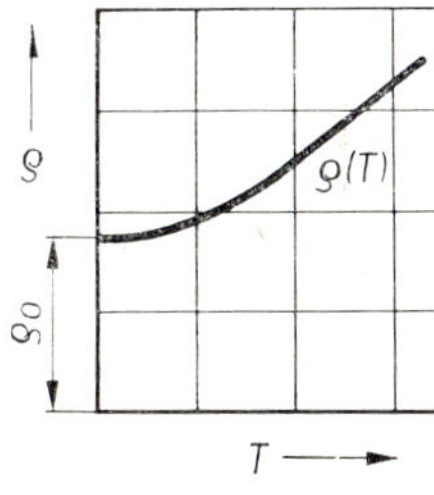

Bild 7.5 Restwiderstand

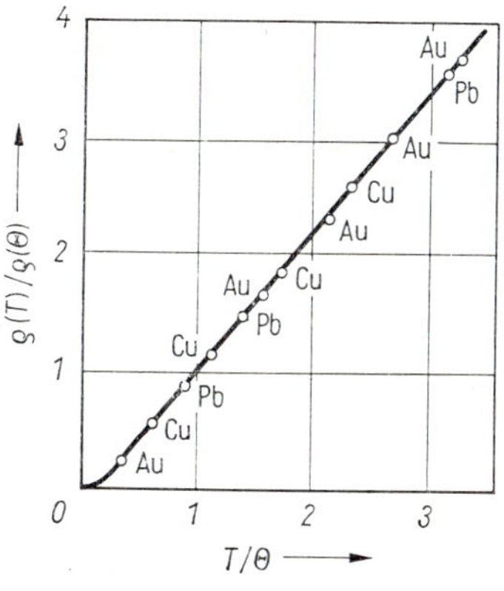

Bild 7.6 Abhängigkeit des spezifischen Widerstandes von Cu, Au und Pb von der Temperatur nach GRÜNEISEN

Bezieht man die Temperatur T auf die DEBYE-Temperatur (s. 3.6.2.) und den spezifischen Widerstand auf denjenigen bei der DEBYE-Temperatur, so entsteht die für fast alle kubisch kristallisierenden Metalle gemeinsame **Grüneisen-Kurve** (1908) (Bild 7.6).
Auf der Suche nach der Ursache des elektrischen Widerstandes liegt es sehr nahe, zunächst an die wohl unvermeidlichen Zusammenstöße mit den Gitteratomen zu denken. Ausschlaggebend dafür wäre die **mittlere freie Weglänge der Elektronen,** die sich als Produkt aus der Geschwindigkeit v_F und der Zeit $\bar{t}$ zwischen 2 Stößen zu

$$\Lambda = v_F \bar{t} \tag{27}$$

ergibt. Wie das folgende Zahlenbeispiel zeigt, käme hierfür eine Größenordnung von 10^{-4} mm in Frage. Das Elektron müßte im Mittel eine Strecke durchlaufen, die das Tausendfache eines Atomabstandes beträgt, ehe es zu einem Zusammenstoß kommt. Es muß also nach anderen Ursachen gesucht werden.

Beispiel: Mit dem in 7.1.3. berechneten Wert für die mittlere Zeit zwischen zwei Stößen $\bar{t} = 4{,}9 \cdot 10^{-14}$ s und der FERMI-Geschwindigkeit (s. 7.2.3.) $v_F = 1{,}57 \cdot 10^6$ m/s ergibt sich die mittlere freie Weglänge in Kupfer zu $\Lambda = 7{,}7 \times 10^{-8}$ m gegenüber einem Atomabstand von $2{,}6 \cdot 10^{-10}$ m.

7.2.4.2. Die Matthiessensche Regel

Die letzten Betrachtungen führten zu dem Ergebnis, daß der elektrische Widerstand nicht von Zusammenstößen mit den Atomrümpfen herrühren kann. Er ist vielmehr auf die unregelmäßigen Schwingungen des Kristallgitters, d. h. auf **Zusammenstöße mit den Phononen** zurückzuführen.
Auf der anderen Seite reagiert der elektrische Widerstand sehr empfindlich auf **Verunreinigungen.** Bei konstanter Temperatur wird er dadurch stark erhöht, auch wenn das zugesetzte Material selbst besser leitet als das Grundmetall. Praktisch kann diese Erscheinung dazu benutzt werden, um den Reinheitsgrad von Metallen durch eine einfache Widerstandsmessung zu bestimmen.
Bei kleinen Beimengungen nimmt der elektrische Widerstand fast proportional mit dem Prozentsatz der Verunreinigungen zu und erreicht häufig bei 50 Atomprozenten sein Maximum (Bild 7.7). Einige Legierungen weisen dagegen bei bestimmten Zusammensetzungen scharfe Minima des elektrischen Widerstandes auf (Bild 7.8). Das deutet darauf hin, daß hier die periodische Anordnung der Atome auch in größeren Bereichen wiederhergestellt wird (sog. Überstrukturen).

Zusammengefaßt ergibt sich somit:

Der elektrische Widerstand der Metalle wird bei höheren Temperaturen vorwiegend durch Wärmeschwingungen des Gitters und bei niedrigeren Temperaturen vorwiegend von Gitterstörungen verursacht.

Dieses Verhalten hat schon frühzeitig Veranlassung gegeben, den Widerstand in den schon erwähnten Restwiderstand ϱ_0 und einen temperaturabhängigen Anteil $\varrho(T)$ zu zerlegen:

$$\varrho = \varrho_0 + \varrho(T) \,. \tag{28}$$

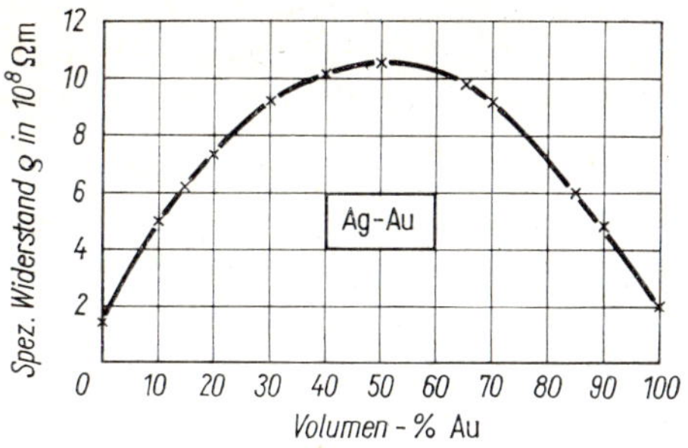

Bild 7.7 Spezifischer Widerstand ϱ von Ag-Au-Legierungen

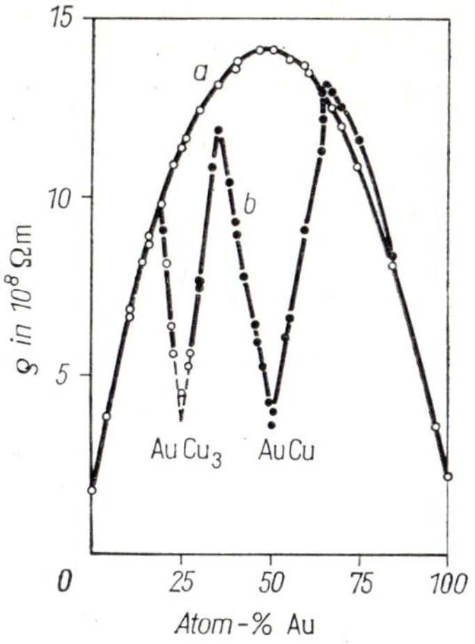

Bild 7.8 Spezifischer Widerstand von Au-Cu-Legierungen
a) bei 650 °C abgeschreckt, b) bei 200 °C getempert

Dies ist der Inhalt der (1867) empirisch gefundenen **Matthiessenschen Regel:**

> **Der spezifische Widerstand eines Metalls setzt sich additiv aus dem spezifischen Restwiderstand und einem temperaturabhängigen Anteil zusammen.**

Je reiner und vollkommener ein Kristall gebaut ist, desto kleiner ist sein Restwiderstand. Das kann z. B. ausgenutzt werden, um in Kernreaktoren auftretende Strahlenschäden durch Erzeugung von Punktdefekten in Metallen zu bestimmen. Mit zunehmender Bestrahlungszeit und -intensität nimmt der Restwiderstand zu.

7.2.5. Das Fermische Verteilungsgesetz

Wenn die Teilchen eines Gases jede nur denkbare Geschwindigkeit annehmen können, so heißt das nichts anderes, als daß sie jeden beliebigen Betrag an kinetischer Energie mit sich führen dürfen. Die Elektronen eines Festkörpers dagegen sind nie völlig frei und dürfen nur ganz bestimmte Energiezustände besetzen, wobei noch das PAULI-Prinzip zu beachten ist. Als erster hat SOMMERFELD im Jahre 1928 darauf hingewiesen, daß hier nicht die klassische MAXWELL-BOLTZMANN-, sondern die FERMI-Verteilung (1926) anzuwenden ist.

Wie an das Problem heranzugehen ist, haben wir z. T. bereits verfolgt (s. 7.2.2.) und waren bis zum Begriff der FERMI-Kugel gelangt, die wir im Zustand des absoluten Nullpunktes betrachteten. Bleiben wir einstweilen noch dabei, so können wir Gl. (23) nach n auflösen und allgemein als die Dichte derjenigen Elektronen interpretieren, die die FERMI-Kugel bis zur Energie W füllen, über deren Betrag aber noch nichts Näheres festgesetzt sei:

$$n = \frac{16\sqrt{2}\,\pi m^{3/2}}{3h^3}\,W^{3/2}. \tag{29}$$

Die Ableitung dieses Ausdruckes nach W stellt dann die **Zustandsdichte** $g(W)$ dar:

$$\frac{\mathrm{d}n}{\mathrm{d}W} = g(W) = \frac{8\sqrt{2}\,\pi\, m^{3/2}}{h^3}\sqrt{W}\,. \tag{30}$$

Die Zustandsdichte ist die auf das Energieintervall 1 Ws entfallende Anzahl der in der Volumeneinheit vorhandenen Elektronen bei der Temperatur des absoluten Nullpunktes.

Wie Gl. (30) lehrt, hat die Funktion parabolischen Verlauf und erreicht mit der FERMI-Energie W_F ihr Maximum, bei dem alle in der FERMI-Kugel vorhandenen Plätze restlos ausgefüllt sind. Das in Bild 7.9 gezeichnete Diagramm schließt mit der **Fermi-Kante** ab.

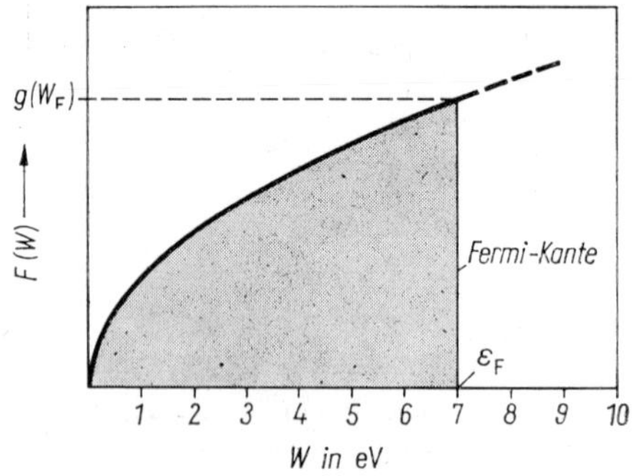

Bild 7.9 FERMIsche Verteilungsfunktion $F(W)$ für Kupfer bei 0 K und zugleich Verlauf der Zustandsdichte $g(W)$

Da Gl. (30) nur für den Sonderfall des absoluten Nullpunktes gilt, ist noch der Einfluß der Temperatur zu berücksichtigen. Bei Temperaturzunahme werden die meisten Teilchen ihre Geschwindigkeit erhöhen, und immer mehr bisher beanspruchte Punkte des k-Raumes werden leer. Die anfänglich lückenlos gefüllte FERMI-Kugel lockert sich auf, und viele außerhalb der Kugel liegende Punkte werden besetzt. Die Zustandsdichte ist also noch mit einem Faktor zu multiplizieren, der für die Temperatur $T = 0$ den Wert 1 und bei höherer Temperatur einen Wert haben muß, der kleiner als 1 ist. Es ist dies die **Besetzungswahrscheinlichkeit**, auch kurz **Fermi-Dirac-Verteilung**[1]) genannt:

$$f(W, T) = \frac{1}{e^{(W - W_F)/k_B T} + 1}. \tag{31}$$

Damit lautet die **Fermische Verteilungsfunktion** vollständig

$$dn = g(W)\, f(W, T)\, dW$$

oder ausführlicher geschrieben

$$dn = F(W) = \frac{8\sqrt{2}\,\pi\, m^{3/2}}{h^3}\, \frac{1}{e^{(W - W_F)/k_B T} + 1}\, \sqrt{W}\, dW. \tag{32}$$

Von besonderer Bedeutung ist die Zustandsdichte $g(W_F)$ der Elektronen mit der Grenzenergie W_F an der Oberfläche der FERMI-Kugel. Man erhält sie, wenn Zähler und Nenner von Gl. (30) gemäß Gl. (23) mit W_F multipliziert werden:

$$g(W_F) = \frac{3n}{2\, W_F}. \tag{33}$$

[1]) Eine Ausführliche Herleitung der FERMI-Verteilung findet sich u. a. bei MIERDEL: Elektrophysik. Berlin 1972 (Grundlagen der Statistik)

Beispiele: 1. Für Kupfer ist die Zustandsdichte an der FERMI-Kante mit $n = 8{,}45 \times 10^{28}\ {}^1/\text{m}^3$ und $W_F = 7{,}00\,\text{eV}$ (Tabelle 11, S. 199) $g(W_F) = 1{,}81 \cdot 10^{28}\ {}^1/\text{m}^3\ \text{eV}$; dies ist der zur FERMI-Kante gehörige Ordinatenwert der auf Bild 7.9 gezeichneten Kurve.

2. Da die Zustandsdichte nach Gl. (30) proportional zu $\sqrt{W}$ ist, hat sie für jeden anderen Wert von W den Ausdruck

$$g(W) = \frac{3n}{2\,W_F}\sqrt{\frac{W}{W_F}}\,.$$

7.2.6. Fermi-Verteilung und Temperatur

Wie wir soeben feststellten, hängt die Verteilung der Elektronen auf die verschiedenen Energiezustände von der Temperatur des Körpers ab. Um davon einen Eindruck zu bekommen, werden wir den Gang der Funktion $F(W)$ nach Gl. (32) bei verschiedenen Temperaturen diskutieren.

1. Temperatur $T = 0$ K und $W < W_F$. Betrachten wir die FERMI-Verteilung bei der Temperatur des absoluten Nullpunktes, so nimmt die im Nenner stehende e-Funktion für alle Energiewerte $W < W_F$ den Wert 0 an. Da alle übrigen Faktoren bis auf $\sqrt{W}$ konstant sind, hat die Funktion $F(W)$ die Gestalt eines Parabelastes (Bild 7.9).

2. Temperatur $T = 0$ K und $W > W_F$. Für alle größeren Energiewerte wird die e-Funktion unendlich, und die Funktion $F(W)$ geht bei $W = W_F$ sprunghaft auf den Wert 0 herunter. Das bedeutet nichts anderes, als daß alle Elektronen bis hinauf zur Grenzenergie W_F fest im Schema untergebracht und alle Zustände höherer Energie leer sind. Das Diagramm bricht mit der **Fermi-Kante** ab.

Wird nun die Besetzungswahrscheinlichkeit $f(W)$ allein gezeichnet (Bild 7.10), dann hat sie bis W_F den konstanten Wert 1 und springt dann ebenfalls unvermittelt auf den Wert 0. Im Unterschied zu einem klassischen Gas ist somit die Bewegung der Teilchen bei 0 K keineswegs «eingefroren». Es existiert noch eine beträchtliche

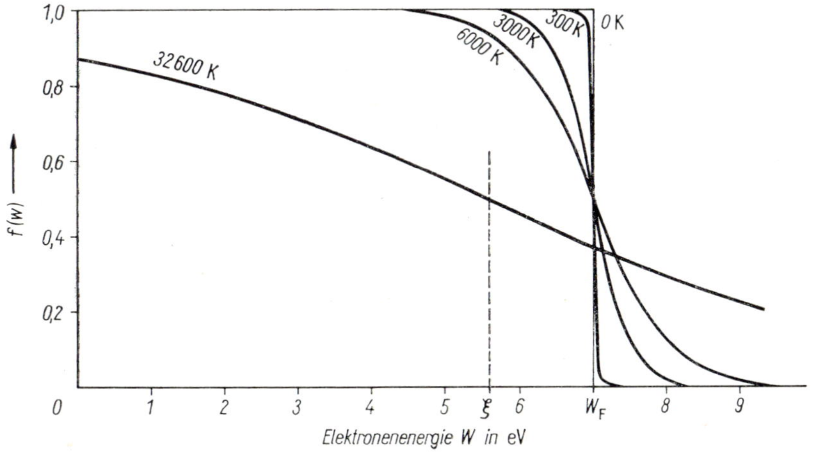

Bild 7.10 Besetzungswahrscheinlichkeit $f(W)$ der FERMI-Verteilung bei verschiedenen Temperaturen

Nullpunktsenergie. Sie beträgt z. B. für 1 m^3 Kupfer nicht weniger als etwa 15000 kWh. Leider gibt es keine Möglichkeit, sie irgendwie nutzbar zu machen.

3. Temperatur $T = 0$ K und $W = W_F$. An dieser Stelle nimmt die Funktion $f(W)$ den Wert $^1/_2$ an.

4. Temperatur $T > 0$ K. Um den Verlauf der Funktion $f(W)$ zu zeichnen, wählen wir bei festgehaltener Temperatur, z. B. 300 K (d. h. etwa Raumtemperatur), einige links und rechts von W_F gelegene Energiewerte W. Das Ergebnis ist enttäuschend, die Kurve unterscheidet sich kaum von der bei 0 K. Nur wenige der links von der FERMI-Kante gelegenen Elektronen werden frei, um sich rechts davon anzusiedeln. Erst bei Temperaturen über 1000 K rundet sich die Kurve deutlicher. Bildhaft gesprochen heißt das: Bei Erwärmung beginnt die FERMI-Kugel nur von der Oberfläche her «aufzutauen».

7.2.7. Die Gasentartung

Wenn man schließlich zu extrem hohen Temperaturen übergeht, flacht die Kurve der Besetzungsdichte (Bild 7.10) immer mehr ab. Sie geht in die MAXWELL-BOLTZMANN-Verteilung über. Als Kriterium für diesen Übergang gilt die **Entartungstemperatur** T_e, die wir von einem anderen Gesichtspunkt aus (Gl. (26)) schon berechnet hatten. Dann vereinfacht sich die Gleichung (31) für die Besetzungsdichte, indem W_F gegenüber W und die 1 gegenüber der e-Funktion vernachlässigt werden können. Es verbleibt

$$f'(W) = \frac{1}{e^{W/k_B T}}, \tag{34}$$

und wir sehen, daß dies die Besetzungswahrscheinlichkeit der BOLTZMANN-Verteilung ist.

Oberhalb der Entartungstemperatur unterliegt das Elektronengas der Maxwell-Boltzmann-Statistik, unterhalb der Entartungstemperatur aber der Fermi-Dirac-Statistik.

Der Übergang zwischen den beiden Verteilungsarten ist fließend. Deshalb kann die BOLTZMANN-Verteilung praktisch schon angewandt werden, wenn die e-Funktion in Gl. (32) den Wert 1 wesentlich überschreitet, d. h. wenn mit $W \gg W_F$ auch $(W - W_F) \gg kT$ wird.

In Bild 7.10 ist die Funktion $f(W)$ auch für die Entartungstemperatur mit eingetragen. Bei solch extrem hohen Temperaturen tritt anstelle der FERMI-Energie W_F das temperaturabhängige **Fermi-Potential** ζ, das sich näherungsweise nach der Gleichung

$$\zeta = W_F - \frac{\pi^2}{12\, W_F} (k_B T)^2 \tag{35}$$

berechnet. Im vorliegenden Fall ergibt es sich mit dem in 7.2.3. berechneten Wert $T_e = 32600$ K (Kupfer) zu 5,52 eV.

7.3. Die spezifische Wärmekapazität des Elektronengases

Jetzt können wir uns auch dem Problem zuwenden, das der klassischen Theorie die größten Schwierigkeiten bereitete: der so auffallend geringen spezifischen **Wärmekapazität des Elektronengases** (s. 7.1.6.).

Bild 7.11 Vorgang der Erwärmung in der Nähe der Fermi-Kante

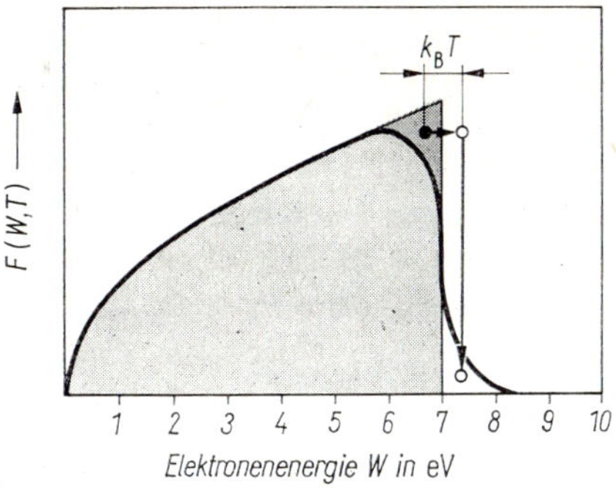

Wie aus den Kurven in Bild 7.11 zu erkennen ist, beteiligen sich bei der Erwärmung des Metalls keineswegs alle Elektronen, sondern nur ein relativ kleiner Anteil in der Nähe der Fermi-Kante. Ein zahlenmäßiger Überschlag ergibt, daß sich diese ungefähr in einem Bereich $k_B T$ in der Umgebung der Fermi-Kante befinden. Da die Zustandsdichte $g(W)$ der Elektronen die Anzahl der Elektronen im Energiebereich 1 Ws darstellt (s. 7.2.5.), handelt es sich also um $k_B T \cdot g(W_F)$ Elektronen. Im Mittel erhalten sie den Energiezuwachs $k_B T$, indem sie von der linken oberen Ecke in das rechts unten liegende Schwanzstück der Verteilungskurve wandern. Der Energiezuwachs des ganzen Kristalls ist somit je Volumeneinheit

$$\Delta W = k_B^2 T^2 g(W) . \tag{36}$$

Die spezifische Wärmekapazität ist aber definiert durch

$$c_{el} = \frac{d(\Delta W)}{dT} = 2 k_B^2 T g\,(W_F) . \tag{37}$$

Verwenden wir für die Zustandsdichte $g(W_F)$ den Ausdruck Gl. (33) und bilden das Verhältnis zur spezifischen Wärmekapazität des klassischen einatomigen Gases analog zu Gl. (14/9, 13) $c_{kl} = \frac{3\,n k_B}{2}$, so finden wir

$$\frac{c_{el}}{c_{kl}} = \frac{2 k_B T}{W_F} . \tag{38}$$

Wie schon gesagt wurde (s. 7.1.6.), beläuft sich der Beitrag des Elektronengases zur spezifischen Wärmekapazität auf kaum 1 %. Der tiefere Grund liegt also darin, daß die übergroße Mehrzahl der Elektronen infolge des Pauli-Prinzips in der Fermi-Kugel thermisch fixiert ist und nur eine kleine Randschicht an der Erwärmung teilnehmen kann.

Beispiel: Für Kupfer ergibt sich bei Raumtemperatur 293 K und mit $W_F = 1{,}125 \times 10^{-18}$ Ws (aus Beispiel 2 in 7.2.2.) das Verhältnis

$$\frac{c_{el}}{c_{kl}} = \frac{2 \cdot 1{,}381 \cdot 1^{-23}\,\mathrm{Ws/K} \cdot 293\,\mathrm{K}}{1{,}125 \cdot 10^{-18}\,\mathrm{Ws}} = 0{,}007 \quad \text{oder} \quad 0{,}7\,\% .$$

7.4. Fermi-Flächen in Metallen

7.4.1. Fermi-Kugeln im reziproken Gitter

Alle bisherigen Betrachtungen bezogen sich auf das freie Elektronengas, d. h. auf Elektronen, die sich bis auf die durch das Pauli-Prinzip gebotenen Einschränkungen völlig frei bewegen können. Damit taucht die Frage auf, was mit der idealen Fermi-

Kugel geschieht, wenn sie sozusagen in das Kristallgitter eingezwängt wird. In dieser Hinsicht kommt nun das reziproke Gitter wie gerufen. Seine Vektoren liegen ebenso wie die Wellenzahlvektoren der **Fermi-Fläche** im $\boldsymbol{k}$-Raum. Bis jetzt kannten wir diese nur kugelförmig. Prüfen wir nunmehr, ob die 1. BRILLOUIN-Zone überhaupt ausreicht, eine FERMI-Kugel aufzunehmen oder nicht.

Nehmen wir als Beispiel das Natrium, so ist (Tabelle 11, Anhang) sein Gitter kubisch-raumzentriert. Seine Elementarzelle ist mit 2 Gitterpunkten besetzt (s. 1.3.2.), was die Elektronendichte $n_e = \frac{2}{a^3}$ ergibt. Nach Gl. (22) ist der Radius der FERMI-Kugel für freie Elektronen $k_F = \sqrt[3]{3\pi^2 n_e} = \sqrt[3]{\frac{6\pi^2}{a^3}} = 3{,}90/a$. Das reziproke Gitter ist kubisch-flächenzentriert. Dessen 1. BRILLOUIN-Zone ist das auf Bild 1.11 gezeichnete Dodekaeder. Der halbe Abstand zweier gegenüberliegender Flächen ist $\frac{\pi}{a}\sqrt{2} = \frac{4{,}44}{a}$. Die FERMI-Fläche hat also mit gutem Spielraum in der 1. BRILLOUIN-Zone Platz.

Zur experimentellen Ermittlung der genaueren Form von FERMI-Flächen dient eine Reihe äußerst subtiler Untersuchungsverfahren. Sie haben z. B. ergeben, daß für Na und K die Abweichung von der Kugelgestalt weniger als 0,15% beträgt. Beim 3wertigen Aluminium sind die Kugeln dagegen so groß, daß es im reziproken Gitter (krz) zu einer starken Überlappung kommt. Die FERMI-Fläche der Elektronen setzt sich aus den noch freien Teilen der einander z. T. durchdringenden Kugelflächen zusammen (Bild 7.12).

Viel Mühe hat auch die Erkundung der FERMI-Fläche des Kupfers gemacht. Bild 7.13 zeigt diese im Raum der 1. BRILLOUIN-Zone. Im bereits behandelten Beispiel 1 zu 7.2.2. erhielten wir für den Durchmesser der FERMI-Kugel $\frac{9{,}82}{a}$. Der Abstand zweier

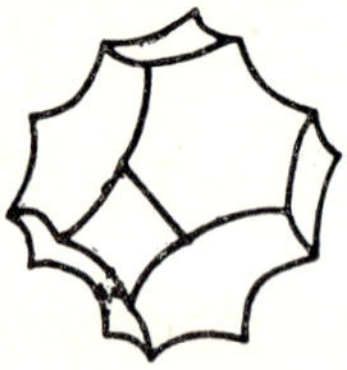

Bild 7.12 FERMI-Fläche freier Elektronen in Aluminium

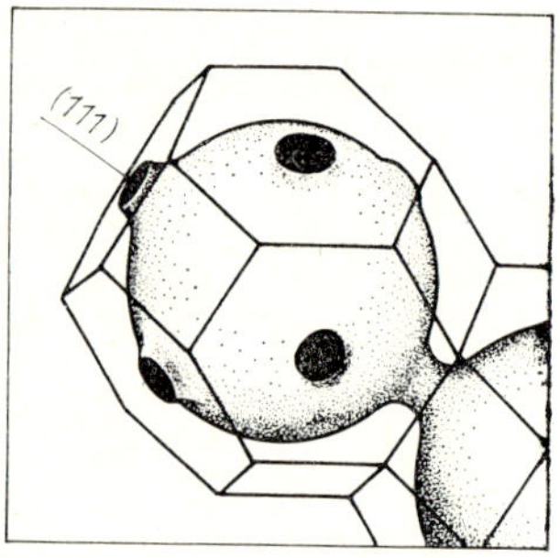

Bild 7.13 FERMI-Fläche des Kupfers in der 1. BRILLOUIN-Zone des reziproken Gitters

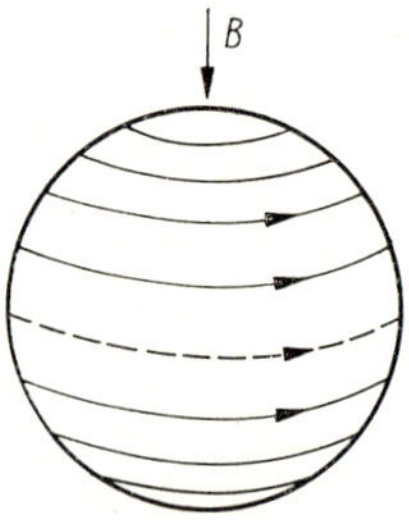

Bild 7.14 FERMI-Kugel mit einigen gequantelten Elektronenbahnen im Magnetfeld B (stark vergröbert)

gegenüberliegender Sechseckflächen der BRILLOUIN-Zone beträgt $\frac{10,88}{a}$, womit die Kugelform nahezu erhalten bleibt. An den Zonengrenzen treten jedoch charakteristische «Hälse» auf, die mit den entsprechenden der Nachbarzonen verbunden sind. Ihr Durchmesser beträgt etwa $^1/_5$ der Kugel selbst.

7.4.2. Der De-Haas-van-Alphen-Effekt

Das wohl wichtigste Hilfsmittel zur Ermittlung von FERMI-Kugeln stellt der **De-Haas-van-Alphen-Effekt** dar. Er besteht darin, daß ein extremaler (größter oder kleinster) Querschnitt einer FERMI-Fläche unter Einfluß eines gleichmäßig anwachsenden Magnetfeldes in periodische Schwingungen gerät. Experimentelle Voraussetzungen sind saubere Einkristalle, sehr starke Magnetfelder von einigen Tesla und Temperaturen unterhalb 4 K, damit die thermische Energie deutlich unterhalb der gequantelten Rotationsenergie der Elektronen liegt.

Wenn, wie auf Bild 7.14 angedeutet ist, das Magnetfeld $\boldsymbol{B}$ senkrecht von oben kommt, beschreiben die Elektronen infolge der LORENTZ-Kraft auf der FERMI-Kugel horizontale Kreisbahnen. Da das Magnetfeld die Energie der Elektronen nicht ändert, können sie die Oberfläche der FERMI-Kugel auch nicht verlassen. Die Kreisbahnen wandern lediglich mit wachsendem Magnetfeld bis zum Äquator, um dort – eine nach der anderen – zu verschwinden.

Um das Weitere besser zu verstehen, gehen wir zu einem zweidimensionalen Modell über in dem nach Bild 7.15a der $\boldsymbol{k}$-Raum durch ein quadratisches Gitter vertreten ist. Erinnern wir uns gleichzeitig an das im Atom kreisende Elektron, so kann es seinen Bahndrehimpuls nicht in beliebiger Weise, sondern nur in Quantensprüngen ändern. Bei Anwesenheit eines Magnetfeldes sind daher in der $\boldsymbol{k}$-Fläche nicht beliebige, sondern nur solche Kreisbahnen möglich, die mit der Quantenbedingung verträglich sind. Die Zustände der $\boldsymbol{k}$-Fläche verteilen sich dabei so, daß jede Kreisbahn soviel Zustände aufnimmt, wie zwischen ihr und dem nächsten Ring liegen (Bild 7.15b).

Das äußerste dieser Energieniveaus W_A braucht dabei nicht notwendig mit dem FERMI-Niveau übereinzustimmen. Nimmt man, wie auf Bild 7.15b angegeben ist, $W_A < W_F$ an, so wird beim Anstieg des Feldes um den Betrag ΔB das FERMI-Niveau übersprungen und das Niveau W_B erreicht, das sich aber sofort wieder entleeren muß, um in seinen alten Zustand minimaler Energie zurückzukehren. Ähnlich wie bei einer gespannten Saite, die beim Anstreichen mit dem Violinbogen periodisch in ihre alte Lage zurückspringt,

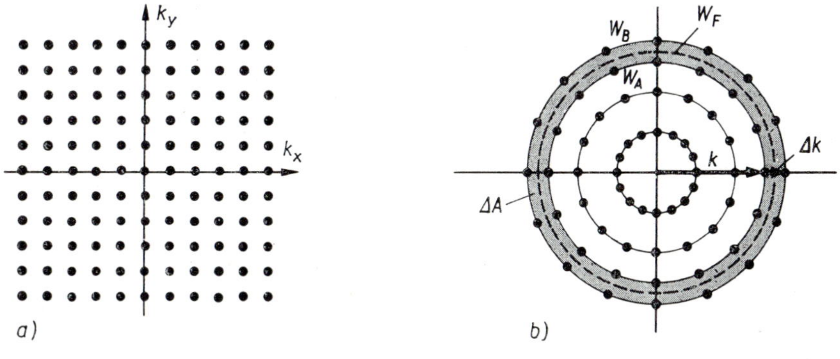

Bild 7.15 a) Zweidimensionale $\boldsymbol{k}$-Fläche
b) Quantisierte Elektronenbahnen in einem senkrecht zur $\boldsymbol{k}$-Fläche gerichteten Magnetfeld

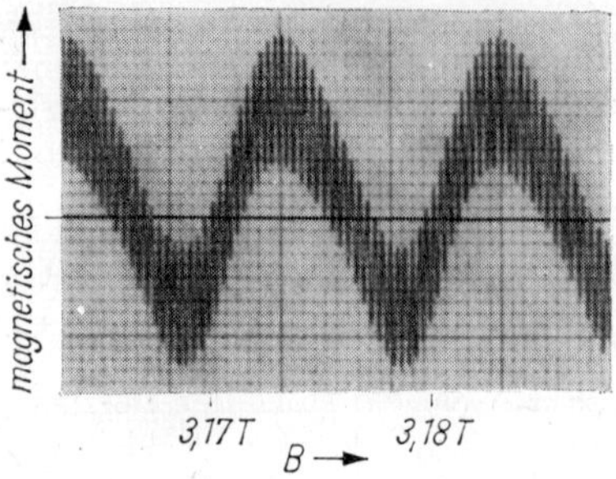

Bild 7.16 Schwingungen des magnetischen Momentes beim DE-HAAS-VAN-ALPHEN-Effekt in Gold mit B in der [111]-Richtung. Große Perioden: Hälse, kleine Perioden: Bäuche

entstehen **Kippschwingungen.** Ihre Periode ist dadurch gegeben, daß jedesmal, wenn eine der Kreisbahnen ihren maximalen Umfang erreicht und von der FERMI-Fläche verschwindet, die Gesamtenergie der Elektronen einen Minimalwert erreicht. Mit dem maximalen Querschnitt A der FERMI-Fläche ergibt sich dann die Frequenz dieser Schwingungen zu

$$\Delta(1/B) = \frac{2\pi e}{\hbar A}. \tag{39}$$

Wird jetzt der Kristall in geeigneter Orientierung in eine Spule gebracht, so induzieren diese Schwingungen des Magnetfeldes eine Wechselspannung, deren Frequenz gemessen wird. Hieraus lassen sich die quer zum Magnetfeld $\boldsymbol{B}$ liegenden Querschnitte A, die zugleich Querschnitte der FERMI-Fläche sind, genau berechnen. Bild 7.16 zeigt den Effekt in Gold in der [111]-Richtung. Die FERMI-Fläche ähnelt der des Kupfers in Bild 7.13. Die kurzen Perioden entsprechen dem «Bauch» die langen den «Hälsen» der FERMI-Fläche.

Beispiele: 1. Die dem Bauchquerschnitt entsprechende Periode beträgt bei Gold $\Delta(1/B) = 2 \cdot 10^{-5}\ 1/\mathrm{T}$. Damit ergibt sich für den größten Querschnitt der FERMI-Fläche

$$A = \frac{2\pi \cdot 1{,}6 \cdot 10^{-19}\,\mathrm{As}\cdot\mathrm{Vs}}{1{,}055 \cdot 10^{-34}\,\mathrm{Ws}^2 \cdot 2 \cdot 10^{-5}\,\mathrm{m}^2} = 4{,}77 \cdot 10^{20}\ 1/\mathrm{m}^2 \text{ [1]}$$

2. Nach Gl. (22) ist der Radius der FERMI-Kugel des freien Elektronengases $k_F = \sqrt[3]{3\pi^2 n}$, was mit $n = 5{,}9 \cdot 10^{28}\ 1/\mathrm{m}^3$ für Gold (Tabelle 11, Anhang) $k_F = 1{,}2 \cdot 10^{10}\ 1/\mathrm{m}$ und den Querschnitt A der FERMI-Fläche $k_F^2\,\pi = 4{,}56 \times 10^{20}\ 1/\mathrm{m}^2$ liefert (n ist hier nur unsicher bekannt!).

[1]) Man beachte, daß im $\boldsymbol{k}$-Raum die «Längeneinheit» 1/m und die «Flächeneinheit» 1/m² ist!

8. Das Bändermodell

8.1. Die Entstehung von Energiebändern

Das Modell des freien Elektronengases hilft zwar, wichtige Eigenschaften der Metalle zu erklären. Es vermag aber noch keine Antwort darauf zu geben, aus welchem Grund eigentlich die Metalle so gute elektrische Leiter, Verbindungen und andere Elemente dagegen ausgezeichnete Isolatoren und wieder andere Halbleiter sind, deren elektrischer Widerstand in weiten Grenzen leicht veränderbar ist.
Der Grund hierfür ist an sich sehr einfach. Das Modell des Elektronengases stellt die Teilchen so dar, als besäßen sie ausschließlich kinetische Energie. In Wirklichkeit aber bewegen sie sich nur quasifrei (fast frei) zwischen den Gitterionen mit deren erheblichen Anziehungskräften, d. h. in einem periodischen Potentialfeld.
In dieser Hinsicht vermag das **Energiebändermodell** detailliertere Auskünfte zu geben. Geht man zuerst vom einzelnen Atom aus, so können die in der Hülle vorhandenen Elektronen sich nur in ganz bestimmten, scharf festgelegten Energiezuständen befinden. Sie sind im Bild 8.1 symbolisch durch voneinander getrennte Linien dargestellt, welche die jeweils zu einer Unterschale (Nebenquantenzahl, s. 14.5.4.2.) gehörenden Elektronen kennzeichnen. Infolge der von den umgebenden Atomen ausgehenden Kräfte werden die diskreten Energiewerte zu Bändern verbreitert. Während sich das bei den inneren, kernnahen Elektronen nur wenig geltend macht, wird die Einwirkung mit zunehmender Hauptquantenzahl immer auffallender und erreicht schließlich die Größenordnung von einigen Elektronenvolt.

Modellversuch zur Aufspaltung eines Schwingungszustandes

Zwei Fadenpendel von gleicher Länge und damit gleicher Frequenz werden durch einen dritten Faden unter leichter Spannung verbunden (Bild 8.2a). Im Gleichtakt schwingen sie etwas langsamer als im Gegentakt, da der Querfaden im zweiten Fall eine stärkere Verkürzung der Pendellängen bewirkt als im ersten Fall. Bei Verwendung von 3 Pendeln sind 3 solcher Fundamentalschwingungen möglich. Analog dazu spaltet bei einem aus N Atomen bestehenden Kristall jeder ursprünglich gegebene Schwingungszustand durch das Zusammenwirken aller Atome in N nahe beieinanderliegende Zustände auf. Die Breite der Aufspaltung, d. h. die der entstehenden Energiebänder, richtet sich nach dem Grad der Kopplung, der im Modellversuch die Fadenspannung entspricht.

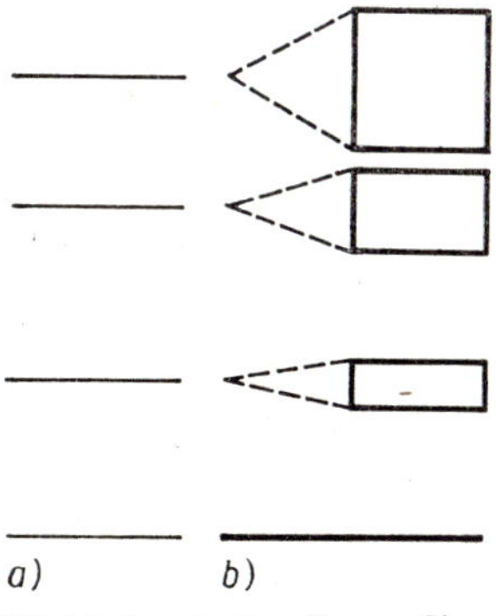

Bild 8.1 Aufspaltung diskreter Energieniveaus zu Energiebändern.
a) Einzelatom, b) Kristall

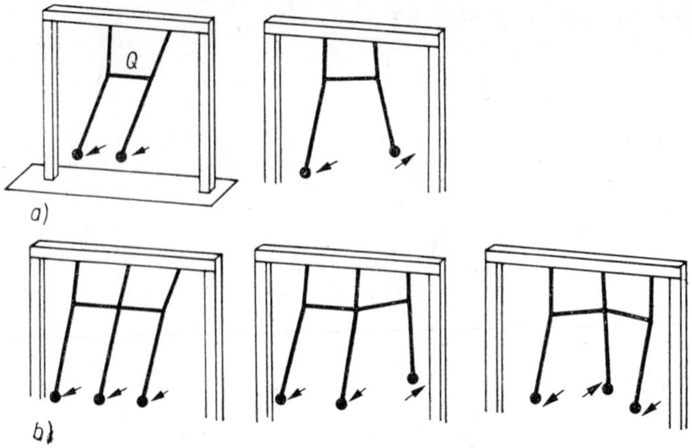

Bild 8.2 Fundamentalschwingungen von gekoppelten Fadenpendeln
a) 2 Pendel im Gleich- und Gegentakt
b) 3 Pendel mit 3 Fundamentalschwingungen

Als zweiter Grund dieses Verhaltens kann auch das PAULI-Prinzip herangezogen werden. Ihm zufolge ist es nicht möglich, daß innerhalb des Kristalls bestimmte Energiezustände zwei- oder mehrmals vorkommen. Jedes der ursprünglichen Einzelniveaus muß sich in so viele benachbarte Niveaus aufspalten, wie der Kristall Atome enthält, d. h. je cm³ etwa 10^{23}. Sie liegen so dicht nebeneinander, daß die Energiebänder als kontinuierliche Energiebereiche angesehen werden können. Daß dem PAULI-Prinzip zufolge jeder dieser Zustände mit 2 Elektronen von entgegengesetztem Spin besetzt wird, ändert an diesen Überlegungen grundsätzlich nichts.

Jeder Energiezustand eines aus *N* Atomen bestehenden Kristalls spaltet in *N* benachbarte Zustände auf und verbreitert sich dadurch zu einem Energieband.

Wichtig ist auch, daß nicht nur die von Elektronen besetzten, sondern auch die nur teilweise oder gar nicht belegten Zustände sich zu solchen Bändern verbreitern. Wie man sich die Verbreiterung schrittweise vorstellen kann, zeigt Bild 8.3 für den Sonderfall des Natriums. Am linken Bildrand sind einige Niveaus des freien Atoms angegeben, wie sie aus dem Periodensystem (Tabelle 10 in 14.5.5.2.) zu entnehmen sind. Das Niveau 2p ist voll, das Niveau 3s nur halbvoll besetzt, 3p ist dagegen leer. Wird der Atomabstand von links her nach rechts hin verkleinert, so beginnt das noch leere Energieband 3p sich mit dem halb besetzten Zustand 3s zu überlappen. Rechts ist der für den festen Kristall charakteristische Atomabstand erreicht. Trotz der starken Überlappung ist zwischen den Bänder 2p und 3s eine breite **Energielücke** verblieben. Diesem auch als **Bandabstand** bezeichneten Zwischenraum kommt besonders hinsichtlich des elektrischen Verhaltens eine ganz entscheidende Rolle zu.

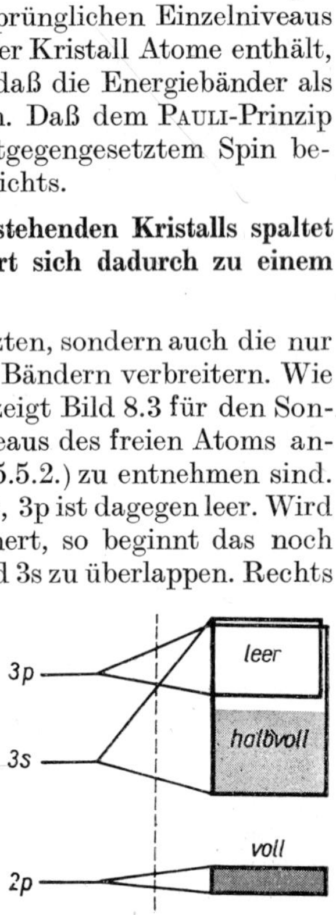

Bild 8.3 Entstehung der Energiebänder beim Natrium

8.2. Anordnungen von Energiebändern

Das soeben skizzierte Bild der Energiebänder läßt nur deren relative Breite und grobe Anordnung erkennen. Eine solche eindimensionale Darstellung in Form rechteckiger Kästen leistet in vielen Fällen zur ersten Orientierung recht wertvolle Dienste.
Wie schon gesagt, ist ein solches Band erst dann voll besetzt, wenn jeder Energiezustand von 2 Elektronen mit entgegengesetztem Spin eingenommen wird. Dabei wird das letzte voll besetzte Band als **Valenzband**, das nächste darüberliegende als **Leitungsband** bezeichnet. In den folgenden Skizzen sind die noch tiefer liegenden, ebenfalls voll besetzten und auch nur schwach verbreiterten Bänder weggelassen. Alle Stoffe lassen sich dann in folgende Gruppen einteilen:

1. Isolatoren (Bild 8.4a). Wenn nur voll besetzte und durch breite Energielücken davon getrennte leere Bänder vorhanden sind, ist der betreffende Stoff ein Isolator, wie z. B. der Diamant. Ein angelegtes elektrisches Feld ist nicht in der Lage, ein einziges Elektron zu bewegen, da im voll besetzten Band alle verfügbaren Energieniveaus besetzt sind und der Abstand bis zum nächsten freien Band zu groß ist, um ihn durch Energieentnahme aus dem elektrischen Feld zu überwinden.

2. Elektrische Leiter mit teilweise besetztem Leitungsband. Wenn das oberste Band nur teilweise besetzt ist, handelt es sich um einen elektrischen Leiter (Bild 8.4b). In diesem Fall stehen genügend energetisch benachbarte Plätze für die vom Feld beschleunigten und damit ein wenig energiereicher gewordenen Elektronen zur Verfügung. Demnach ist klar, daß alle einwertigen Metalle Leiter sein müssen, z. B. die Alkalimetalle, Silber und Gold.

3. Elektrische Leiter mit überlappenden Bändern (Bild 8.4c). Die zweiwertigen Metalle müßten nun nach dem vorhin Gesagten Isolatoren sein. Wegen der in den Metallen besonders engen Packung der Atome ist aber die Aufspaltung der oberen Energieniveaus so stark, daß sich diese gegenseitig überlappen. Den Elektronen des Valenzbandes steht dann das ganze noch leere nächste Leitungsband zur Verfügung, wie es z. B. bei den Erdalkalimetallen, dem Kupfer u. a. der Fall ist.

4. Halbmetalle (Metalle 2. Art) (Bild 8.4d). Diese haben 2 Leitungsbänder, von denen (auch bei der Temperatur des absoluten Nullpunktes) das eine fast vollständig und das andere nur sehr wenig besetzt ist.
Hierher gehören u. a. die Elemente der V. Gruppe des Periodensystems: Arsen, Antimon und Wismut. Gegenüber den Metallen ist ihre Leitfähigkeit um 8 Zehnerpotenzen geringer.

5. Halbleiter (Bild 8.4e). Diese Stoffe, zu denen besonders das Germanium und das Silizium zählen, sind bei der Temperatur des absoluten Nullpunktes Isolatoren und gehören deshalb an sich zur erstgenannten Gruppe. Der Abstand ΔW zwischen Valenz- und Leitungsband ist jedoch so klein, daß bereits die Zufuhr von thermischer Energie genügt, eine zunehmende Zahl von Elektronen ins Leitungsband zu heben (Bild 8.4f). Wegen weiterer wichtiger Einzelheiten und deren technischer Bedeutung werden wir die Halbleiter in einem besonderen Hauptabschnitt behandeln.

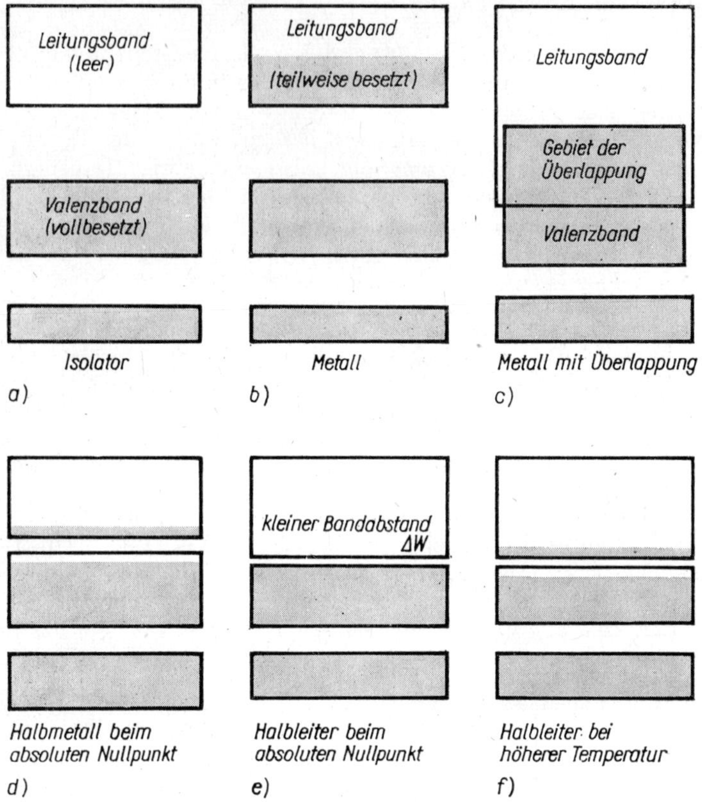

Bild 8.4 Schematische Anordnung von Energiebändern

8.3. Die Struktur der Energiebänder

8.3.1. Energieverteilung freier Elektronen

Ein entscheidender Mangel des soeben skizzierten Modells ist, daß es keinerlei Hinweise auf die freie Beweglichkeit der Elektronen mit ihren unterschiedlichen Geschwindigkeiten und Energiewerten enthält und damit grundlegende Eigenschaften des Elektronengases völlig beiseite läßt. Um das Bild zu ergänzen, ist es daher nützlich, die Welleneigenschaften des Elektrons in die Überlegungen mit einzubeziehen. Zu diesem Zweck greifen wir nochmals auf die Gleichungen

$$\boldsymbol{p} = \hbar\,\boldsymbol{k} \quad \text{und} \tag{7/18}$$

$$W(k) = \frac{\hbar^2 k^2}{2 m_e} \tag{7/19}$$

zurück und erinnern uns daran, daß $\boldsymbol{k}$ der Wellenzahlvektor des Elektrons ist, der alle möglichen Werte von 0 an aufwärts annehmen kann. Grafisch dargestellt hat die Funktion (7/19) die Form einer Parabel (Bild 8.5a).

Bild 8.5 Abhängigkeit der Energie W von der Wellenzahl k
a) für ein freies Elektron
b) für ein Elektron im linearen Gitter

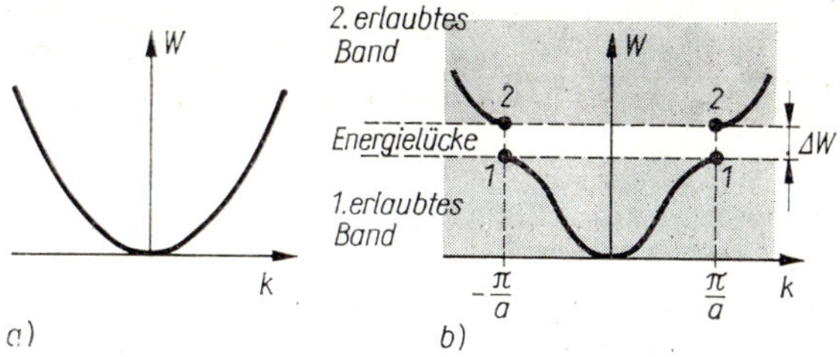

8.3.2. Die Entstehung von Energielücken

Im Innern des Kristalls können sich die Elektronenwellen jedoch nicht ungehindert ausbreiten. Ebenso wie von außen her kommende Wellen werden sie nach der BRAGGschen Gleichung (1/2) an den Netzebenen reflektiert. Nehmen wir z. B. an, daß die Elektronen rechtwinklig auf die Netzebenen eines kubischen Gitters mit der Konstanten a auftreffen, so ist in der BRAGGschen Gleichung $\sin \alpha = 1$, und diese vereinfacht sich zu

$$2a = n\lambda = \frac{2\pi n}{k} \quad (n = 1, 2, 3, \ldots). \tag{1}$$

Ist z. B. $n = 1$, so wird die Welle von der Länge $\lambda = 2\,a$ bzw. der Wellenzahl $k = \frac{\pi}{a}$ reflektiert. Hin- und rücklaufende Wellen überlagern sich in bekannter Weise und ergeben zwischen den Gitterpunkten $+a$ und $-a$ eine stehende Welle (Bild 8.6). Dem entspricht ein **kritischer k-Wert** von $\pm\lambda$. Zwischen 0 und $\pm\frac{\pi}{a}$ kann k dagegen alle nur möglichen Werte annehmen. Innerhalb dieses Spielraums gibt es nur fortlaufende Wellen, die Funktion $W(k)$ verläuft stetig.

Nun kann aber die stehende Welle in zweierlei Weise schwingen. Im ersten Fall (Bild 8.6a) fallen die Schwingungsbäuche mit den Gitterpunkten zusammen, im zweiten Fall (Bild 8.6b) liegen sie genau dazwischen. Da die Schwingungsbäuche die Orte darstellen, an denen die Aufenthaltswahrscheinlichkeit des Elektrons am größten ist (s. 14.6.2.) und seine potentielle Energie an den Gitterpunkten (positive Ladung!) ihre Minima hat, wird im ersten Fall (a) die potentielle Energie der stehenden Welle gegenüber einer fortlaufenden Welle verringert und im zweiten Fall (b) erhöht.

Mit anderen Worten: bei den durch die BRAGGsche Reflexion ausgezeichneten k-Werten $\pm\frac{\pi}{a}, \pm\frac{2\pi}{a}, \ldots$ hat die Funktion $W(k)$ jeweils zwei unterschiedliche Energiewerte (Bild 8.5b). Der auf dem Bild angegebene untere Punkt *1* entspricht dem soeben genannten Fall (a), bei dem sich das Elektron bevorzugt in der Nähe eines der Atomrümpfe aufhält. Punkt *2* mit dem größeren Energiewert entspricht dem zweiten

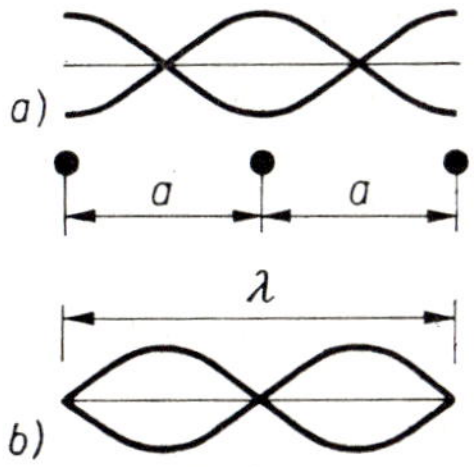

Bild 8.6 Stehende Wellen zwischen den Punkten eines linearen Gitters

Fall (b). Von dem einen zum anderen Zustand führt kein stetiger Übergang, sondern nur ein Sprung um die Energiedifferenz ΔW. Das Energiespektrum $W(k)$ hat an diesen Stellen eine **Energielücke.**

8.3.3. Energielücken und Brillouin-Zonen

Die für den Sonderfall $n = 1$ angestellten Überlegungen lassen sich leicht erweitern. Denn zwischen den im Abstand $2a$ befindlichen Gitterpunkten können wir noch weitere stehende Wellen konstruieren, deren Länge stets ein ganzzahliger Bruchteil $\lambda = \frac{2a}{n}$ sein muß (Bild 8.7a). In der Sprache des reziproken Gitters heißt das: Nicht nur zwischen den Grenzen $\pm \frac{\pi}{a}$ der 1. Brillouin-Zone, sondern auch an den Grenzen $\pm \frac{2\pi}{a}$ der 2. bzw. $\pm \frac{3\pi}{a}$ der 3. Brillouin-Zone usw. müssen sich derartige stehende Wellen und damit auch entsprechende Bandlücken bilden (Bild 8.7b):

Die Grenzen der Brillouin-Zonen sind gleich den oberen k- bzw. Impulswerten von Energiebändern, die durch entsprechende Bandlücken voneinander getrennt sind.

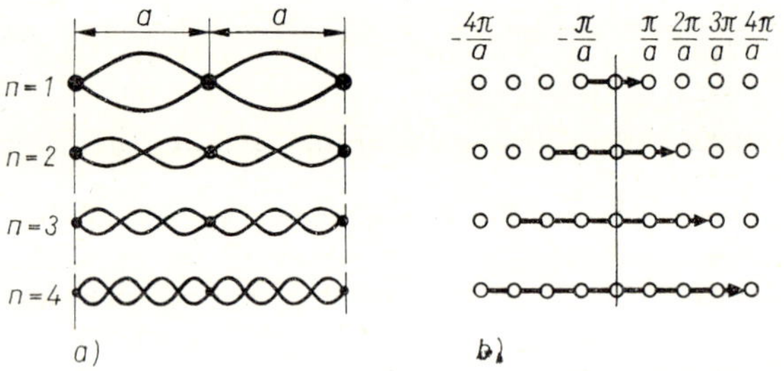

Bild 8.7 a) Stehende Elektronenwellen im ursprünglichen linearen Gitter
b) Lage der Energielücken im reziproken linearen Gitter

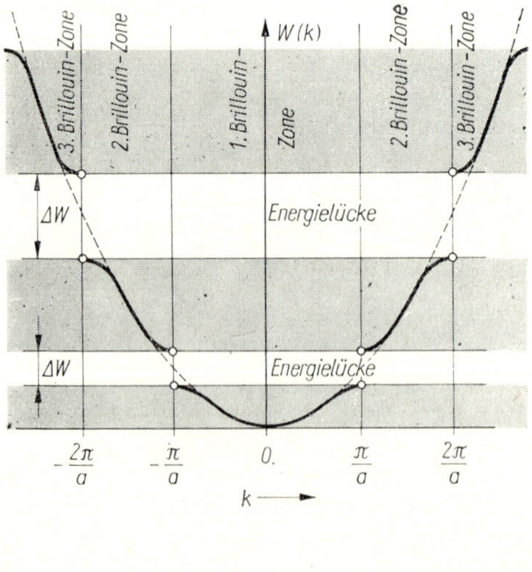

Bild 8.8 Die ersten 3 Energiebänder eines linearen Gitters mit den Energielücken ΔW im erweiterten Zonenschema; gestrichelt: parabelförmiger Verlauf von $W(k)$ für das freie Elektron

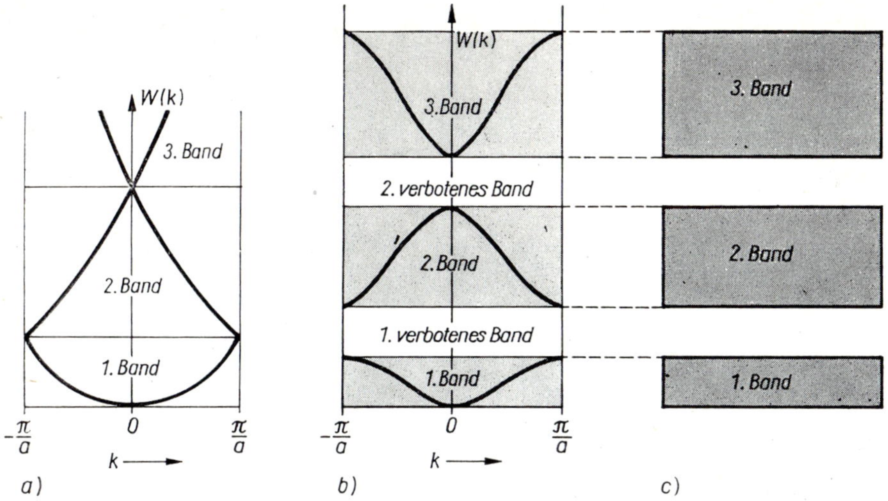

Bild 8.9 a) Reduziertes Zonenschema für das freie Elektron
b) Reduziertes Zonenschema für das lineare Gitter
c) Vereinfachtes Bändermodell

Einen Überblick über diese Verhältnisse gibt das **erweiterte Zonenschema** nach Bild 8.8. Eine etwas gedrängtere Darstellung erlaubt dagegen das **reduzierte Zonenschema** (Bild 8.9).

Es entsteht durch Spiegelung der Kurve $W(k)$ an der Vertikalen bei $k = \pm\frac{\pi}{a}$, so daß alle Wellenzahlvektoren $\boldsymbol{k}$ in die 1. Brillouin-Zone fallen. Bild 8.9a zeigt dies für das Spektrum der freien Elektronen und Bild b für Elektronen im linearen Gitter. Hier ist also zu beachten, daß zum gleichen k-Wert unterschiedliche Energiewerte in verschiedenen Energiebändern gehören.

8.3.4. Bandstruktur und effektive Masse

Zu den Energielücken treten noch weitere Besonderheiten des Energiespektrums der Elektronen; denn bei ihrem hindernisreichen Weg durch das Kristallgitter, von einer Potentialmulde zur anderen, werden wiederum die Geschwindigkeit und damit ihre Wellenlänge erheblich beeinflußt. Um diese Einflüsse in vereinfachter Weise zu berücksichtigen, rechnet man nicht mit der wahren Masse m_e der Ladungsträger, sondern mit deren **effektiver Masse** m_e^*. Denn die Masse eines Körpers ist nur ein anderer Ausdruck für seine Trägheit, d. i. der Widerstand, den er einer bewegenden Kraft entgegensetzt. Die effektive Masse eines Elektrons ist daher um so größer, je stärker es im Atom gebunden ist. Damit ist sie in tief gelegenen Bändern und am unteren Rand eines Bandes relativ groß. Sie kann aber auch kleiner als die wahre Masse und in der Nähe des oberen Randes des Valenzbandes sogar negativ werden. Bei gewöhnlichen Leitungsvorgängen genügt es, mit einem Mittelwert zu rechnen.

Damit ist nun die Elektronenmasse in dem Ausdruck Gl. (7/19) $W = \frac{\hbar^2 k^2}{2 m_e}$ keine

Konstante mehr! Die Bandstruktur in einem dreidimensionalen Kristall wird zwangsläufig komplizierter, als wir sie in den Bildern 8.9 darstellten. Anstelle der streng geometrischen Form nimmt die Funktion $W(\boldsymbol{k})$ eine sehr unregelmäßige Gestalt an, die vor allem auch von der betrachteten Richtung im Kristall abhängt. In kubischen Kristallen werden dabei die Richtungen [100] der Würfelkante und [111] der Raumdiagonalen bevorzugt.

Bild 8.10 zeigt die theoretisch berechnete Bandstruktur des Kupfers in der [110]-Richtung. Das oberste Band des 4s-Elektrons hat, entsprechend einem fast freien Elektron, nahezu parabolischen Verlauf. Die übrigen 5 Bänder gehören zu den 10 energetisch paarweise zusammenfallenden 3d-Elektronen.

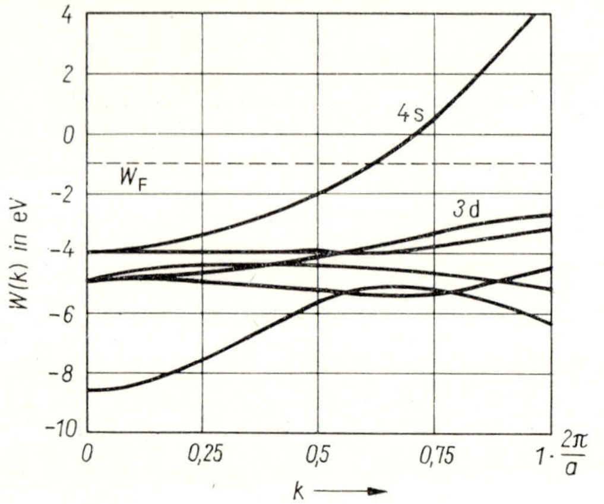

Bild 8.10 Bandstruktur von Kupfer in Richtung [110]

Mit der effektiven Masse m_e^* lassen sich viele Gleichungen in unveränderter Weise schreiben. So z. B. behält das dynamische Grundgesetz für die Kraft des elektrischen Feldes E auf die Ladung e des Elektrons die Form

$$m_e^* \frac{dv}{dt} = eE. \tag{2}$$

Wie die effektive Masse mit der Bandstruktur zusammenhängt, zeigt auch folgende Überlegung. Bildet man die zweite Ableitung von Gl. (7/19), so hat man

$$\frac{\partial^2 W(k)}{\partial k^2} = \frac{\hbar^2}{m_e^*},$$

woraus sich die effektive Masse

$$m_e^* = \frac{\hbar^2}{\partial^2 W(k)/\partial k^2} \tag{3}$$

ergibt. Diese zweite Ableitung im Nenner des Bruches ist ein Maß für die Krümmung der Kurve, die z. B. bei gezeichnet vorliegendem Verlauf von $W(k)$ auf grafischem Weg gefunden werden kann.

Die effektive Masse eines Elektrons ist um so $\frac{\text{größer}}{\text{kleiner}}$, je $\frac{\text{kleiner}}{\text{größer}}$ die Krümmung der Funktion $W(k)$ im betrachteten Kurvenpunkt ist.

8.4. Messung der Beweglichkeit und der effektiven Masse von Ladungsträgern

8.4.1. Der Hall-Effekt

Eine der wichtigsten Erscheinungen, die zur Aufklärung der Leitungsvorgänge in den Festkörpern führten, ist der **Hall-Effekt** (1879). Er beruht auf der seitlichen Ablenkung von Ladungsträgern, die sich rechtwinklig zu einem magnetischen Feld bewegen. Dies läßt sich mit dem Induktionsgesetz begründen, demzufolge in einem Leiter von der Länge b, der sich mit der Geschwindigkeit v rechtwinklig zu einem Magnetfeld der Induktion B bewegt, die Spannung

$$U_{\mathrm{H}} = Bbv \tag{4}$$

induziert wird.

Anstelle eines mechanisch bewegten drahtförmigen Leiters kann auch eine ruhende Metallplatte vom Querschnitt A treten (Bild 8.11), die senkrecht von den Feldlinien durchsetzt und in der Längsrichtung von Gleichstrom durchflossen wird. An zwei genau symmetrisch gegenüberliegenden Punkten X und Y kann dann die **Hall-Spannung** U_{H} gemessen werden. Statt des bewegten Drahtes läuft dann zwischen den Punkten X und Y gleichsam ein Band von Elektronen mit der Driftgeschwindigkeit $\bar{v}$ durch das Feld. Wird die Geschwindigkeit $\bar{v}$ aus Gl. (7/3) eingesetzt, so lautet die Hall-Spannung

$$U_{\mathrm{H}} = \frac{BbI}{en_{\mathrm{e}}A}. \tag{5}$$

Von den jeweiligen Versuchsbedingungen unabhängig ist dabei die **Hall-Konstante**

$$R_{\mathrm{H}} = \frac{1}{en_{\mathrm{e}}}. \tag{6}$$

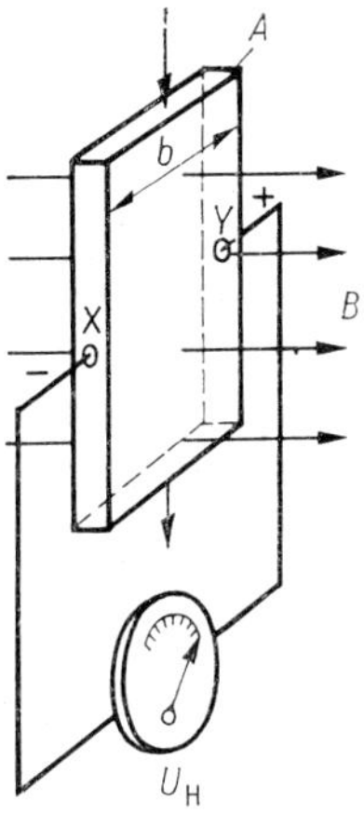

Bild 8.11
Hall-Effekt

Die Messung der Hall-Konstanten eröffnet somit die Möglichkeit, die Dichte n_{e} und das Vorzeichen der Ladungsträger zu messen, sofern der Effekt nicht durch Nebenwirkungen gestört wird. Sind die Ladungsträger negativ (Elektronen, **normaler Hall-Effekt**), so ergibt sich die Polarität von U_{H} bei konventioneller Stromrichtung I, wie auf Bild 8.11 und 8.12 angegeben ist, und R_{H} wird mit positivem Vorzeichen versehen. Positive Ladungsträger (z. B. Löcher, **anomaler Hall-Effekt**) laufen jedoch in entgegengesetzter Richtung, werden aber auch entgegengesetzt, also in gleicher Richtung wie Elektronen, abgelenkt (Bild 8.12). Damit kehrt die Hall-Spannung ihr Vorzeichen um. Durch Vergleich der Beziehungen (7/10) und (6) finden wir auch sofort die **Beweglichkeit** b in einem neuen Zusammenhang:

$$b = R_{\mathrm{H}}\varkappa. \tag{7}$$

Leitfähigkeit $\varkappa$ und Hall-Konstante können in der einmal aufgebauten und justierten Meßeinrichtung gleichzeitig gemessen werden. Da die Elementarladung e sehr genau bekannt ist, folgt aus dem Wert von R_{H} gleichzeitig die Dichte n_{e} der Ladungsträger.

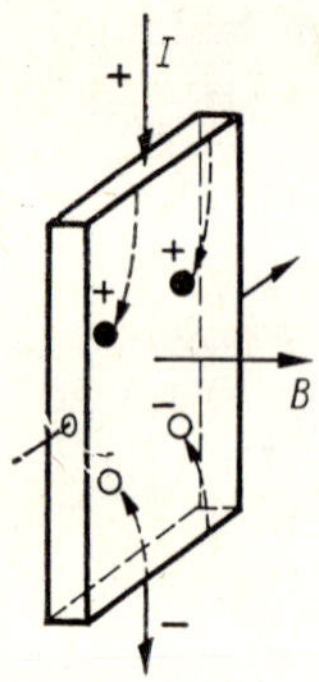

Besonders gut stimmen sie bei den Metallen Na und K mit den theoretischen Werten überein, deren FERMI-Flächen nahezu kugelförmig sind. Demgegenüber ergeben sich bei anderen Metallen mit komplizierterer Bandstruktur mitunter erhebliche Abweichungen.

Bild 8.12 Ablenkung negativer und positiver Ladungsträger beim HALL-Effekt.
I konventionelle Stromrichtung

8.4.2. Die Zyklotronresonanz

Zur Bestimmung der effektiven Masse m_e^* wird mit Erfolg die Kreisbewegung von Elektronen im Magnetfeld benutzt, die besonders beim Zyklotron zur Beschleunigung von Teilchen ausgenutzt wird. Steht das antreibende elektrische Feld rechtwinklig zu den Linien des Magnetfeldes B, so beschreiben die Elektronen Kreisbahnen, deren Ebene von den Magnetfeldlinien rechtwinklig durchsetzt wird.[1] Die nach dem Kreismittelpunkt gerichtete **Lorentz-Kraft** ist gleich der aus der Mechanik bekannten Radialkraft

$$evB = \frac{m_e^* v^2}{r}. \tag{8}$$

Hieraus ergibt sich die Winkelgeschwindigkeit $\omega_C = \frac{v}{r}$ oder

$$\omega_C = \frac{eB}{m_e^*}. \tag{9}$$

Um den Vorgang meßtechnisch zu gestalten, wird nach AZBEL und KANER folgende Anordnung getroffen.
Parallel zur Oberfläche des Leiters wirkt ein stetig veränderbares Magnetfeld $\boldsymbol{B}$ und rechtwinklig hierzu ein hochfrequentes elektrisches Feld $\boldsymbol{E}$ im Mikrowellenbe-

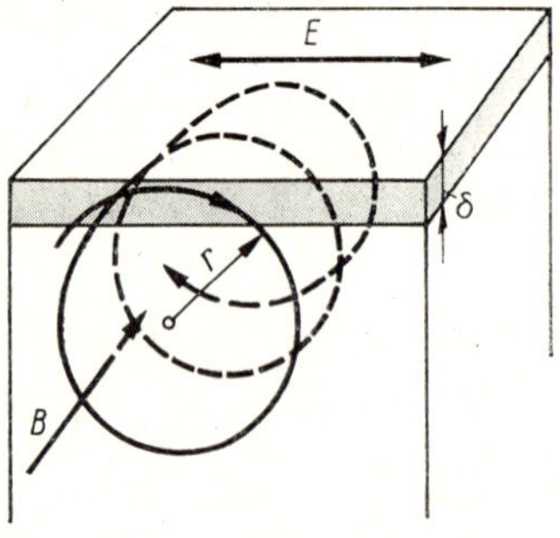

Bild 8.13 Zyklotron-Resonanz

[1]) Bei nicht genau rechtwinkliger Lage beider Felder ist die Bahn schraubenförmig.

reich. Infolge des Skineffektes dringt dieses Wechselfeld nur geringfügig (z. B. 10^{-7} m) in die Metalloberfläche ein. Ein Elektron kann daher nur so lange beschleunigt werden, als es sich jeweils im Scheitel seiner Bahn befindet (Bild 8.13), deren Radius (z. B. 10^{-5} m) viel größer als die Eindringtiefe des elektrischen Feldes ist. In diesem Augenblick entzieht es dem elektrischen Feld einen kleinen Energiebetrag. Wenn nun die Kreisfrequenz des $\boldsymbol{E}$-Feldes der Winkelgeschwindigkeit ω_C genau entspricht oder ein ganzzahliges Vielfaches davon beträgt, tritt **Resonanz** ein. Die Elektronen werden immer in der gleichen Richtung beschleunigt, der Absorptionskoeffizient der elektrischen Feldenergie erreicht ein scharfes Maximum. Hieraus läßt sich nach Gl. (9) die effektive Masse berechnen.

Eine wichtige Voraussetzung für das Eintreten der Resonanz ist allerdings, daß die mittlere freie Weglänge der Elektronen viel größer als die Kreisbahn selbst ist, so daß die Skinschicht wenigstens mehrmals durchlaufen wird. Das gelingt wiederum nur bei sehr reinen Werkstoffen mit gut polierter Oberfläche und bei Temperaturen bis höchstens 10 K.

9. Halbleiter

9.1. Reine (undotierte) Halbleiter

9.1.1. Arten der Halbleiter

Eine hervorragende Rolle in der modernen Elektronik spielen die **Halbleiter.** Ihre charakteristischen Eigenschaften beruhen weniger auf dem bei Zimmertemperatur relativ großen elektrischen Widerstand, der um etliche Zehnerpotenzen höher als bei den Metallen liegt, als in der vielfältigen Art und Weise, wie sich ihr Widerstand beeinflussen und manipulieren läßt. Die Möglichkeit hierzu ergibt sich aus der Eigentümlichkeit der Anordnung ihrer Energiebänder.

Halbleiter sind feste Stoffe, deren Fermi-Niveau innerhalb der verbotenen Zone liegt und deren Leitfähigkeit durch Zugabe von Fremdatomen oder äußere Einflüsse leicht veränderbar ist.

Die mit ihrer Herstellung und Verarbeitung verbundenen besonderen Probleme haben die Physik der Halbleiter nicht nur zu einem ausgedehnten Teilgebiet der Festkörperphysik, sondern auch der praktischen Elektrotechnik werden lassen.
Einen groben Vergleich der Ladungsträgerdichte der Halbleiter und der gut leitenden Metalle gibt die folgende Übersicht (Tabelle 3). Die obere Grenze der Trägerdichte und damit der elektrischen Leitfähigkeit kann bei den Halbleitern durch kontrollierte Zugabe von Fremdatomen noch weiter erhöht werden.

Tabelle 3. Arten elektrischer Leiter

Leitertyp	Anzahl der Ladungsträger je m^3	elektrische Leitfähigkeit in S/m
Halbleiter bei Zimmertemperatur	$10^{19} \ldots 10^{23}$	$10^{-7} \ldots 10^{4}$
Halbmetalle	$10^{23} \ldots 10^{28}$	$10^{6} \ldots 10^{7}$
Metalle	$10^{28} \ldots 10^{29}$	$10^{7} \ldots 10^{8}$

Zu den Halbleitern gehören sowohl chemische Elemente als auch viele Verbindungen. Eine Auswahl ist in der folgenden Tabelle 4 aufgeführt. Die römischen Ziffern geben die Gruppen des Periodensystems an, denen die Verbindungspartner angehören.

Tabelle 4. Arten der Halbleiter

Halbleitertyp	Verbindungstyp	Beispiele
Elemente	IV	C, Si, Ge, α-Sn, Te
Verbindungen	IV-VI	PbS, PbSe, PbTe, SnTe
	III-V	AlSb, GaP, GaAs, GaSb, InAs, InP, InSb
	II-VI	ZnO, ZnS, CdS, CdSe, CdTe

Eine umfassende und vollständige Systematik aller Halbleiterstoffe müßte auch noch andere Kriterien berücksichtigen. Wichtig ist z. B. die Breite der verbotenen Zone. Sie ist bei den Elementarhalbleitern am geringsten und nimmt mit steigender Atommasse ab. Einen ähnlichen Gang zeigen auch die Verbindungshalbleiter. Die in den letzten 2 Reihen stehenden sind von zunehmend ionischem Bindungstyp.
Die am bekanntesten gewordenen Halbleiter sind das von Clemens Winkler in Freiberg (1885) entdeckte seltene **Germanium** (Bild 9.1) und das am Aufbau fast aller Gesteine beteiligte **Silizium** (Bild 9.2).

Bild 9.1 Original-Germanium-Stück von Cl. Winkler aus dem Jahre 1887 (aufbewahrt an der Bergakademie Freiberg)

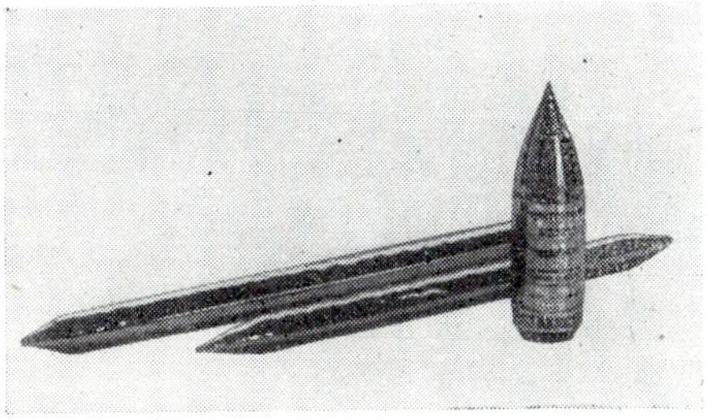

Bild 9.2 Silizium-Einkristalle nach Czochralski, Rohlinge

9.1.2. Herstellung reinsten Materials

Die für die technischen Anwendungen wertvollsten Eigenschaften treten allerdings nur unter einer wichtigen Voraussetzung zutage: Das Ausgangsmaterial muß von äußerster Reinheit und fehlerfreiem Kristallbau sein. Die Anforderungen gehen dabei weit über das hinaus, was man bisher unter «chemisch rein» verstand. Der Weg dahin führt meist über hochentwickelte Methoden der **Kristallzüchtung.**

Als Beispiel sei hier nur kurz die Herstellung des in besonders großen Mengen verarbeiteten **Siliziums** beschrieben. Dieses zu einem hohen Prozentsatz in allen natürlichen Silikaten enthaltene Element wird zu diesem Zweck zunächst aus Ferrosilizium durch einen Strom von kaltem Chlorwasserstoff in Trichlorsilan ($SiHCl_3$) überführt. Diese Flüssigkeit läßt sich durch Destillation so weit reinigen, daß auf 1 Milliarde Atome weniger als 1 Fremdatom entfällt. Der Dampf des $SiHCl_3$ wird an erhitzten Si-Stäben zersetzt, die sich durch Ansatz von polykristallinem Material immer mehr verstärken.
Zur weiteren Reinigung und vor allem um große Einkristalle zu erhalten, gibt es mehrere Verfahren. Zur Gruppe der **Schmelzziehverfahren** gehört z. B. das **Czochralski-Verfahren.** Das Material wird in einen elektrisch beheizten Tiegel gebracht und von oben her ein an einer wassergekühlten Halterung befestigter einkristalliner Si-Keim in die Schmelze eingetaucht (Bild 9.3). Nach Absenken der Temperatur wird der Keim mit der Geschwindigkeit von einigen Millimetern je Stunde hochgezogen, wobei noch eine langsame Rotation um die Längsachse stattfindet. Nach diesem Verfahren lassen sich bis zu 10 kg schwere und 12 cm dicke Einkristalle ziehen. Zur weiteren Herstellung der elektronischen Bau-

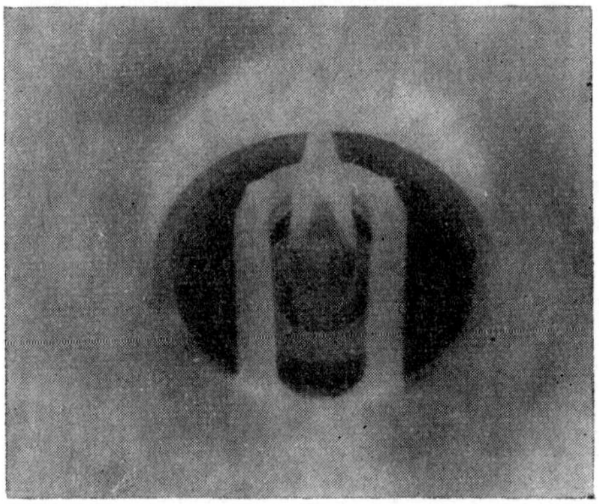

Bild 9.3 Silizium-Einkristall während des Ziehvorganges

Bild 9.4 Ultraschall-Schneidgerät für Siliziumscheiben

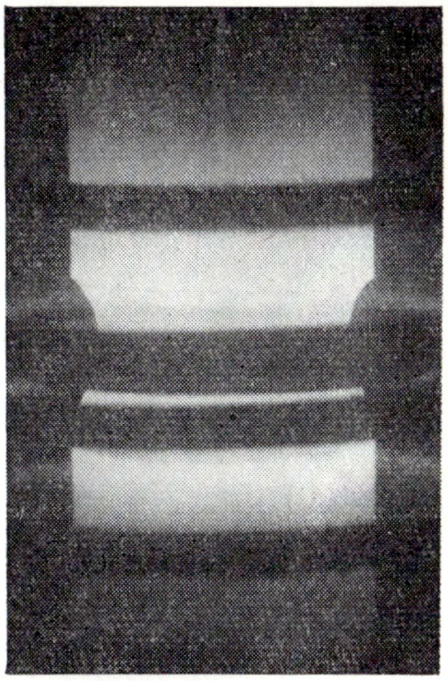

Bild 9.5 Schmelzzone während des Floatingprozesses

Bild 9.6 Produktionsraum mit Zonen-Floatingapparaturen für Silizium

elemente, deren Masse oft nur wenige Milligramm beträgt, werden die Rohlinge durch Zerschneiden mit einem Ultraschallstrahl in äußerst dünne Scheiben zerlegt (Bild 9.4).
Besonders reines Silizium wird im **tiegelfreien Zonenzieh-** (floating-) **Verfahren** hergestellt. Ein vertikal um seine Längsachse im Vakuum rotierender, aus vorgereinigtem Material bestehender Stab ist an seinem unteren Ende mit einem Kristallkeim verschmolzen. Durch eine Hochfrequenzspule wird ein schmaler Abschnitt des Stabes von außen her über seinen Schmelzpunkt erhitzt. Während diese Schmelzzone langsam nach oben bewegt wird, erfolgt die Kristallisation von unten her (Bild 9.5, 9.6). Mit einer hieraus entwickelten **Dünnziehtechnik** lassen sich sogar völlig versetzungsfreie Einkristalle herstellen.

9.1.3. Die Eigenleitung

9.1.3.1. Die Entstehung der Eigenleitung

Das auffälligste Merkmal der Halbleiter ist die starke Abhängigkeit ihres elektrischen Leitvermögens von der Temperatur. Betrachten wir vorerst nur reinste und fehlerfreie Kristalle, so sind diese beim absoluten Nullpunkt grundsätzlich Isolatoren. Was die 4wertigen, in der Diamantstruktur kristallisierenden Elemente C, Si, Ge und Te betrifft, so ist uns der Grund dafür bereits bekannt. Alle Valenzelektronen sind gegenseitig paarweise gebunden (s. 2.2.3.). Der Übersichtlichkeit halber pflegt man das meist durch ein in der Ebene ausgebreitetes Schema zum Ausdruck zu bringen, in dem jeder Atomrumpf von 8 Elektronen umgeben ist (Bild 9.7). Da das Valenzband voll besetzt ist, kann eine Bewegung von Elektronen im elektrischen Feld nicht stattfinden.
Bei einigen Halbleitern ist aber der Abstand zwischen Valenz- und Leitungsband so klein (bei Ge 0,7 eV bzw. bei Si 1,1 eV), daß er bereits von thermisch angeregten Elektronen übersprungen werden kann. Sie treten ins Leitungsband über und bewirken damit den Vorgang der **Eigenleitung.** Mit zunehmender Temperatur nimmt die Anzahl der frei werdenden Leitungselektronen und damit die elektrische Leitfähigkeit immer mehr zu (Bild 9.8).

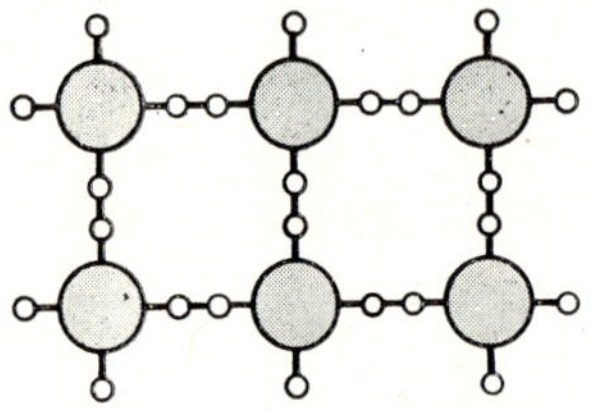

Bild 9.7 Idealer Halbleiter beim absoluten Nullpunkt

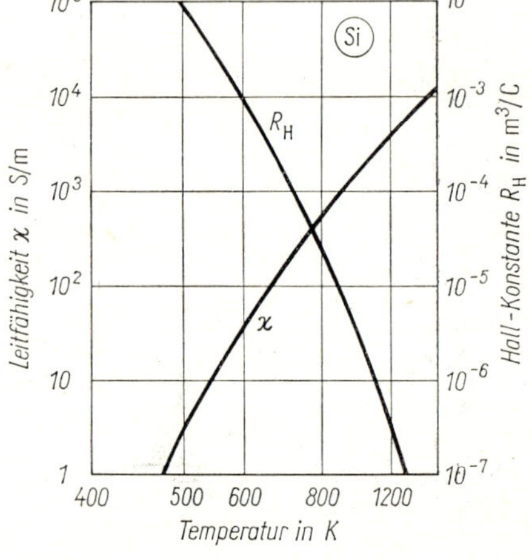

Bild 9.8 Leitfähigkeit und HALL-Konstante bei Eigenleitung von Silizium

Geht man von der mittleren thermischen Energie eines Elektrons aus, die nach Gl. (14/6) $W = \frac{3}{2} k_B T = 0{,}026$ eV beträgt, so muß es fraglich erscheinen, wie der beschriebene Vorgang angesichts des Bandabstandes von 0,7 eV (Ge) bzw. 1,1 eV (Si) überhaupt stattfinden kann. Hier muß vor allem an die unvergleichlich viel höheren, in der Verteilungsfunktion enthaltenen Energien gedacht werden, über die immer noch genügend Elektronen verfügen.

9.1.3.2. Elektronen und Löcher

Die ins Leitungsband übertretenden Elektronen hinterlassen im Valenzband eine entsprechende Anzahl von Leerstellen, die kurz als **Löcher** oder auch als **Defektelektronen** bezeichnet werden (Bild 9.9). Sie verhalten sich ähnlich wie Teilchen, die eine Elementarladung positiven Vorzeichens tragen. Ihre effektive Masse liegt oft in derselben Größenordnung wie die der Elektronen.

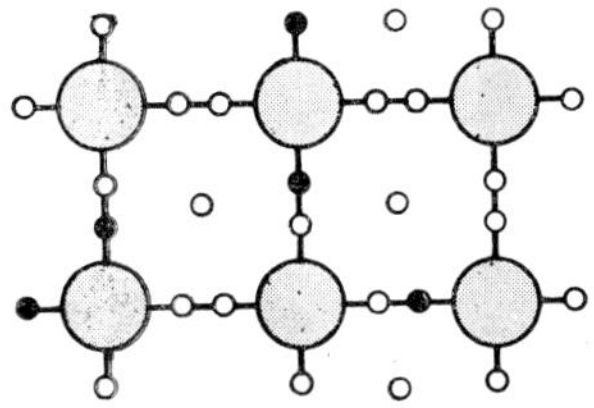

Bild 9.9 Halbleiter im Zustand der Eigenleitung

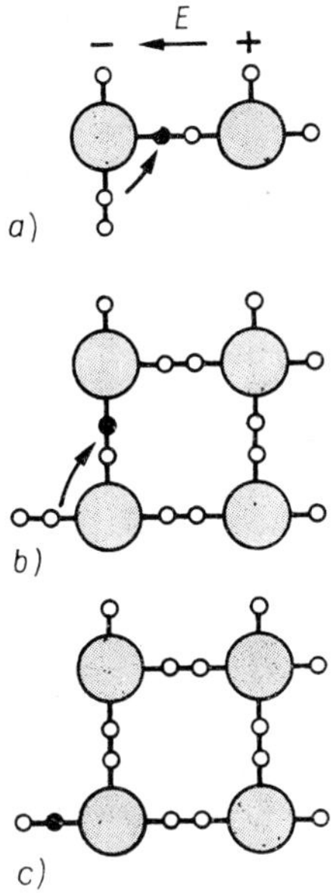

Bild 9.10 Bewegung eines Loches im elektrischen Feld durch schrittweisen Platzwechsel mit Elektronen

Beim Anlegen einer Spannung wandern die Löcher in entgegengesetzter Richtung (d. h. von Plus nach Minus) wie die Elektronen im Leitungsband. Wie die Bewegung der Löcher vor sich geht, zeigt Bild 9.10. Unter dem Einfluß des Feldes löst sich ein in unmittelbarer Nähe des Loches befindliches Elektron aus seiner Paarbindung, füllt das Loch aus und hinterläßt seinerseits ein neues, dem Minuspol näher gelegenes Loch. Während sich also in Wirklichkeit nur Elektronen bewegen können, ist es zur Beschreibung vieler Vorgänge vorteilhafter, von einem **Strom von Löchern** zu sprechen, der sich unabhängig vom Strom der freien Elektronen in entgegengesetzter Richtung bewegt.

Somit setzt sich der Strom in einem elektronischen Halbleiter stets aus zwei Komponenten zusammen. Gl. (7/3) ist daher wie folgt zu ergänzen:

$$I = eA\,(n\bar{v}_- + p\bar{v}_+) \tag{1}$$

(n bzw. p Konzentration der Elektronen bzw. Löcher, $\bar{v}_-$ bzw. $\bar{v}_+$ Driftgeschwindigkeiten).
Ebenso findet sich jetzt für die **Leitfähigkeit** $\varkappa$ anstelle von Gl. (7/10)

$$\varkappa = e\,(nb_- + pb_+) \tag{2}$$

(b_- bzw. b_+ Beweglichkeiten der Elektronen bzw. Löcher).

9.1.3.3. Die Bandstruktur der Halbleiter

Gegenüber den metallischen Leitern erfährt die Bandstruktur der Halbleiter noch eine Ergänzung. Im einfachsten Fall des linearen und kubischen Gitters hat die Dispersionskurve der Elektronen die uns noch bekannte parabolische Form nach Gl. (7/19). Da die Elektronen zuvor noch ins Leitungsband gehoben werden müssen, tritt jetzt noch die Energie der unteren Kante W_C des Leitungsbandes hinzu. Die Höhe des Gesamtniveaus ist daher

$$W = W_C + \frac{\hbar^2 k^2}{2\,m_n}. \tag{3}$$

Indem man das Diagramm einheitlich auf das Energieniveau der Elektronen bezieht, ergibt sich für das Valenzband ein negatives Vorzeichen. Mit der Energie an der oberen Kante des Valenzbandes W_V gilt demnach für die **Löcher**

$$W = W_V - \frac{\hbar^2 k^2}{2\,m_p}. \tag{4}$$

Es ergibt sich damit ein etwa spiegelbildlicher Verlauf, wenn man von der unterschiedlichen effektiven Masse der Elektronen bzw. Löcher einmal absieht (Bild 9.11).

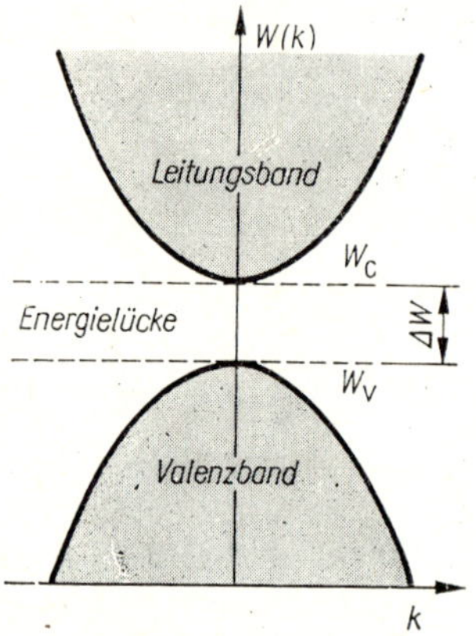

Bild 9.11 Bandstruktur des kubischen Gitters eines Halbleiters

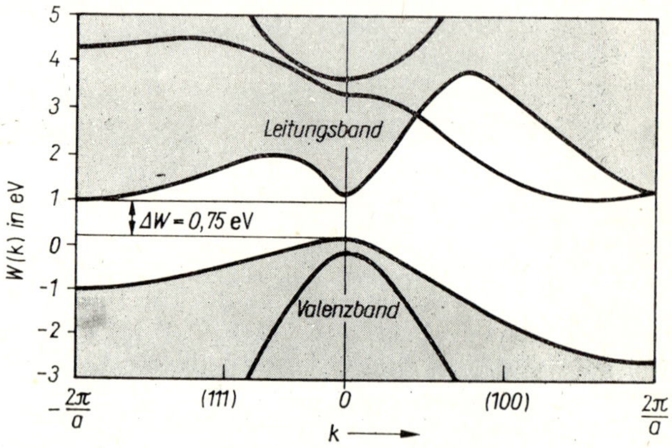

Bild 9.12 Bandstruktur des Germaniums

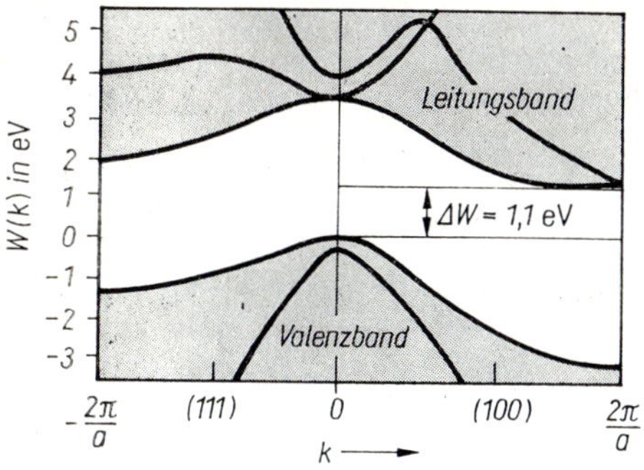

Bild 9.13 Bandstruktur des Siliziums

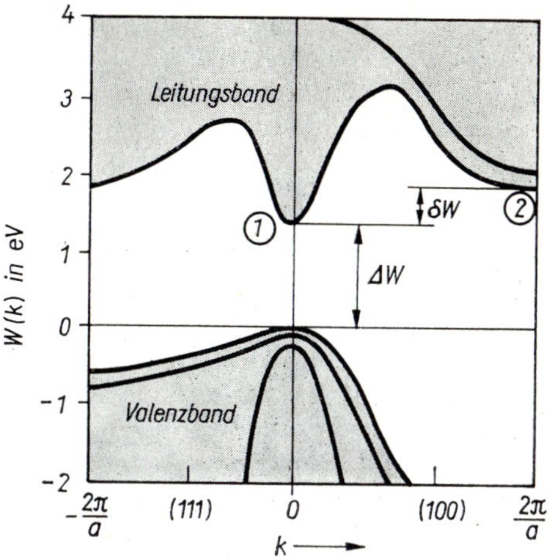

Bild 9.14 Bandstruktur von Galliumarsenid (GaAs)

Als Beispiele zeigen die Bilder 9.12 und 9.13 die Bandstrukturen des Germaniums und des Siliziums, wie sie sich durch Kombination umfangreicher theoretischer und experimenteller Arbeiten ergeben haben. Die obere Bandkante des Valenzbandes des Germaniums hat von der am linken Bildrand liegenden unteren Kante des Leitungsbandes den Abstand $\Delta W = 0{,}75$ eV. Die Breite eines Bandes entspricht dem gesamten von der Funktion $W(k)$ in vertikaler Richtung überdeckten Energiebereich. Die Zwischenräume sind die **verbotenen Zonen:**

Die verbotene Zone (der Bandabstand) ist gleich dem Abstand des tiefsten Punktes des Leitungsbandes vom höchsten Punkt des darunter liegenden Valenzbandes.

Ähnlich dem Germanium weist auch Galliumarsenid (GaAs) (Bild 9.14) in Richtung der 6 Würfelkanten 6 zusätzliche, um δW höher liegende Minima (*2*) auf (sog. **Vieltalstruktur**). Da diese weitaus flacher verlaufen als die Minima (*1*) bei $k = 0$, ist nach dem in 8.3.4. ausgesprochenen Satz die effektive Masse an diesen Stellen mit $m_e^* = 1{,}2\, m_e$ wesentlich größer als $m_e^* = 0{,}072\, m_e$ in den Minima (*1*).

9.2. Dotierte Halbleiter

9.2.1. Entstehung der n- und p-Leitung

Der reine Halbleiter ist das Grundmaterial der Halbleitertechnik. Die für die technischen Anwendungen wertvollsten Eigenschaften erhält es jedoch erst durch die **Dotierung.** Wird z. B. Germanium mit einem Zusatz von einem hundertstel Prozent Antimon versehen, so steigt seine Leitfähigkeit auf das 4000fache an!

Unter Dotierung versteht man den kontrollierten Einbau von Fremdatomen in das Kristallgitter des reinen Halbleiters.

Die stets nur in winzigen Mengen erforderlichen Fremdstoffe können auf die vielfältigste Art beigegeben werden, z. B. bereits bei der Herstellung des Grundmaterials oder nachträglich durch Eindiffundieren, durch Injektion an geeigneten Elektroden, durch Implantation mit Ionenstrahlen usw. (s. auch 9.7.1.1.).

Das Ergebnis der Dotierung sind grundsätzlich zwei Typen von Halbleitern:

1. Überschußhalbleiter oder n-Leiter mit einseitig erhöhter Konzentration der freien Elektronen.

Hierzu wird mit einem 5wertigen Element (aus der V. Gruppe des Periodensystems), z. B. Si mit P, As, Sb, dotiert. Die Störatome geben bei ihrem Einbau in das Wirtsgitter jeweils ein Valenzelektron als freies Leitungselektron ab und werden daher **Donatoren** genannt (Bild 9.15).

2. Mangelhalbleiter oder p-Leiter mit einseitig erhöhter Konzentration der Löcher.

Hierzu wird mit einem 3wertigen Element (aus der III. Gruppe des Periodensystems), z. B. B, Al, Ga, In, dotiert. Die Störatome nehmen bei ihrem Einbau in das Wirtsgitter jeweils ein Elektron aus dem Valenzband auf und verursachen dort ein **Loch**. Sie werden daher **Akzeptoren** genannt (Bild 9.16).

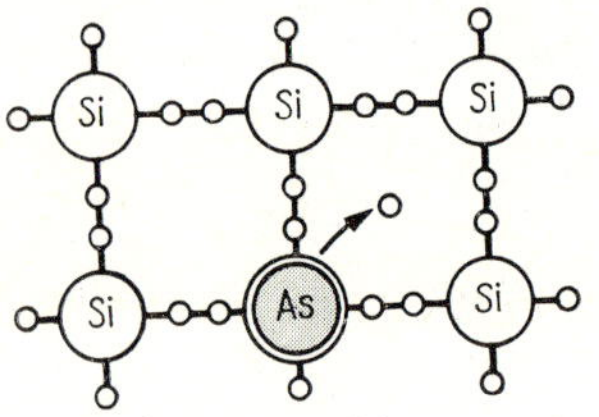

Bild 9.15 Entstehung eines n-Leiters durch Einbau eines Donators (As-Atom)

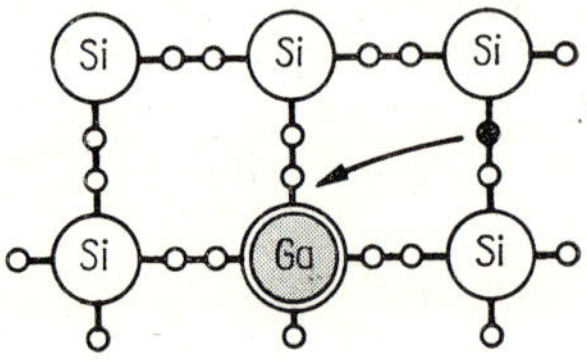

Bild 9.16 Entstehung eines p-Leiters durch Einbau eines Akzeptors (Ga-Atom)

9.2.2. Das Bändermodell des dotierten Halbleiters

Da der Einbau in das Wirtsgitter stets 4 Valenzelektronen erfordert, müssen die Donatoren bzw. Akzeptoren ionisiert werden. Die zur Abspaltung bzw. Aufnahme eines Elektrons erforderliche **Ionisierungsenergie** W_{io} läßt sich anhand der für das freie Wasserstoffatom aus (14/34) und (14/35) folgenden Gleichung [1])

$$W_{io} = \frac{e^4 m_e}{8 (\varepsilon_0 \varepsilon_r h)^2} \tag{5}$$

abschätzen. Im vorliegenden Fall ist zu berücksichtigen, daß die Ionisation im Medium des Halbleiters vor sich geht und die effektive Masse des Elektrons nur etwa 0,1 m_e beträgt. Wegen der sehr großen Dielektrizitätszahl (Germanium $\varepsilon_r = 15{,}8$ und Silizium $\varepsilon_r = 11{,}7$ lt. Tabelle 12, S. 202), die zudem in Gl. (5) mit dem Qua-

[1]) Die neben der ε_0 elektrischen Feldkonstanten stehende Dielektrizitätszahl ε_r wird bei der Ionisation freier Atome gleich 1 (Vakuum) gesetzt, womit sich für das H-Atom W_{io} = 13,6 eV ergibt.

drat auftritt, ergeben sich recht geringe Beträge von W_{io}, die in der Größenordnung von 0,01 eV liegen.
Vergleichen wir das mit der mittleren thermischen Energie eines Elektrons, die bei Raumtemperatur $W_{th} = 0{,}026$ eV (s. 9.1.3.1.) beträgt, so reicht diese völlig aus, um genügend Donatoren bzw. Akzeptoren zu ionisieren, d. h. Elektronen ins Leitungsband zu heben oder Löcher im Valenzband freizusetzen. Aus diesem Grund ist auch die Konzentration dieser Ladungsträger stark von der Temperatur abhängig, wie sich durch Messung der HALL-Spannung leicht bestätigen läßt. Wie aus Bild 9.17 hervorgeht, sind bei Raumtemperatur praktisch alle Donatoren und Akzeptoren ionisiert.
Jetzt wird auch die eingangs erwähnte, überraschend starke Wirkung geringster Zusätze erklärlich. Eine Dotierung mit 0,01% bedeutet die Zugabe von rund 10^{23} Donatoren oder Akzeptoren je m^3, die bei Raumtemperatur vollständig ionisiert sind. Da aber im Zustand der Eigenleitung 1 m^3 Germanium nur $2{,}4 \cdot 10^{19}$ freie Elektronen enthält, wächst ihre Anzahl dadurch auf das 4000fache an.

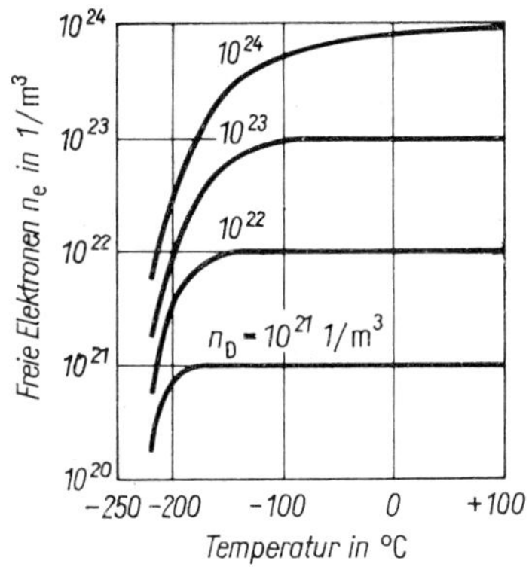

Bild 9.17 Konzentration n_e freier Elektronen in Abhängigkeit von der Temperatur bei verschiedener Konzentration n_D des Donators

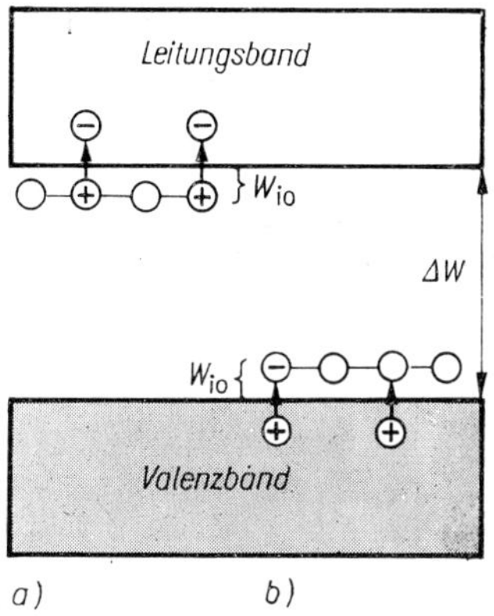

Bild 9.18 Bändermodell der Störstellenleitung
a) Donatoren geben freie Elektronen an das Leitungsband ab,
b) Akzeptoren nehmen Elektronen aus dem Valenzband auf.

Im Energiebändermodell (Bild 9.18) muß daher das Niveau der Donatoren ganz dicht, im Abstand W_{io}, unterhalb des Leitungsbandes und das Niveau der Akzeptoren dicht oberhalb des Valenzbandes gezeichnet werden.

9.3. Die Trägerdichte in Halbleitern

9.3.1. Anwendung der Fermi-Statistik auf Halbleiter

Die theoretische Grundlage zur Berechnung der Elektronen- bzw. Löcherkonzentration bildet auch bei den Halbleitern die FERMI-DIRACsche Verteilungsfunktion Gl. (7/32). Um die Konzentration der in das Leitungsband übergetretenen Elektro-

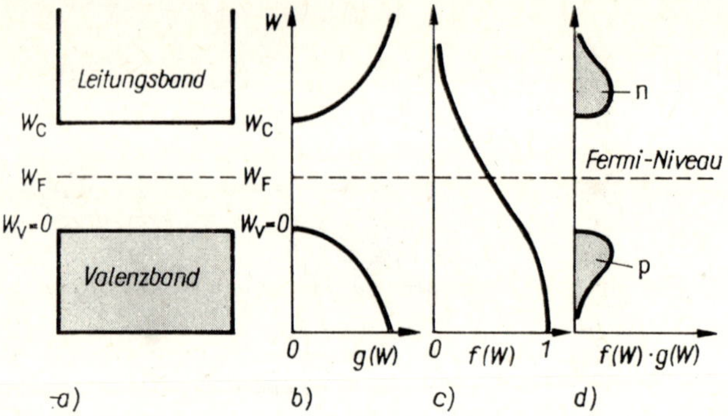

Bild 9.19 Energieschema der Eigenleitung
a) Bändermodell
b) Zustandsdichte $g(W)$
c) Besetzungswahrscheinlichkeit $f(W)$
d) Ladungsträgerdichte (gerasterte Flächeninhalte)

nen zu erhalten, ist die Gleichung zu integrieren. Dabei können wir als Bezugspunkt für die Energie die untere Grenze W_C des Leitungsbandes wählen (Bild 9.19a). Alle Elektronen haben dann die Energie $(W - W_C)$. Es ist also nach Gl. (7/32)

$$n = \int_{W_C}^{\infty} g(W) f(W, T)\,\mathrm{d}W, \tag{6}$$

wobei nach Gl. (7/30) die Zustandsdichte mit

$$g(W) = \frac{8\pi\sqrt{2}\,m^{3/2}}{h^3}\sqrt{W - W_C} \tag{7}$$

einzusetzen ist. Diese verläuft demnach im Valenz- wie auch im Leitungsband parabolisch (Bild 9.19b).

Weiterhin zeigt Bild 9.19c im gleichen Maßstab und um 90° gedreht die Besetzungswahrscheinlichkeit $f(W)$. Sie gibt die Wahrscheinlichkeit an, mit der die jeweiligen Niveaus W besetzt werden. Wie sich beweisen läßt, verläuft die Funktion symmetrisch zum Wert $f(W) = 0{,}5$. Damit liegt das Fermi-Niveau in der Mitte zwischen Valenz- und Leitungsband.

Wenn aber die Elektronenenergie W die Fermi-Energie W_F um mehr als $2\,k_BT$ übertrifft, kann die 1 im Nenner der Funktion $f(W)$ in Gl. (7/31) gegenüber der e-Funktion weggelassen, d. h., es kann mit der Maxwell-Boltzmann-Verteilung (14/16)

$$f(W) = \frac{1}{e^{(W - W_C)/k_BT}} \tag{8}$$

gerechnet werden. Bei Germanium und Silizium ist das erlaubt, solange die Konzentration der Ladungsträger $10^{25}\,1/m^3$ bei Raumtemperatur nicht übersteigt. Das Elektronengas ist dann nicht entartet (s. 7.2.7.).

Die Auswertung des Integrals (6) führt schließlich zur **Konzentration der Elektronen**

$$n = \frac{2}{h^3}(2\pi m_n k_B T)^{3/2}\,e^{(W_F - \Delta W)/k_BT} \tag{9}$$

sowie zur **Konzentration der Löcher**

$$p = \frac{2}{h^3}(2\pi m_p k_B T)^{3/2}\,e^{-W_F/k_BT}. \tag{10}$$

9.3.2. Zustands- und Intrinsicdichte

Die ersten Terme in den soeben angegebenen Ausdrücken (9) und (10) sind die **effektiven Zustandsdichten** der Elektronen im Leitungsband bzw. der Löcher im Valenzband:

$$N_n = \frac{2}{h^3}(2\pi m_n k_B T)^{3/2} \quad \text{bzw.}\ N_p = \frac{2}{h^3}(2\pi m_p k_B T)^{3/2}\,. \tag{11}$$

Die hier vorkommenden effektiven Massen der Ladungsträger werden meist im Verhältnis m_n/m_e bzw. m_p/m_e zur Masse des freien Elektrons angegeben.
Wenn der Einfachheit halber m_n und m_p gleich der Masse des freien Elektrons gesetzt werden, liefert Gl. (11) mit den übrigen bekannten Werten bei 300 K

$$N_n = N_p = 2{,}51 \cdot 10^{25}\ 1/\text{m}^3\,. \tag{12}$$

Werden dann noch die Gleichungen (9) und (10) miteinander multipliziert, so fällt die FERMI-Energie W_F heraus, und es verbleibt

$$np = N_n N_p\, e^{-\Delta W/k_B T}. \tag{13}$$

Die Quadratwurzel aus np wird als **Intrinsicdichte** n_i bezeichnet:

$$n_i = \sqrt{N_n N_p}\ e^{-\Delta W/2\,k_B T}\,. \tag{14}$$

Die Intrinsicdichte n_i ist von der Lage der Fermi-Kante und der Dotierung unabhängig und wird nur von der Zustandsdichte, vom Bandabstand und von der Temperatur bestimmt. Sie ist gleich der Dichte der Elektronen oder Löcher im Zustand der Eigenleitung.

Beispiel: Bei Raumtemperatur nimmt die e-Funktion in Gl. (14) etwa den Wert 10^{-6} an, so daß mit $N_n = N_p = 2{,}5 \cdot 10^{25}\ 1/\text{m}^3$ die Intrinsicdichte $n_i = 2{,}5 \times 10^{19}\ 1/\text{m}^3$ ist.

9.3.3. Die Lage des Fermi-Niveaus

Nach einer etwas provisorischen Überlegung hatten wir in Bild 9.19 das FERMI-Niveau im Zustand der Eigenleitung in die Mitte des verbotenen Bereiches gelegt. Genaueren und allgemeineren Aufschluß geben die Gleichungen (9) und (10). Für den Sonderfall $n = p$ sowie $m_n = m_p$ liefern sie durch Gleichsetzen unmittelbar

$$W_F = \frac{\Delta W}{2}\,. \tag{15}$$

Wie die Verhältnisse in Abhängigkeit von der Dotierung liegen, zeigt Bild 9.20. Für einen n-Leiter ergibt sich dann aus Gln. (9) und (11)

$$n = N_n\, e^{(W_F - W)/k_B T} \tag{16}$$

nach W_F aufgelöst:

$$W_F = W - k_B T \ln \frac{N_n}{n}\,. \tag{17}$$

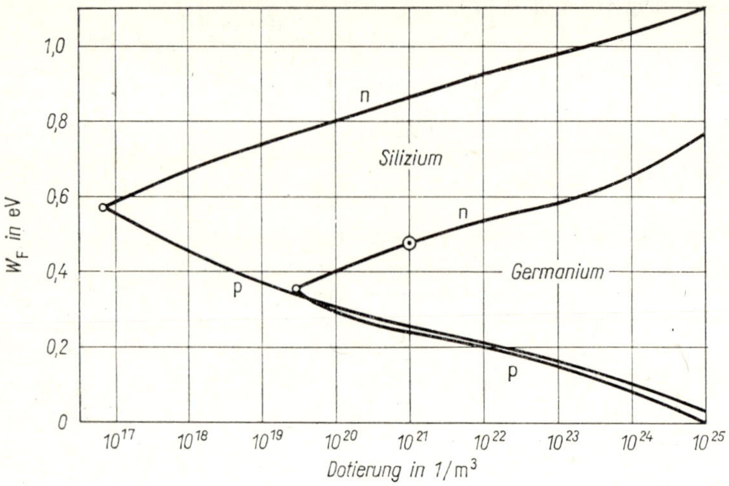

Bild 9.20 Lage der FERMI-Niveaus in Ge und Si in Abhängigkeit von der Dotierung bei Raumtemperatur

Im Zustand der Eigenleitung liegt das Fermi-Niveau etwa in der Mitte des verbotenen Bereiches. Je nach Art der Dotierung verschiebt es sich in Richtung der Valenz- bzw. Leitungsbandkante.

Daß bei zunehmender Dotierung mit Elektronen die FERMI-Kante dem unteren Rand des Leitungsbandes immer näher rückt, ist auch ohne mathematische Analyse leicht erklärlich: Die Ähnlichkeit mit einem metallischen Leiter wird immer größer. In extremen Fällen kann das FERMI-Niveau sogar in das Leitungsband eintauchen.

Beispiel: Mit dem in Gl. (12) genannten Näherungswert für die Zustandsdichte $N_n = 2{,}5 \times 10^{25}\ 1/m^3$, $T = 300$ K und $n = 10^{21}\ 1/m^3$ ergibt sich für Germanium der Faktor $\ln \frac{N_n}{n} = 10{,}1$ und das FERMI-Niveau nach Gl. (17) zu $W_F = (0{,}7 - 0{,}26)$ eV $= 0{,}44$ eV (vgl. die Markierung in Bild 9.20).

9.4. Das Massenwirkungsgesetz

Das bisher entworfene Bild bedarf noch einer Ergänzung. Infolge ihrer unaufhörlichen thermischen Bewegung pendeln die Elektronen lebhaft zwischen Valenz- und Leitungsband hin und her und fallen beim Zusammentreffen mit Löchern immer wieder in den gebundenen Zustand zurück. Andererseits bilden sich durch thermische Anregung laufend neue Elektron-Loch-Paare. Im Ergebnis stellt sich ein dynamisches Gleichgewicht ein, so daß die Anzahl der freien Elektronen letzten Endes doch konstant bleibt.

Der Prozeß der **Paarbildung** hängt dabei nur von der Temperatur, nicht aber von der Konzentration der schon vorhandenen Ladungsträger ab. Die Anzahl der je Zeit- und Volumeneinheit stattfindenden Paarbildungsvorgänge sei mit g bezeichnet. Sie muß im Gleichgewicht mit der Anzahl der gleichzeitig vor sich gehenden **Rekombinationen** w übereinstimmen.

Die Zahl w wird aber um so größer sein, je häufiger sich Elektronen und Löcher begegnen. Sie muß daher dem Produkt np proportional sein. Mit dem Proportionalitätsfaktor r ist dann

$$w = rnp. \qquad (18)$$

Da nun $g = w$ und sowohl g als auch r von n und p unabhängig sind, muß das Produkt

$$np = \frac{g}{r} \qquad (19)$$

bei gleicher Temperatur ebenfalls konstant sein. Dies ist der Inhalt des **Massenwirkungsgesetzes:**

> **Das Produkt der Konzentrationen der Elektronen und der Löcher ist bei gleichbleibender Temperatur konstant.**

Ohne es beim Namen zu nennen, hatten wir das Gesetz bereits in Gestalt von Gl. (13) gewonnen, die sich auch

$$np = n_i^2 = \text{konst.} \qquad (20)$$

schreiben läßt.

Das Gesetz ist analog dem Massenwirkungsgesetz bei chemischen Reaktionen, wo z. B. das Produkt der Konzentrationen der Wasserstoff- und Hydroxyl-Ionen in den verschiedensten wäßrigen Lösungen stets konstant ist.

Die Bedeutung dieses Gesetzes liegt bei Halbleitern darin, daß beim Hinzufügen eines Donators bzw. Akzeptors die Konzentration der ursprünglich vorhandenen Löcher bzw. Elektronen ganz beträchtlich zurückgedrängt wird (Bild 9.21). Im dotierten Halbleiter befinden sich daher stets:

1. **Majoritätsträger**, das sind im n-Leiter die weitaus überwiegenden Elektronen und im p-Leiter die Löcher,

2. **Minoritätsträger**, das sind im n-Leiter die in nahezu verschwindender Minderheit vorhandenen Löcher und im p-Leiter die Elektronen.

Obwohl die Minoritätsträger beim Stromtransport nur eine ganz untergeordnete Rolle zu spielen scheinen, kommt ihnen in der Funktionsweise vieler elektronischer Bauelemente eine entscheidende Rolle zu.

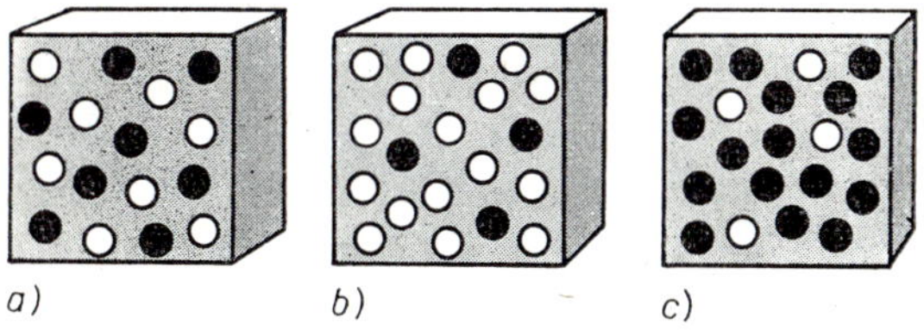

Bild 9.21 Modell zum Massenwirkungsgesetz

a) Eigenleiter. Je Volumeneinheit sind je 8 Elektronen und Löcher vorhanden. Produkt der Konzentrationen: $8 \cdot 8 = 64$; Zahl der Ladungsträger: $8 + 8 = 16$

b) n-Leiter. Vergrößerung der Elektronenzahl auf 16 drückt die Löcherzahl auf 4 herab. Produkt der Konzentrationen: $16 \cdot 4 = 64$; Zahl der Ladungsträger: $16 + 4 = 20$

c) p-Leiter. Vergrößerung der Löcherzahl auf 16 drückt die Elektronenzahl auf 4 herab. Produkt der Konzentrationen: $4 \cdot 16 = 64$; Zahl der Ladungsträger: $4 + 16 = 20$

Beispiel: Reines Germanium sei so dotiert, daß eine Elektronenkonzentration von $n' = 10^{22}\ {}^1/\mathrm{m}^3$ erreicht wird. Da das Produkt $np = n_i^2 = (2{,}5 \cdot 10^{19}\ {}^1/\mathrm{m}^3)^2$ konstant bleiben muß, ändert sich die Konzentration der Löcher auf

$$p' = \frac{np}{n'} = \frac{6{,}25 \cdot 10^{38}}{10^{22}}\ {}^1/\mathrm{m}^3 = 6{,}25 \cdot 10^{16}\ {}^{19}\mathrm{m}^3 .$$

Die Anzahl der Löcher wird auf weniger als den 100000sten Teil reduziert.

9.5. Die Trägerbeweglichkeiten

Der Beweglichkeit der Ladungsträger kommt in den Halbleitern eine besondere Bedeutung zu. Sie entscheidet darüber, ob die Ladungsträger den raschen Frequenzen der angelegten Felder noch zu folgen vermögen und sich die daraus hergestellten Bauelemente für die Zwecke der Hoch- und Höchstfrequenztechnik eignen oder nicht. Bei legierten Transistoren hängt z. B. die maximale Frequenz der Leistungsverstärkung vom Produkt der Beweglichkeiten $b_+ b_-$ ab. Man hat ferner zu unterscheiden:

1. die **Hall-Beweglichkeit**, d. i. die mittels HALL-Effekt (s. 8.4.1.) gemessene Beweglichkeit der *Majoritäts*träger,

2. die **Driftbeweglichkeit**, d. i. die zwischen zwei Sonden direkt gemessene Beweglichkeit der *Minoritäts*träger (s. 9.6.).

Allgemein liegen die Beweglichkeiten für Elektronen höher als für Löcher (Bild 9.22). Am auffälligsten ist die Abnahme der Beweglichkeit bei steigender Temperatur,

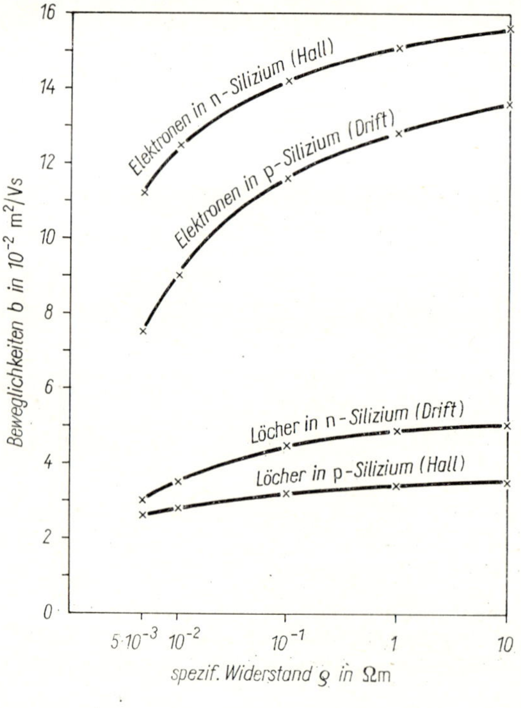

Bild 9.22 Beweglichkeit der Ladungsträger in Si

zurückzuführen auf die zunehmende Streuung der Teilchen an den Phononen (s. 5.7.). Daß die Leitfähigkeit dabei dennoch zunimmt, ist nach Gl. (2) auf die weitaus überwiegende Zunahme der Ladungsträgerdichte n zurückzuführen. Bei niedrigen Temperaturen dominiert dagegen die Streuung an den Störstellen. In diesem Bereich kann die Messung der Beweglichkeit als Anhaltspunkt für den Grad der Verunreinigung dienen.

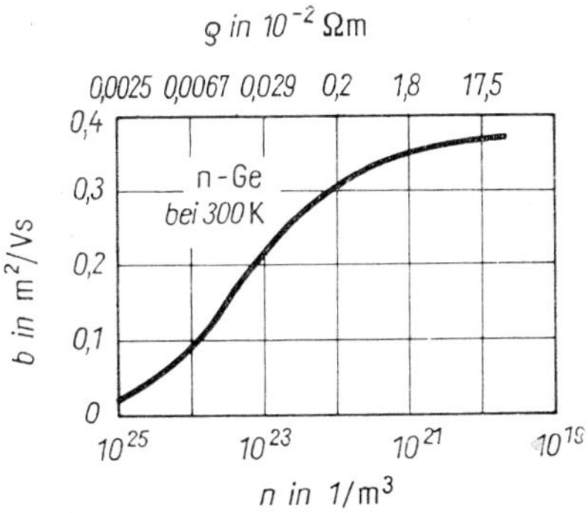

Bild 9.23 Beweglichkeit der Elektronen in n-Germanium in Abhängigkeit von ihrer Konzentration

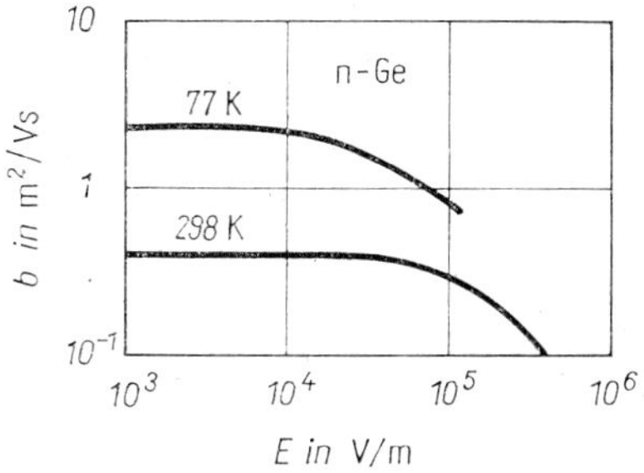

Bild 9.24 Beweglichkeit der Elektronen in n-Germanium in Abhängigkeit von der elektrischen Feldstärke

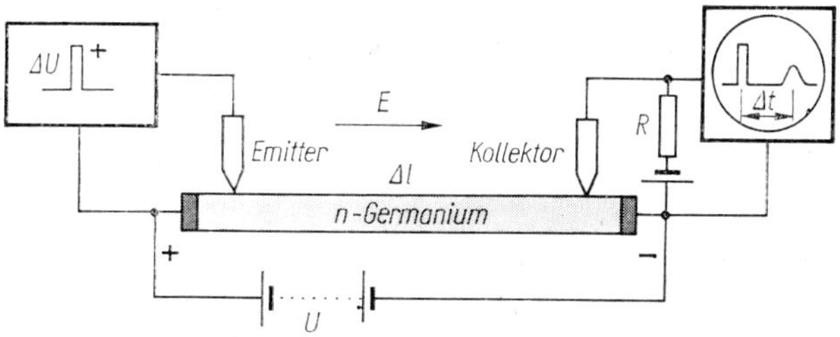

Bild 9.25 Messung der Driftbeweglichkeit von injizierten Minoritätsträgern nach HAYNES und SHOCKLEY

Bild 9.26 Meßplatz zur Bestimmung des Widerstandes und des Leitungstyps

Wie die Beweglichkeit der Elektronen in n-Germanium bei Abnahme ihrer eigenen Konzentration zunimmt, zeigt Bild 9.23. Der gleiche Sachverhalt geht indirekt auch aus Bild 9.22 hervor; denn nach Gl. (2) geht mit einer Abnahme der Trägerdichte n eine Vergrößerung des spezifischen Widerstandes einher.
Zu beachten ist auch, daß die Beweglichkeit von der elektrischen Feldstärke E abhängt. Die Driftgeschwindigkeit $\bar{v} = bE$ ist der Feldstärke E jedoch nur bei kleineren Feldstärken proportional und nimmt bei größeren Feldstärken nach Bild 9.24 stark ab.

9.6. Die Messung der Driftbeweglichkeit

Wegen der großen Bedeutung der Beweglichkeit für die Praxis der Elektronik soll hier wenigstens das Grundprinzip der weitverbreiteten Methode nach Haynes und Shockley beschrieben werden. Als Prüfling dient ein mehrere Zentimeter langer, dünner Einkristall, z. B. aus n-Germanium. Die angelegte Spannung U ruft einen konstanten Strom von Elektronen hervor, die vorwiegend aus dem Leitungsband stammen und der Richtung des Feldes E entgegenlaufen (Bilder 9.25, 9.26). Zwei im Abstand Δl angebrachte Spitzenkontakte, als Emitter und Kollektor bezeichnet, sind einerseits mit einem Impulsgeber und andererseits mit einem Oszillografen verbunden.
An den Emitter wird jetzt kurzzeitig eine positive Spannung ΔU gelegt. Da das elektrische Feld sich mit Lichtgeschwindigkeit im Kristall ausbreitet, wird dieser Impuls gleichzeitig auch vom Oszillografen registriert. Die dabei vom Emitter aus dem Kristall zusätzlich abgesaugten Elektronen stammen aber vornehmlich aus dem Valenzband und hinterlassen dort eine Wolke von Löchern, was man kurz als **Injektion von Minoritätsträgern** bezeichnet. Dieser Schub von Löchern wandert mit der Driftgeschwindigkeit $\bar{v}$ in Feldrichtung zum Kollektor, der gegenüber dem Kristall durch den Widerstand R eine geringe negative Vorspannung erhält. Bei der Ankunft der Löcher am Kollektor rufen sie im Oszillografen einen zweiten Impuls hervor, indem sie mit den in den Kristall strömenden Elektronen schlagartig rekombinieren. Der zeitliche Abstand der beiden Impulse Δt ist dann direkt ablesbar.

Da die Driftgeschwindigkeit $\bar{v} = \dfrac{\Delta l}{\Delta t}$ und die Feldstärke im Kristall $E = \dfrac{U}{\Delta l}$ ist, ergibt sich somit die **Driftbeweglichkeit**

$$b_+ = \frac{\bar{v}}{E} = \frac{(\Delta l)^2}{U\,\Delta t}. \tag{21}$$

Bei Veränderung des Abstandes Δl und der Spannung U, die jedoch nicht zu groß sein darf (s. Abschn. 9.5.), erweist sie sich als eine Konstante.

9.7. Die pn-Kombination

9.7.1. Der stromlose pn-Übergang

9.7.1.1. Herstellungswege

Die interessantesten Effekte und technischen Anwendungen liefern die Halbleiter aber erst, wenn unterschiedliche Leitungstypen und Schichten miteinander kombiniert werden.
Die einfachste Kombination stellt ein Kristall dar, der aus zwei unmittelbar zusammenhängenden Teilen besteht, von denen der eine p-leitend und der andere n-

leitend ist. Einfaches Aneinandersetzen der beiden Stücke führt jedoch nicht zum Erfolg. Auch an der Übergangsstelle muß das Kristallgefüge durchgängig einheitlich bleiben. Hierzu dienen im wesentlichen folgende Verfahren:

1. Legierungstechnik. Ein p-leitender Halbleitertropfen wird auf eine n-leitende Unterlage aufgeschmolzen (Bild 9.27).

2. Diffusionstechnik. Über den erhitzten, z. B. n-leitenden Siliziumkristall wird Bordampf geleitet, dessen Atome einige tausendstel Millimeter tief eindringen und damit eine p-leitende Schicht bilden. Nicht zu dotierende Teile der Oberfläche können vor dem Bedampfen mit einer Schutzschicht abgedeckt werden **(Planartechnik)** (Bild 9.28).

3. Epitaxietechnik. Das dotierte Material wird z. B. aus einer Wasserstoffatmosphäre auf dem plattenförmigen einkristallinen Substratträger niedergeschlagen, wo es als

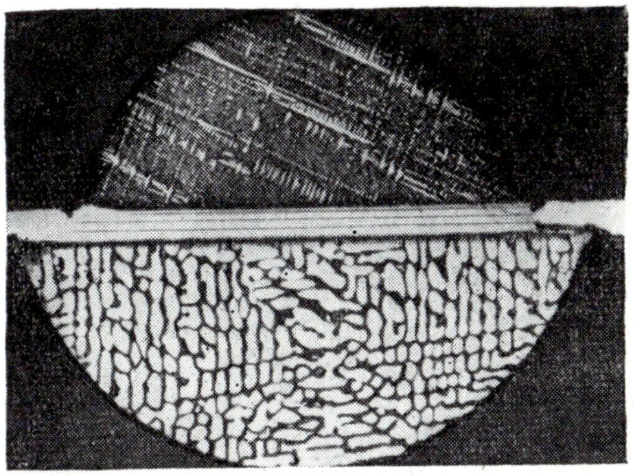

Bild 9.27 Schliffbild eines Legierungstransistors

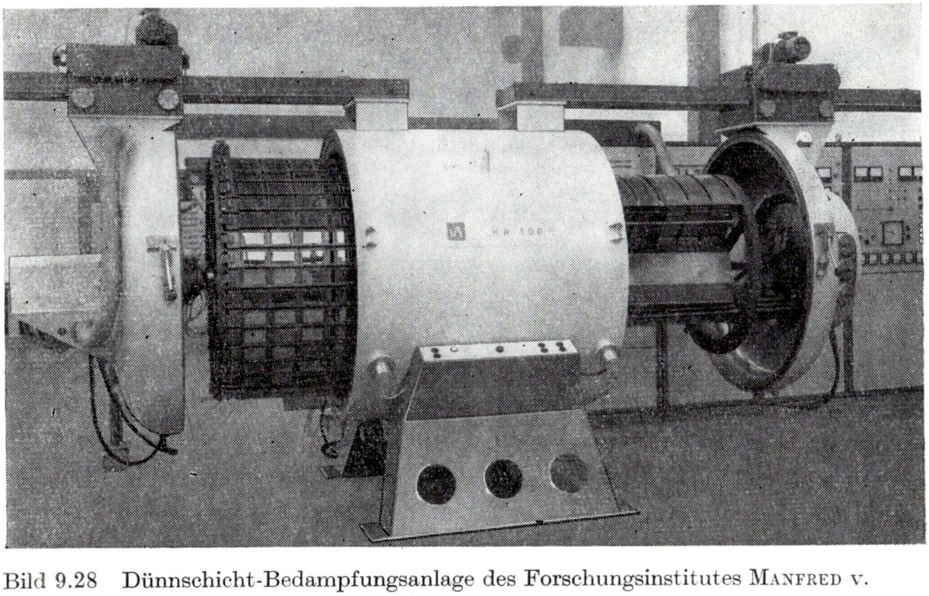

Bild 9.28 Dünnschicht-Bedampfungsanlage des Forschungsinstitutes Manfred v. Ardenne

Bild 9.29 Ionen-Implantationsanlage

geordnetes Kristallgefüge aufwächst, wenn Material und Träger von ähnlicher Kristallstruktur sind. Dann können sich hoch und niedrig dotierte Schichten mit scharfen Grenzen bilden.

4. Ionenimplantation. Während die aufgezählten Verfahren durchweg bei hohen Temperaturen arbeiten, werden bei der **Ionenimplantation** die Dotierstoffe in einem elektrischen Feld mit 50...1000 keV hoch beschleunigt und in den Halbleiter geschossen, wo sie in einer bestimmten Tiefe zum Stillstand kommen (Bild 9.29). Die mittlere Reichweite im Material ist ihrer Energie etwa proportional.

Tabelle 5. Theoretische mittlere Reichweite implantierter Ionen in Silizium

Reichweite von	Energie 100 keV	200 keV
Bor-Ionen	0,4 μm	0,72 μm
Phosphor-Ionen	0,12 μm	0,25 μm

Wenngleich dabei auch mehrere Nebenwirkungen (Strahlenschädigung des Gitters, Kanaleffekt bei bestimmten Einfallswinkeln) durch zusätzliche Technik zu umgehen und verhältnismäßig aufwendige Anlagen (Schwerionenbeschleuniger) erforderlich sind, werden weitgehende Vorteile erzielt, wie z. B. die gute Steuerbarkeit der Eindringtiefe und der Verteilung der eingestrahlten Ionen, ihre exakte Dosierung und vor allem die Beherrschung kleiner Eindringtiefen und schwacher Dotierungen sowie die Sauberkeit des Verfahrens. Seine Wirtschaftlichkeit bei der Herstellung hochwertiger und zuverlässiger Bauelemente hat sich in der Praxis bereits erwiesen.

9.7.1.2. Vorgänge im pn-Übergang

Schon im ersten Augenblick des Zusammentreffens der beiden Kristallbereiche beginnt infolge der sehr unterschiedlichen Dichten der Elektronen und Löcher beiderseits der anfänglichen Grenzfläche ein Diffusionsvorgang, ähnlich der Diffusion zweier ursprünglich getrennter verschiedener Gase. Es wandern Löcher ins n-Gebiet und Elektronen ins p-Gebiet, und zwar so lange, bis sich beiderseits der Grenzfläche je eine Raumladung angesammelt hat. Dem entspricht ein elektrisches Feld, dessen Vektor $\boldsymbol{E}$ von der n-Seite zur p-Seite zeigt, weil jetzt im n-Gebiet überzählige positive und im p-Gebiet überzählige negative Ladungsträger vorhanden sind. Dieses elektrische Feld aber bringt die Diffusion zum Stillstand und hält die Trennung der Ladungsträger aufrecht.

Dieser äußerlich statische Zustand kann auch als **dynamisches Gleichgewicht mehrerer Ströme** aufgefaßt werden (Bild 9.30):

1. Dem genannten **Diffusionsstrom** I_{Dp} der Löcher wirkt ein **Feldstrom** I_{Fp} von Löchern entgegen, die als Minoritätsträger aus dem n-Gebiet stammen und der Richtung des gebildeten E-Feldes folgen.
2. Dem **Diffusionsstrom** I_{Dn} der Elektronen wirkt ein **Feldstrom** von Elektronen I_{Fn} entgegen, die als Minoritätsträger aus dem p-Gebiet stammen und dem E-Feld entgegenlaufen.

Solange keine äußere Spannung angelegt wird, ist die Summe dieser 4 Ströme gleich Null.

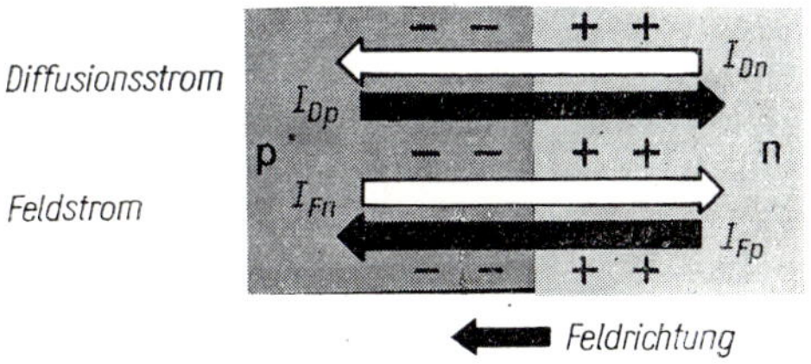

Bild 9.30 Raumladungen. Feldrichtung und Ströme im ungestörten pn-Übergang; weiß: Elektronenströme; schwarz: Löcherströme

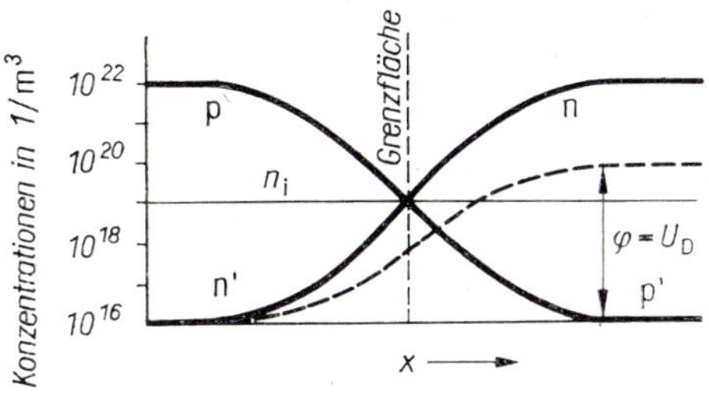

Bild 9.31 Verlauf der Ladungsträgerdichten p und n sowie des Potentials φ im stromlosen pn-Übergang

9.7.1.3. Die Entstehung der Sperrschicht

Zur Vereinfachung der weiteren Überlegungen wird von einem **symmetrischen Übergang** ausgegangen, wobei die Konzentration der Elektronen auf der n-Seite sowie der Löcher auf der p-Seite je 10^{22} $^1/m^3$ betragen soll. Nach der schon in 9.4. vorgenommenen Rechnung befinden sich dann auf der n-Seite nur noch $p' = 6{,}25 \cdot 10^{16}$ $^1/m^3$ Löcher und auf der p-Seite ebenfalls $n' = 6{,}25 \cdot 10^{16}$ $^1/m^3$ Elektronen. Diese Konzentrationen gehen räumlich stetig ineinander über und sind in der Mitte des Übergangs aus Symmetriegründen genau gleich groß (Bild 9.31). Da aber das Massenwirkungsgesetz für jeden beliebigen Querschnitt gilt, ist dort $n = p = \sqrt{n_i^2} = 2{,}5 \cdot 10^{19}\ 1/\mathrm{m}^3$. Die Übergangszone ist gegenüber den ungestörten Teilen des Kristalls an Ladungsträgern weitgehend verödet, sie bildet eine **Sperrschicht.**

9.7.1.4. Der Potentialverlauf

Gemäß allgemein üblicher Definition ist das **elektrische Potential** die zum Transport der positiven Ladung nach dem Aufpunkt erforderliche Energie. Daher haben wir von der p-Seite zur n-Seite einen Potentialanstieg, weil sich hier eine positive Raumladung aufgebaut hat. Im p-Gebiet kann das Potential gleich Null gesetzt werden.
Da die elektrische Feldstärke E gleich der negativen 1. Ableitung des Potentials ist, fällt das Maximum der Feldstärke mit dem größten Anstieg des Potentialverlaufs zusammen (Bild 9.31).

9.7.1.5. Das Bändermodell des pn-Überganges

Trotz dieser besonderen Verhältnisse im pn-Übergang ist der Halbleiter als Ganzes wie ein Stück Metall elektrisch neutral. Auch das sowohl von seinen Elektronen als auch Löchern gebildete Elektronengas unterliegt einer einheitlichen statistischen Verteilung und hat ein einheitliches Fermi-Niveau, dem sich die Lage der Energiebänder unterordnen muß. Damit entsteht am Übergang zwangsläufig eine Potentialstufe (Bild 9.32), allerdings in umgekehrter Richtung wie in Bild 9.31, da das Bändermodell aus dem Termschema der Atomphysik abgeleitet ist, in dem man die zum Transport der *negativen* Ladung erforderliche Arbeit in positiver Richtung aufträgt. Sie wird in diesem Fall als **Diffusionsspannung** U_D bezeichnet. Wie man sofort sieht, ist sie gleich der Differenz der beiden Fermi-Energien

$$eU_D = W_{Fn} - W_{Fp}\,. \tag{22}$$

Unter Benutzung von Gl. (17) ergibt sich U_D dann aus dem Verhältnis der Majoritäts- zur Minoritätsträgerdichte für die Elektronen zu

$$U_D = \frac{k_B T \ln \dfrac{n}{p}}{e}\,. \tag{23}$$

Die genauere mathematische Behandlung des Potentialverlaufs liefert auch die Schichtdicke, innerhalb der die Diffusionsspannung U_D abfällt. Mit den hier zugrunde gelegten Werten errechnet sie sich zu $d = 3{,}6 \cdot 10^{-7}$ m, d. s. rund 1000 Atomdurchmesser. Im Vergleich zu den äußeren Abmessungen üblicher Halbleiterbauelemente erweist sich die Sperrschicht von außerordentlicher Feinheit.

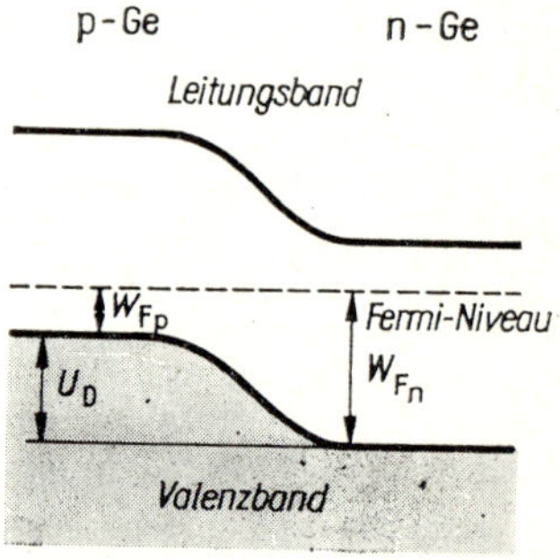

Bild 9.32 Energiebändermodell des stromlosen pn-Überganges

Beispiel: Zur Berechnung der Diffusionsspannung für einen symmetrischen, stark dotierten pn-Übergang seien die bereits genannten Werte $n = 10^{22}$ 1/m³ und $p = 6{,}25 \cdot 10^{16}$ 1/m³ sowie die Temperatur 300 K zugrunde gelegt. Dann ist $\ln \frac{n}{p} = \ln 160000 = 12{,}0$ und nach Gl. (23) $U_\mathrm{D} = 0{,}31$ V.

9.7.2. Der pn-Übergang bei Stromfluß

9.7.2.1. Polung in Flußrichtung

Wird die pn-Kombination mit einer Spannungsquelle so verbunden, daß deren Pluspol an der p-Seite und ihr Minuspol an der n-Seite liegt, so wird das durch den Diffusionsvorgang entstandene elektrische Feld (dessen Vektor von der n- zur p-Seite weist) aufgehoben. Der **Diffusionsstrom** kann ungehemmt weiterfließen. Er wird im p-Gebiet von Löchern, im n-Gebiet von Elektronen getragen. Nach ihrem Übertritt auf die andere Seite spielen sie dort die Rolle von Minoritätsträgern und verschwinden durch allmähliche Rekombination.[1])

Entsprechend einer Lebensdauer von $10^{-7} \ldots 10^{-3}$ s beträgt ihre Eindringtiefe 10^{-5} bis 10^{-3} m, d. i. das rund 1000fache der Übergangszone. Auf diese Weise wird die Übergangszone von Ladungsträgern gleichsam überschwemmt, ihr ursprünglich großer Widerstand ist nicht mehr vorhanden.

9.7.2.2. Polung in Sperrichtung

Werden dagegen der Pluspol der Spannungsquelle mit der n-Seite und der Minuspol mit der p-Seite verbunden, so liegt eine Polung in **Sperrichtung** vor. Jetzt werden die Majoritätsträger aus der Übergangszone herausgezogen. Deren Breite und damit Widerstand nimmt mit der angelegten Spannung zu. Der Diffusionsstrom wird restlos unterbunden.

Für die den Feldstrom tragenden Minoritätsträger ist diese Polung jedoch günstig. Sie werden zu beiden Seiten auf thermischem Weg immer wieder neu gebildet, überqueren die Sperrzone und liefern einen vergleichsweise sehr schwachen **Reststrom.** Da die Entstehung dieser Ladungsträger von der anliegenden Spannung unabhängig ist, strebt dieser **Sperrstrom** rasch einem Sättigungswert zu.

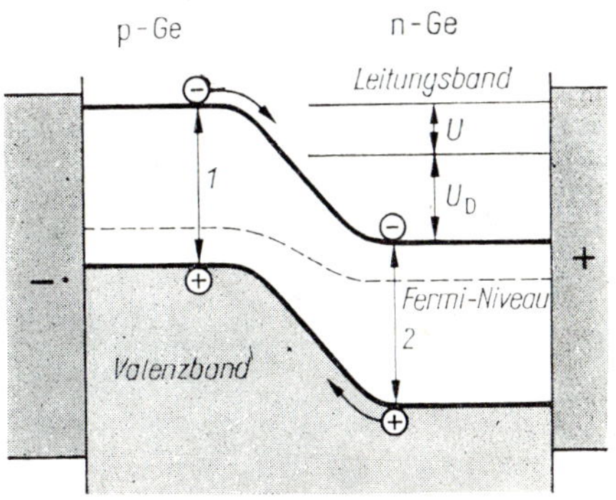

Bild 9.33 pn-Übergang bei Polung in Sperrichtung; *1*, *2* thermisch entstandene Elektron-Loch-Paare, die den Feldstrom speisen

[1]) Der Diffusionsstrom wird auch oft **Rekombinationsstrom** genannt.

Im Energiebändermodell bewirkt das Anlegen der Spannung U ein weiteres Ansteigen der Potentialstufe auf den Gesamtbetrag $U + U_D$ (Bild 9.33). Da sich der Spannungsabfall nur auf den hochohmigen Übergang beschränkt, steigt das FERMI-Niveau auch nur in diesem Teil. Die im Feldstrom enthaltenen Elektronen kann man sich als schwere Kugeln vorstellen, die diesem Gefälle folgen und zur n-Seite hinüberrollen.

9.7.2.3. Die Kennlinie des pn-Überganges

Werden die im vorigen Abschnitt angestellten qualitativen Überlegungen mit den Potentialverhältnissen in Verbindung gebracht, so gelangt man zu Aussagen über die Stromstärke in Abhängigkeit von der angelegten Spannung U. Ausgehend vom Feldstrom I_F ergibt sich dann für den **Diffusionsstrom in Flußrichtung**

$$I_D = I_F \, e^{eU/k_B T} . \tag{24}$$

Wie man sieht, sind mit $U = 0$ beide Ströme gleich groß.
Die gesamte Stromstärke durch den pn-Übergang ist demnach

$$I = I_D - I_F = I_F \, (e^{eU/k_B T} - 1) . \tag{25}$$

Für das praktische Verhalten der pn-Kombination sind nun zwei Sonderfälle hervorzuheben:

1. Bereits bei Sperrspannungen, die kleiner als $-0{,}1$ V sind, wird das Exponentialglied so klein gegenüber -1, daß es vernachlässigt werden kann und der Sättigungswert

$$I \approx -I_F$$

erreicht ist. Damit ergibt sich der in Bild 9.34 mit übertrieben großem Abstand von der Abszisse gezeichnete negative Ast der Kennlinie.

2. Bei positiven Spannungen von mehr als 0,1 V kann dagegen die -1 gegenüber dem Exponentialglied vernachlässigt werden. Der Strom steigt exponentiell mit der Spannung U an, was in dem steilen Ast der Kennlinie zum Ausdruck kommt.

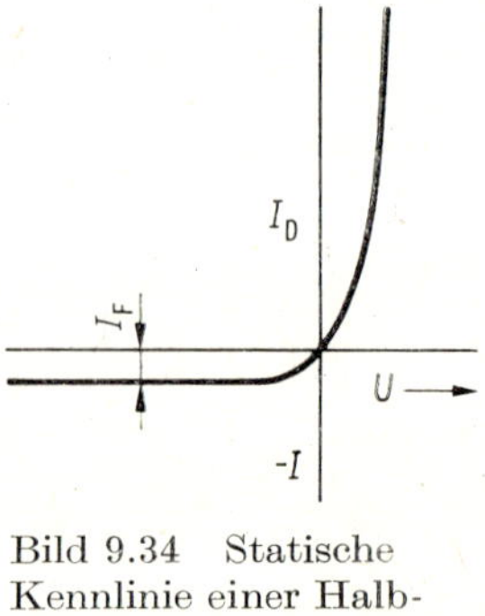

Bild 9.34 Statische Kennlinie einer Halbleiterdiode

9.7.3. Anwendungen

Wie die soeben geschilderten Vorgänge zeigen, eignet sich der pn-Übergang ganz besonders zur Gleichrichtung von Wechselströmen, zur Spannungsverdoppelung, für Schalter und Steuerungsglieder u. dgl. Was die vielfältigen Bauformen, die elektrischen Daten, die Herstellungsverfahren und Einsatzmöglichkeiten dieser **Halbleiterdioden** anlangt, muß auf die umfangreiche Spezialliteratur verwiesen werden. Auch auf die Beschreibung weiterer Halbleiterkombinationen wie Halbleiterlaser, Z-Dioden, Tunneldioden und die vielerlei Formen von Transistoren muß hier leider verzichtet werden.

10. Optische Eigenschaften der Festkörper

10.1. Die Wirkung elektromagnetischer Strahlen

10.1.1. Allgemeiner Überblick

Unter den optischen Eigenschaften von Festkörpern versteht man nicht nur ihr Verhalten gegenüber dem sichtbaren Licht ($\lambda = 380 \ldots 760$ nm), sondern auch ihre Wechselwirkungen mit allen übrigen elektromagnetischen Wellen. Hauptsächlich kommen die in Tab. 6 dargestellten Wirkungen in Frage.

Tabelle 6. Die wichtigsten Wechselwirkungen elektromagnetischer Strahlen mit Festkörpern

Wirkungen	Partner der Wechselwirkung
1. Reflexion	
1.1. Unveränderte (weiße) Reflexion	Grenzflächen an und zwischen Festkörpern
1.2. Selektive Reflexion	
2. Transmission	
2.1. Unveränderter Durchgang	Gesamtgitter
2.2. Durchsichtigkeit mit Strahlenbrechung in Isolatoren	
2.3. Veränderter Durchgang unter teilweiser Absorption	
3. Absorption	
3.1. Absorption durch Gitterschwingungen	Phononen,
3.2. Absorption durch die Atomhüllen	Elektronen in den Atomhüllen
3.2.1. Äußerer fotoelektrischer Effekt	
3.2.2. Innerer fotoelektrischer Effekt	
3.2.3. Compton-Effekt	
3.2.4. Paarbildung (Elektron-Positron)	
4. Beugung am Kristallgitter (Laue-Interferenzen)	Gitterpunkte
5. Streuung	
5.1. Elastische Streuung (Tyndall-, Rayleigh-Streuung)	Teilchen bis 50 nm
5.2. Unelastische Streuung (Raman-, Brillouin-Streuung)	Atomgruppen, Phononen
6. Lumineszenz	
6.1 Fotolumineszenz	Elektronensysteme
6.2. Elektrolumineszenz	der Energiebänder,
6.3. Katodolumineszenz	
6.4. Strahlungsloser Übergang	Störstellen

Ein Teil der hier aufgezählten Wechselwirkungen, wie die Reflexion, der unveränderte Durchgang und die Strahlenbrechung, sind seit jeher Gegenstand der klassischen Physik und gehen aufgrund der elektromagnetischen Natur des Lichtes aus den elektrischen Eigenschaften der Festkörper hervor. Ebenso erfährt die Absorption der γ- und Röntgenstrahlung ihre ausführliche Darstellung in der Atom- und Quantenphysik, da diese Vorgänge im wesentlichen unabhängig von der Kristallstruktur erfolgen. Um so fundamentaler ist die Bedeutung der Röntgenstrahlen für die Untersuchung des Kristallgitters (Abschn. 1.4.). Auf die Absorption längerwelliger Strahlungen durch Streuung an Phononen wurde ebenfalls bereits eingegangen (5.7.1.).

10.1.2. Durchlässigkeit und Brechung

Wie schon das bloße Auge erkennt, sind viele Körper, insbesondere die **Isolatoren**, in weiten Spektralbereichen bis hinauf zu Dezimeterwellen **durchsichtig.** Vom Infrarot an aufwärts trifft das auch für die Halbleiter zu. Die Strahlung erleidet beim Durchgang keine wesentliche Schwächung. Die Geschwindigkeit v elektromagnetischer Wellen ändert sich innerhalb des Mediums gemäß der **Maxwellschen Relation**[1])

$$v = \frac{c}{\sqrt{\varepsilon_r}}. \qquad (1)$$

Da aber die Brechzahl mit $n = c/v$ definiert ist, ergibt sich

$$n = \sqrt{\varepsilon_r}. \qquad (2)$$

Die Brechzahl ist gleich der Quadratwurzel aus der Dielektrizitätszahl ε_r.

Da die MAXWELLsche Relation die atomistische Struktur der Stoffe außer acht läßt, gilt sie genau nur bei längeren elektromagnetischen Wellen und hat z. B. für Lichtwellen nur noch den Wert einer groben Faustregel. So ergibt sich z. B. die Brechzahl für Steinsalz zu $n = \sqrt{\varepsilon_r} = 2{,}41$, während mit Natriumlicht $n = 1{,}54$ gemessen wird.

Der Vorgang spielt sich so ab, daß die in den Atomen elastisch gebundenen Elektronen unter der Einwirkung des in der Strahlung schwingenden elektrischen Feldvektors $\boldsymbol{E}$ erzwungene Schwingungen ausführen. Analog zu erzwungenen mechanischen Schwingungen hängen deren Amplitude und Phase sowohl von der Frequenz der erregenden Schwingung als auch von der Eigenfrequenz der Dipole ab. Ist die Frequenz der erregenden Strahlung gegenüber der Eigenfrequenz sehr groß (z. B. Röntgenstrahlung), so vermögen ihr die Elektronen nicht mehr zu folgen. Praktisch kann dann $n = \sqrt{\varepsilon_r} = 1$ gesetzt werden; die Strahlung erleidet keine Brechung mehr.

10.1.3. Die Absorption von γ- und Röntgenstrahlen

Die in der Übersicht Tab. 6 unter 3.2. angeführten Wirkungen extrem kurzwelliger Strahlung (γ- und Röntgenstrahlen) führen insgesamt zu einer Schwächung ihrer Intensität. Nach

[1]) Allgemein ist $v = \frac{c}{\sqrt{\varepsilon_r \mu_r}}$; in den meisten festen Stoffen ist aber μ_r nahezu gleich 1, und in den ferromagnetischen Stoffen mit $\mu_r \gg 1$ können sich keine elektromagnetischen Wellen ausbreiten.

Durchlaufen der Schichtdicke x hat ein Strahl der anfänglichen Intensität I_0 nur noch die Intensität gemäß dem **Absorptionsgesetz**

$$I = I_0 \, e^{-\mu x}. \tag{3}$$

Der hier stehende **totale** Schwächungskoeffizient μ ist die Summe

$$\mu = \mu_f + \mu_s + \mu_p \tag{4}$$

(μ_f fotoelektrischer Absorptions-, μ_s COMPTON-Streu-, μ_p Paarbildungskoeffizient).
Bei Röntgenstrahlen spielt der auf der Abtrennung von Elektronen beruhende **fotoelektrische Absorptionskoeffizient** die Hauptrolle:

$$\mu_f = C_1 Z^4 \lambda^3 + C_2 \,. \tag{5}$$

Das starke Ansteigen mit der Ordnungszahl Z ist z. B. die Ursache der unterschiedlichen Absorption in Materialien größerer oder geringerer Dichte (Röntgenschirmbilder!).
Bei gegebenem Material steigt die Absorption außerdem stark mit der Wellenlänge an. An den **Absorptionskanten** ändert jedoch die Konstante C_2 ihren Wert sprunghaft (Bild 10.1). Auf der kurzwelligen Seite einer solchen Kante reicht die Energie der eingestrahlten Röntgenquanten aus, um die mit bestimmter Energie in der K-, L-, M-,... -Schale gebundenen Elektronen abzutrennen, was auf deren langwelliger Seite dann nicht mehr möglich ist.

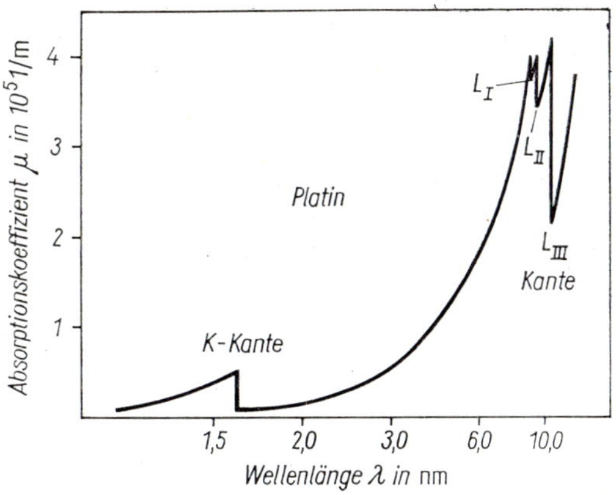

Bild 10.1 Röntgen-Absorptionsspektrum von Platin

10.2. Die Absorption in Metallen

Im Gegensatz zu den Isolatoren absorbieren die Metalle elektromagnetische Strahlen im gesamten Spektralbereich bis weit ins Ultraviolett hinein. Der Grund hierfür liegt darin, daß freie Elektronen alle nur möglichen und auch beliebig kleine Energiebeträge aufnehmen oder abgeben können. Die Metalle sind daher undurchsichtig.
Nach der DRUDEschen Theorie werden die Elektronen im elektrischen Feld der Strahlung periodisch beschleunigt. Für diesen Vorgang ist der **Absorptionskoeffizient** α der elektrischen Leitfähigkeit $\varkappa$ und dem Quadrat der Wellenlänge λ proportional:

$$\alpha \sim \varkappa \, \lambda^2 \,. \tag{6}$$

Aus dem kontinuierlichen Spektrum heben sich noch gut erkennbare **Absorptionsbanden** hervor. So wird die typische rote Farbe des Kupfers durch eine im grünen

Spektralbereich (Komplementärfarbe!) liegende Absorptionsbande mit dem Maximum bei 500 nm und der langwelligen Grenze bei 600 nm verursacht. Beim Silber liegt die entsprechende Absorption im Ultraviolett.

10.3. Die Absorption in Halbleitern und Ionenkristallen

10.3.1. Absorptionskanten

Die Absorption von Strahlung hängt in den Halbleitern wiederum mit den Energiebändern zusammen. Die Energie der Strahlung kann dazu dienen, Valenzelektronen in das Leitungsband zu heben, wobei die Gleichung

$$\Delta W = hf \tag{7}$$

erfüllt sein muß. ΔW ist der Betrag der Energielücke (s. 8.3.2.). Da diese durch den Bandabstand ΔW des betreffenden Halbleiters gegeben ist, müssen die Lichtquanten eine bestimmte Mindestenergie aufweisen, damit sie von den Elektronen des Valenzbandes absorbiert werden können. Es existiert somit eine entsprechende **Grenzwellenlänge** λ_{gr}, bei deren Überschreiten die Absorption plötzlich verschwindet (Werte s. Tabelle 12, S. 202). Für alle größeren Wellen ist der Halbleiter dann durchsichtig. Diese **Absorptionskante** liegt durchweg im Infrarot.

Damit ist es möglich, für Infrarot durchlässige Linsen und ganze Optiken aus reinem Silizium oder Germanium zu schleifen (Bild 10.2). Wegen der großen Brechzahl sind aber dei Reflexionsverluste sehr hoch, die jedoch durch **Aufdampfen** einer Selenschicht z. T. verhindert werden können. Für weitergehende Ansprüche müssen die Linsen durch Kühlung auf konstanter Temperatur gehalten werden, da sich bei Änderung der Elektronendichte nach Gl. (8) auch der Absorptionskoeffizient ändert.

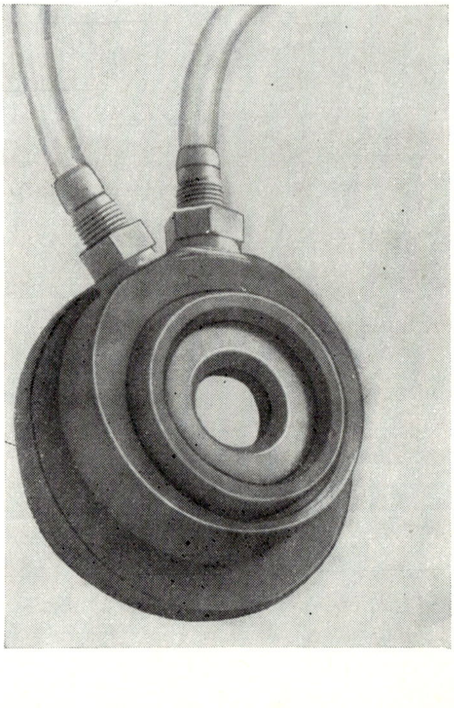

Bild 10.2 Teil einer Germanium-Optik mit Zu- und Abfluß für das Kühlwasser

Beispiel: Welche Grenzwellenlänge (Lage der Absorptionskante) haben die Halbleiter Germanium mit $\Delta W = 0{,}67$ eV und Silizium mit $\Delta W = 1{,}14$ eV? – Nach Gl. (7) ist $f_{gr} = \dfrac{c}{\lambda_{gr}} = \dfrac{\Delta W}{h}$ und daher $\lambda_{gr} = \dfrac{c\,h}{\Delta W}$; für Germanium ergibt sich $\lambda_{gr} = \dfrac{3 \cdot 10^8\,\mathrm{m} \cdot 6{,}626 \cdot 10^{-34}\,\mathrm{Js}}{0{,}67 \cdot 1{,}6 \cdot 10^{-19}\,\mathrm{Js}} = 1854$ nm und für Silizium $\lambda_{gr} = 1090$ nm (mit ΔW sind die Werte temperaturabhängig).

10.3.2. Absorption und Elektronendichte

Obwohl die Halbleiter jenseits der Grenzwellenlänge im Prinzip durchsichtig sind, beginnt mit der Anwesenheit freier Leitungselektronen sowie bei entsprechender Dotierung auch in diesem Gebiet eine Strahlenabsorption, für die gleichfalls Gl. (6) gilt. Da die Leitfähigkeit $\varkappa$ im Halbleiter nach Gln. (7/7) und (9/2) von der Elektronendichte n und der effektiven Masse m_e^* abhängt, gilt dann für den Absorptionskoeffizienten

$$\alpha \approx \frac{n\lambda^2}{m_e^*}. \tag{8}$$

Den parabolischen Verlauf zeigt Bild 10.3, zugleich auch die Zunahme der Absorption mit steigender Dotierung. An Germanium, Indiumantimonid u. a. konnte dieser Verlauf gut bestätigt werden, so daß auch umgekehrt Trägerdichte und effektive Masse aus α-Messungen bestimmt werden können.

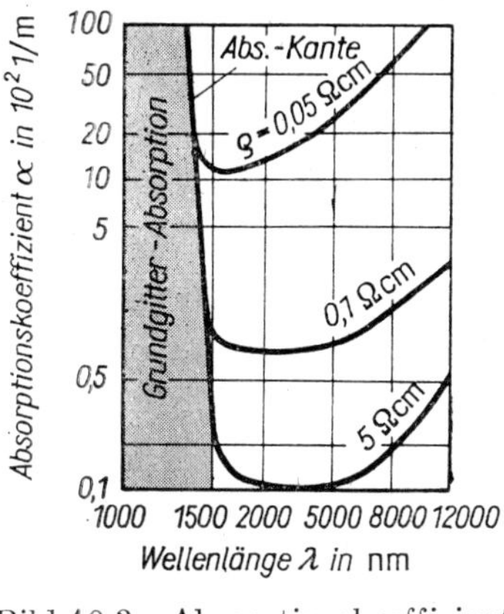

Bild 10.3 Absorptionskoeffizient α in Abhängigkeit von der Wellenlänge λ in Germanium

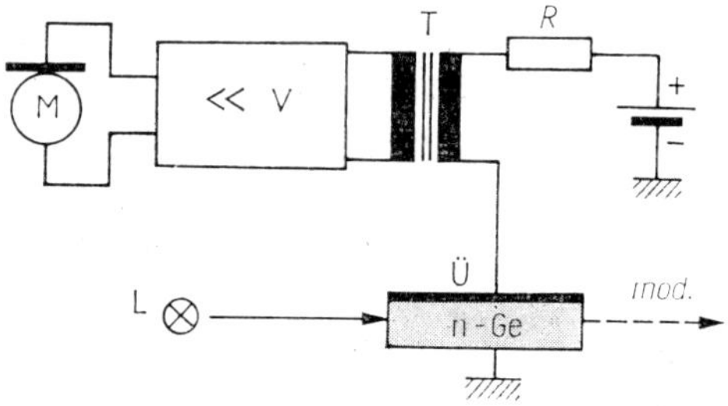

Bild 10.4 Lichtmodulator für Infrarot
M Mikrofon, V Verstärker, T Transformator, L Lichtquelle, n-Ge Germaniumkristall, mod. modulierter Lichtstrahl, Ü pn-Übergang

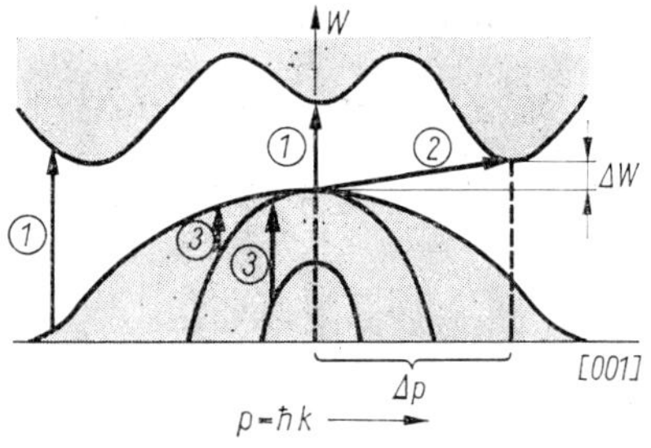

Bild 10.5 Elektronenübergänge in GaP
1 direkte Übergänge, *2* indirekter Übergang unter Beteiligung eines Phonons, *3* direkte Subbandübergänge zwischen Valenzbändern

Durch Injektion von Minoritätsträgern über einen pn-Übergang kann daher die Lichtdurchlässigkeit eines solchen Kristalls beeinflußt werden. Damit ist die Konstruktion eines **Lichtmodulators für Infrarotstrahlung** möglich. Die Prinzipschaltung zeigt Bild 10.4.

10.3.3. Direkte und indirekte Übergänge

Außer der Erfüllung des Energiesatzes fordert der Absorptionsvorgang noch die Wahrung des Impulssatzes. Die der Funktion $W(k)$ zugrunde liegende Abszisse ist die Wellenzahl k. Diese Größe kann ohne weiteres mit der PLANCKschen Kostanten $\hbar$ multipliziert werden, wobei die Abszisse dann die Bedeutung des Impulses $p = \hbar k$ nach Gl. (7/18) erhält. Bild 10.5 zeigt nun, wie das Elektron bei (*1*) direkt vom Valenz- ins Leitungsband gehoben wird. Sein Impuls bleibt dabei nach wie vor der gleiche, da der Übergang bei festliegendem p-Wert erfolgt.

Neben diesem **direkten Übergang** kann es auch vorkommen, daß das tiefste Niveau des Leitungsbandes seitwärts vom Maximum des Valenzbandes liegt, wie es bei der auf Bild 10.5 angedeuteten Vieltalstruktur der Fall ist. Die Seitwärtsbewegung (*2*) erfordert zwar minimalen Energieaufwand, das Lichtquant ist aber nicht in der Lage, den erforderlichen Impuls Δp aufzubringen. Sein eigener Impuls $p = mc = \frac{h}{\lambda}$ ist im Vergleich zu dem eines Elektrons verschwindend gering. In diesem Fall kann jedoch ein **indirekter Übergang** stattfinden, bei dem sich ein Phonon beteiligt. Es liefert den fehlenden Impuls, während seine geringe Energie den Vorgang kaum stört. Da aber die Wahrscheinlichkeit des Zusammentreffens von 3 Teilchen (Dreierstoß) relativ gering ist, sind die Spektrallinien indirekter Übergänge wegen ihrer geringen Intensität nur schwierig zu beobachten.

Die auf Bild 10.5 noch angegebenen **Subbandübergänge** (*3*) können stattfinden, wenn einige Zustände innerhalb der Valenzbänder nicht voll besetzt sind.

10.4. Weitere Wirkungen der Strahlenabsorption

10.4.1. Die Fotoleitfähigkeit

Wenn bei der Bestrahlung eines Halbleiters Ladungsträger frei werden, muß sich das unmittelbar in einer Zunahme der elektrischen Leitfähigkeit zeigen. Die auch an

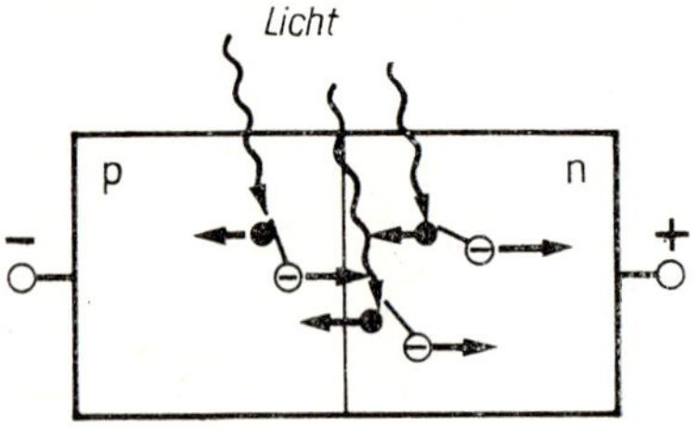

Bild 10.6 Fotoleitfähigkeit in einem pn-Übergang

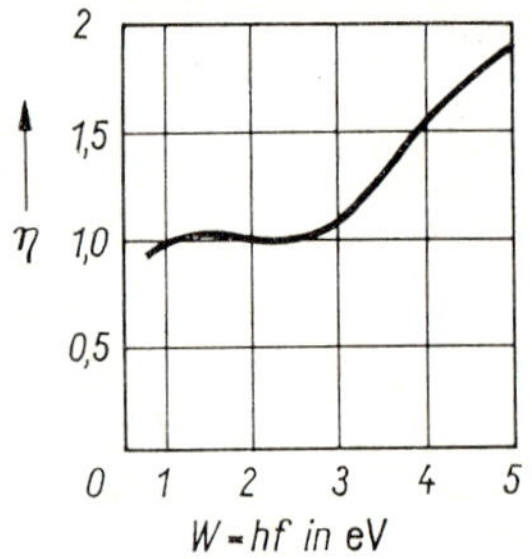

Bild 10.7 Quantenausbeute η in Germanium in Abhängigkeit von der Photonenenergie

vielen Halbleitern beobachtbare Wirkung ist der **innere lichtelektrische Effekt** (Bild 10.6).[1]) Die Erhöhung der Leitfähigkeit ist proportional zu der je Zeiteinheit entstehenden **Trägerkonzentration** g_L und deren **Lebensdauer** τ. Die Trägererzeugung g_L hängt wiederum ab von der **Quantenausbeute** η, die das Verhältnis der gebildeten Ladungsträgerpaare je verbrauchtes Photon ausdrückt (Bild 10.7). In Germanium ist bis zu $hf = 2{,}5$ eV die Quantenausbeute etwa $\eta = 1$, nimmt dann aber um rund 1 Trägerpaar je weitere 2,5 eV zu.
Extrem hohe Ausbeuten – bei Cd-Zellen bis $\eta = 30000$ – kommen durch die Mitwirkung von **Haftstellen** zustande.

Haftstellen sind im unbesetzten Zustand elektrisch neutrale Störstellen, die bevorzugt Elektronen oder Löcher einfangen.

Durch primäre Absorption im Grundgitter entsteht zunächst ein Elektron-Loch-Paar (Bild 10.8). Während das Elektron frei zur Anode wandert, wird das Loch von der knapp über dem Valenzband liegenden Haftstelle eingefangen und für längere Zeit festgehalten. Diese positiv geladenen Haftstellen bilden ihrerseits eine Raumladung, die an der Katode neu eintretende Elektronen zur Anode fließen läßt, bis das Loch der Haftstelle in das L-Band springt und dort rekombiniert. Dies bedeutet eine enorme Verlängerung der Lebensdauer der Löcher und eine entsprechende Erhöhung der Empfindlichkeit des Fotohalbleiters.

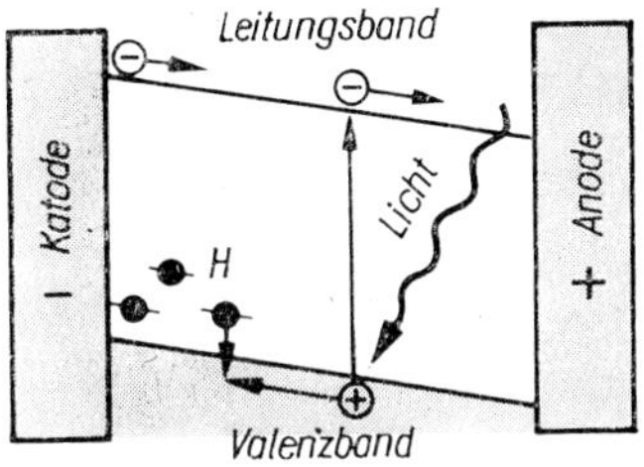

Bild 10.8 Fotoleitfähigkeit unter Mitwirkung von Haftstellen (H)

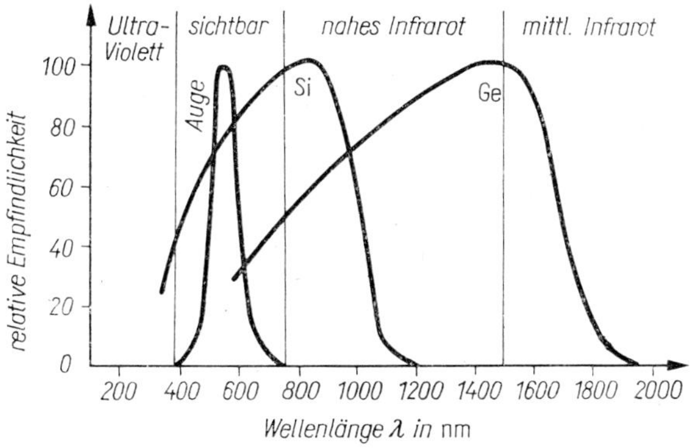

Bild 10.9 Spektrale Empfindlichkeit einer Si- und einer Ge-Fotodiode; links zum Vergleich die des menschlichen Auges

10.4.2. Fotodioden

Der sich bereits im homogenen Halbleiter abspielende innere Fotoeffekt findet seine praktische Anwendung in der **Fotodiode.** Sie hat die Eigenschaft eines **Fotodetektors,** der einfache oder modulierte Lichtimpulse auffängt und in elektrische Impulse umformt: Lichtschranken, Sicherheitsvorrichtungen, Lochkartenleser usw. Von Interesse ist dabei die Empfindlichkeit in den einzelnen Spektralbereichen (Bild 10.9). Hier

[1]) Der *äußere* lichtelektrische Effekt ist der Austritt von Elektronen aus Metalloberflächen.

erkennt man wieder die den Bandabständen entsprechenden Grenzwellenlängen von 1800 nm (Ge) und 1100 nm (Si). Es gibt bereits Dioden für den Mikrowellenbereich.

10.4.3. Fotoelemente

Während die in der Fotodiode freigesetzten Ladungen erst durch eine äußere Spannungsquelle in Bewegung versetzt werden, stellen **Fotoelemente**[1]) selbständige Stromquellen dar. Sie bestehen stets aus einer pn-Kombination, in der (s. 9.7) von vornherein ein von der p- zur n-Seite gerichtetes elektrisches Feld existiert. Dieses übt auf die frei werdenden Ladungen die gleiche Zugkraft wie eine äußere Spannungsquelle aus.
Neben den weit verbreiteten Anwendungen als Belichtungsmesser, Fernsehkameras usw. steht heute die **Solarzelle** zur direkten Umwandlung des Sonnenlichtes in elektrische Energie im Vordergrund des Interesses. Sie hat die Form einer großflächigen n-leitenden Siliziumscheibe und trägt auf der dem Licht zugekehrten Seite eine p-leitende Deckschicht, die durch Eindiffundieren von Bor hergestellt ist (Bild 10.10). Der Widerstand ist so gering, daß sie gleichzeitig als Deckelektrode dient. Sie ist auch dünn genug, um das auffallende Licht hindurchzulassen.

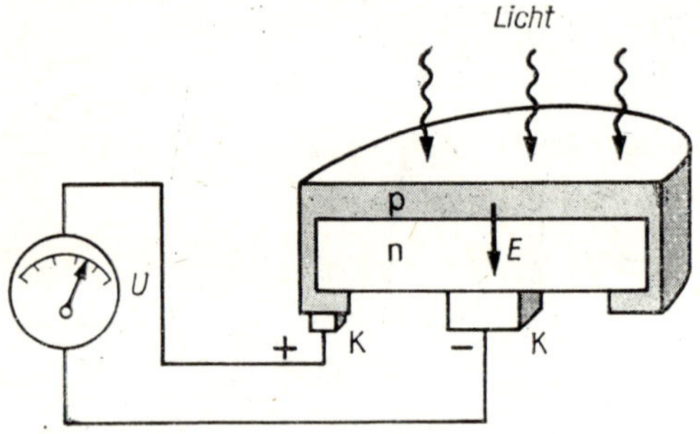

Bild 10.10 Schema einer Solarzelle; n-leitendes Silizium, p-leitende Deckschicht (lichtdurchlässig); E Richtung des elektrischen Feldes, K Kontakte, U Spannungsmesser

Der Wirkungsgrad der Solarzelle

Der im Höchstfall erreichbare **Wirkungsgrad** η ist gleich dem Verhältnis der elektrischen Energie der gebildeten Elektron-Loch-Paare $n_e e U_{max}$ zur mittleren Energie der auffallenden Lichtquanten $n_{ph} W_m$, d. h.

$$\eta = \frac{n_e \, e \, U_{max}}{n_{ph} \, W_m} . \tag{9}$$

Das Verhältnis der gebildeten Paare zur Zahl der Lichtquanten ist die schon erwähnte Quantenausbeute n_e/n_{ph}. Sie beträgt bei Silizium im Sonnenlicht 2/3.
Für den Wirkungsgrad ist noch die Leerlaufspannung U_0, die bei offenen Klemmen des Elementes gemessen wird, bestimmend. Sie ist dem Bandabstand proportional. Beim Siliziumelement ist $U_0 \approx 540$ mV, Germanium scheidet wegen seines zu geringen Bandabstandes aus. Die maximale Leistung wird jedoch erst bei optimaler Anpassung des Außenwiderstandes erreicht. Die Klemmenspannung ist dann U_{max}. Die Ladungsträger erhalten infolgedessen etwa ein Drittel der Energie der Lichtquanten:

$$e \, U_{max} \approx \frac{W_m}{3} . \tag{10}$$

[1]) Man spricht auch häufig vom «fotovoltaischen Effekt» oder Sperrschichtfotodioden.

Dies in Gl. (9) eingesetzt, ergibt den theoretischen Wirkungsgrad $\eta = 22\,\%$. In der Praxis werden nur 10...16 % erreicht. Mit anderen Halbleitermaterialien (z. B. InP, GaAs usw.) ließe er sich noch um einige Prozent steigern, doch sind die damit verbundenen technologischen und ökonomischen Probleme noch ungelöst.

10.5. Lumineszenz

10.5.1. Die Stokessche Regel

Bei den bisher betrachteten Vorgängen wurde die Energie von Photonen verbraucht, um elektrische Ladungsträger freizusetzen oder angeregte Zustände hervorzurufen. Bei der i. allg. sofort darauf folgenden Wiederherstellung des ursprünglichen Zustandes, bei der **Rekombination**, muß diese Energie wieder frei werden. Wird dabei sichtbare, ultraviolette oder infrarote Strahlung emittiert, so spricht man von **Lumineszenz.**

Lumineszenz ist die Emission von Licht nach vorhergehender Anregung durch Absorption von Energie.[1])

Hierbei muß selbstverständlich der Energiesatz erfüllt werden. Meist treten aber bei der Emission noch sekundäre Effekte auf (z. B. Übergänge auf Zwischenniveaus oder strahlungslose Stöße mit anderen Atomen), wodurch die Energie der emittierten Strahlung niedriger als die der absorbierten wird. Diesen Sachverhalt bringt die **Stokessche Regel** (1852) zum Ausdruck:

Die Wellenlänge der Lumineszenzstrahlung ist stets größer als die der einfallenden Strahlung.

Beispiel: Durch einen Uranglaswürfel fallendes weißes Licht erscheint nach dem Durchgang gelb gefärbt, da der blauviolette Teil des Spektrums absorbiert wird. Das nach den Seiten hin gestreute Licht ist dagegen grün und langwelliger als das absorbierte blaue Licht.

10.5.2. Arten der Lumineszenz in Festkörpern

Je nach Art der vorangegangenen Anregung unterscheidet man in Festkörpern folgende Fälle:

1. Fotolumineszenz. Sie wird durch Absorption von Photonen ausgelöst. Die zufolge der Stokesschen Regel auftretenden Energieverluste entstehen meist durch strahlungslose Übergänge, wobei anstelle von Photonen energiearme Phononen frei werden. Anwendungen: innerer Belag von Leuchtstofflampen, im Tageslicht wirkende Lumineszenzfarbstoffe.

2. Elektrolumineszenz. Sie entsteht beim Anlegen eines elektrischen Feldes an einen Halbleiter. Die Anregung kann geschehen durch

a) **Injektion von Minoritätsträgern.** Diese wandern aus den angelegten Elektroden in den Halbleiter (s. 10.5.3.);

---

[1]) Die früher oft verwendeten Ausdrücke «Fluoreszenz» und «Phosphoreszenz» sollten wegen ihrer unscharfen Abgrenzung (Abklingdauer) nicht mehr verwendet werden.

b) **Elektronenstoß.** Freie Elektronen werden vom Feld so stark beschleunigt, daß sie ihrerseits Elektron-Loch-Paare erzeugen, die dann unter Strahlung rekombinieren;

c) **Ionisation von Störstellen.** Dort gebundene Elektronen werden in das Leitungsband gehoben und rekombinieren wieder mit den frei gewordenen Löchern.

3. Katodolumineszenz. Sie entsteht durch Aufprall energiereicher Elektronen auf die mit einer Kristallschicht belegten Katode. Die beim Stoß angeregten Elektronen der lumineszierenden Schicht geben ihre Energie durch Strahlung wieder ab (Bild 10.11).

Als Materialien kommen Leuchtstoffe in Betracht, die im allgemeinen Halbleiter sind. Als Grundkristalle dienen die verschiedenartigsten Stoffe, wie Sulfide, Silikate, Wolframate, Phosphate usw., sowie Mischungen daraus. Die erforderlichen opti-

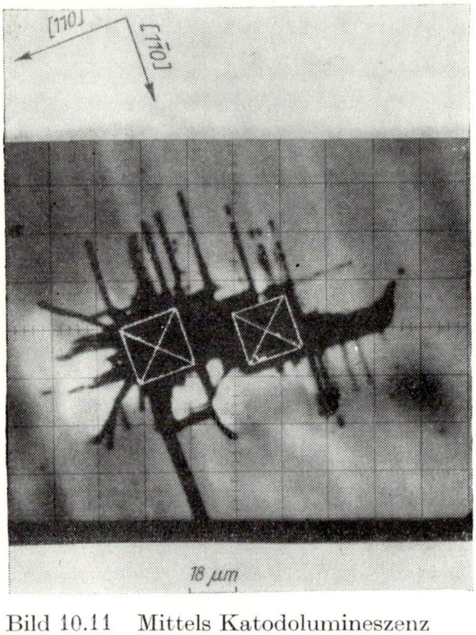

Bild 10.11 Mittels Katodolumineszenz sichtbar gemachte Druckeinwirkung auf (100)-Fläche eines n-GaAs-Kristalls

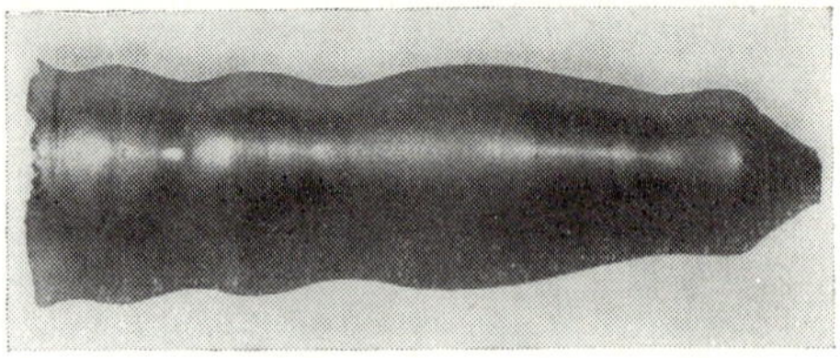

Bild 10.12 Galliumarsenid-Einkristall

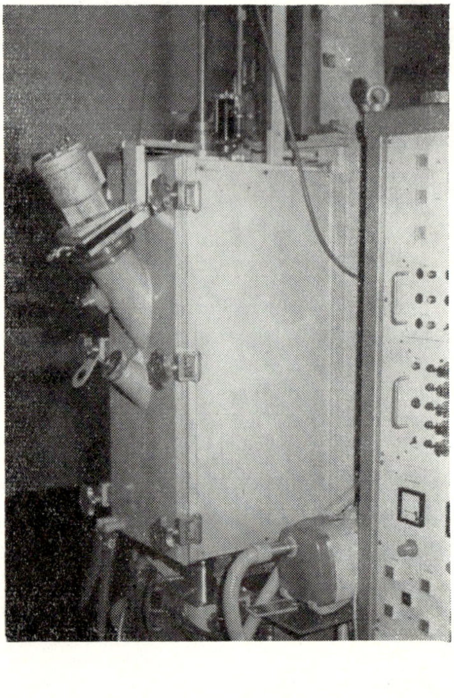

Bild 10.13 Apparatur zur Züchtung von GaAs-Einkristallen

schen Eigenschaften erhalten sie durch **Aktivieren** mit geringen Metallzusätzen (Cu, Ag, Mg). Insbesondere das Spektrum und die Dauer des Nachleuchtens, d. h. die Zeitdauer bis zur Rückkehr in den Grundzustand, lassen sich durch entsprechende Auswahl von Grundstoff und Dotierung beeinflussen.
Anwendungen: Bildschirme der Fernseh- und Oszillografenröhren.

10.5.3. Injektionslichtquellen (Leuchtdioden)

Die Anregung durch Injektion von Ladungsträgern in einen Halbleiter spielt sich dagegen in den **Leuchtdioden** ab. Es sind n-dotierte Kristalle aus GaAs, GaP usw., die im sichtbaren Licht transparent sind (Bilder 10.12, 10.13).
Wird ein daraus hergestellter pn-Übergang in Flußrichtung gepolt, so erfolgt die bereits besprochene beiderseitige (bipolare) Injektion oder auch nur eine einseitig gerichtete (polare), wenn z. B. die Konzentration der Elektronen im n-Bereich die der Löcher im p-Bereich weit übertrifft. In diesem Fall werden die im p-Bereich ankommenden Elektronen mit den dort vorhandenen Löchern rekombinieren, wobei die Anregungsenergie ΔW frei wird. Da dem elektrischen Feld dabei die Energie eU entzogen wird, ist (wenn alle Rekombinationen mit Strahlung erfolgen) der Wirkungsgrad der Lichtquelle

$$\eta = \frac{\Delta W}{eU}. \tag{11}$$

Er kann somit im idealen Fall den Wert 1 erreichen. Man vergleiche damit den nur wenige Prozent betragenden Wirkungsgrad einer Glühlampe!

Die meisten Leuchtdioden werden heute aus dem Verbindungshalbleiter $GaAs_{1-x}P_x$ hergestellt. Durch die Wahl des Phosphorgehaltes x zwischen 0 und 1 ist es möglich, die Energielücke von der des GaAs mit 1,47 eV (Infrarotlicht 840 nm) bis zu der des GaP mit 2,2 eV (sichtbares Grünlicht 560 nm) zu variieren. Ein weiterer Fortschritt im Wirkungsgrad wurde durch den zusätzlichen Einbau von Stickstoffatomen in GaP erzielt, wobei besonders tief im verbotenen Bereich liegende Übergänge (Bild 10.14) entstehen. Erreicht werden Lichtausbeuten bis 2,5 lm/W.
Wegen der hohen Brechzahl der Halbleiter ($n \approx 3{,}5$) wird der Lichtaustritt infolge von Totalreflexion stark behindert. Bei halbkugeliger Gestaltung der Diode (Bild 10.15) oder deren Einbettung in eine Gießharzlinse kann dieser Verlust weitgehend vermieden werden.

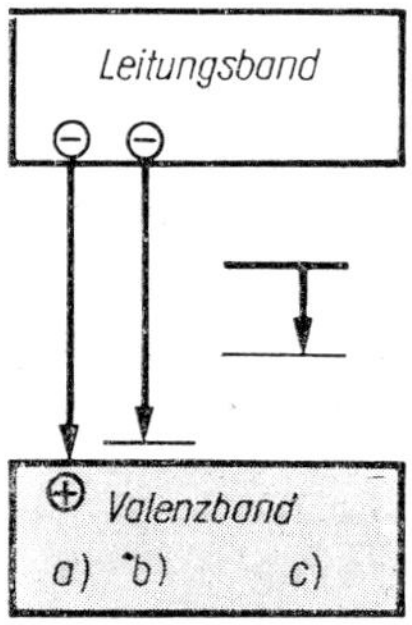

Bild 10.14 Möglichkeiten der Rekombination im Halbleiter:
a) Übergang vom Leitungs- ins Valenzband
b) Übergang vom Leitungsband zum Akzeptorniveau
c) Niveaus im Innern der Energielücke

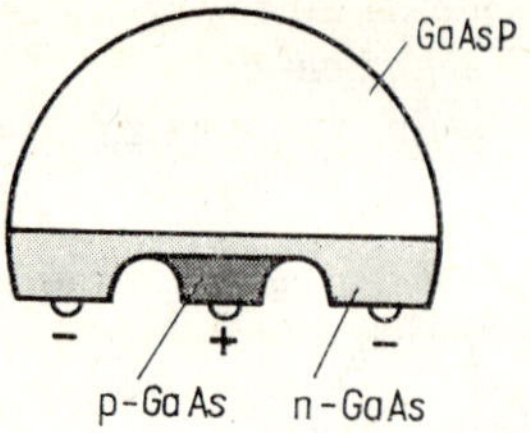

Bild 10.15 Aufbau einer GaAs-Diode mit geringen Reflexionsverlusten

10.5.4. Leuchtkondensatoren

Eine besondere Form der Leuchtdiode ist der **Leuchtkondensator.** Zwischen den beiden Platten eines Kondensators, von denen die eine reflektierend und die andere durchsichtig (SnO-Schicht) ist, befindet sich als Dielektrikum eine Kunstharzschicht ($\varepsilon_r = 5 \ldots 20$) mit darin eingebetteten Leuchtstoffkristallen (GaAs, GaP, ZnS u. a.). Die Anregung geschieht mit einem elektrischen Wechselfeld **(Destriau-Effekt).** Da die Zahl der Anregungen von der Änderungsgeschwindigkeit des Feldes abhängt, wird die Lichtstärke besonders von der Dielektrizitätszahl ε_r und der Frequenz der Wechselspannung bestimmt. Es werden Lichtausbeuten von 3...4,5 lm/W erzielt, während die Helligkeit mit etwa 22 lm/m² relativ gering ist.

10.6. Exzitonen

Der zur Bildung eines Elektron-Loch-Paares führende Prozeß hat sein Gegenstück in der Rekombination. Dabei müssen Energie und Impuls irgendwie abgeführt werden. Wenn das aber nicht vollständig geschieht, verbleibt ein Elektron in der Nähe eines positiven Loches und kann dieses mit einer Lebensdauer von $10^{-4} \ldots 10^{-6}$ s umkreisen. Diesen Zustand, der viel Ähnlichkeit mit einem neutralen Wasserstoffatom hat, nennt man **Exziton.** Am Leitungsvorgang selbst können Exzitonen daher nicht teilnehmen.

Insbesondere sind zu unterscheiden:

1. Mott-Exzitonen. Sie treten vorwiegend in Elementen und Verbindungshalbleitern auf. Wegen der großen Dielektrizitätszahl im Halbleiter und der kleinen effektiven Masse beider Teilchen ist aber die Coulomb-Kraft zwischen «Kern», d. h. dem Loch, und dem umlaufenden Elektron wesentlich geringer, so daß die Bindungsenergie in der Größenordnung von nur 0,01 eV, der Radius dagegen bei 10^{-9} m liegt (Bild 10.16).

2. Frenkel-Exzitonen. Sie werden besonders in Alkalihalogeniden und Molekülkristallen beobachtet. Elektron und Loch befinden sich in der Nähe eines Gitterpunktes nahe beieinander, weshalb ihre Bindungsenergie relativ groß ist. Sie lassen sich auch als angeregte Zustände einzelner Atome mit der Eigenschaft, von einem Gitterpunkt zum anderen zu springen, auffassen.

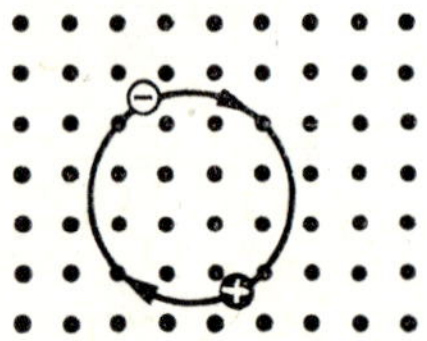

Bild 10.16 Mott-Exziton als gebundener Zustand eines Elektron-Loch-Paares innerhalb des Kristallgitters

Das Exziton ist ein elektrisch neutraler Anregungszustand, der durch den Kristall wandern und seine Energie wieder abgeben kann.

Die Existenz der Exzitonen ist anhand der von ihnen emittierten Spektren in mannigfacher Weise gesichert. Sie sind Gegenstand vielfältiger Forschungen, wobei sich u. a. folgende Eigenschaften herausstellten:
Exzitonen können dissoziieren, wobei die zum Aufbrechen der Bindung notwendige Energie durch Absorption eines Phonons gewonnen werden kann.
Sie können unter Emission von Phononen rekombinieren. Exzitonen können, analog zur Bildung eines H_2-Moleküls, ein Biexziton bilden.
Analog zum H-Atom kann das Exziton eine Reihe diskreter Energiezustände mit der Hauptquantenzahl n annehmen.

Beispiel: Ein Anthrazenkristall, der Tetrazenmoleküle in der geringen Konzentration von 10^{-5} enthält, wird mit Licht bestrahlt. Die Untersuchung des Lumineszenzlichtes ergibt aber, daß es aus gleich großen Anteilen Anthrazenlicht (blau) und Tetrazenlicht (grün) besteht. Die Tetrazenemission ist somit durch das Wirtsgitter **sensibilisiert.** Dies geschieht durch die im Wirtsgitter gebildeten Exzitonen, deren Lebensdauer etwa 10^{-7} s beträgt. In dieser Zeit hüpfen sie von einem Gitterplatz zum anderen, bis sie schließlich von einem Tetrazenmolekül eingefangen werden (Bild 10.17). Werden für einen Sprung 10^{-12} s benötigt, so kann das Exziton 10^5mal springen und hat somit die volle Chance, im Laufe seiner Lebensdauer einmal auf ein Tetrazenmolekül zu treffen.

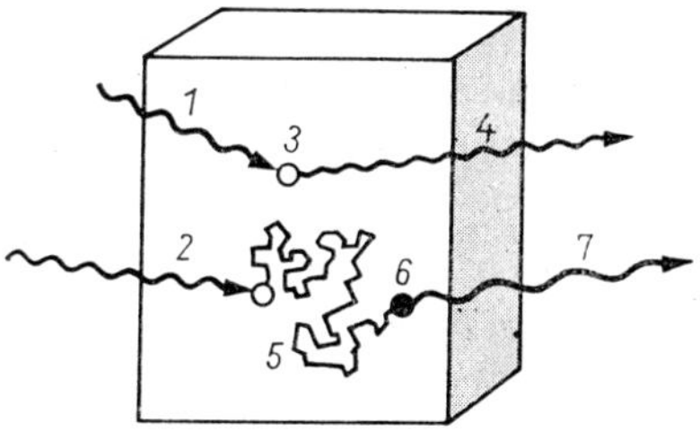

Bild 10.17 Schema der sensibilisierten Fluoreszenz:
1, *2* einfallende Lichtquanten, *3* Anthrazenmolekül, *4* blaues Fluoreszenzlicht des Anthrazens, *5* umherirrendes Exziton, *6* Tetrazenmolekül, *7* grünes Fluoreszenzlicht des Tetrazens

11. Die Supraleitung

11.1. Supraleiter I. Art

11.1.1. Sprungtemperatur und Dauerstrom

Im Jahre 1911 entdeckte der holländische Physiker KAMERLINGH-ONNES bei Experimenten im Bereich tiefster Temperaturen die **Supraleitfähigkeit.** Wie bereits bekannt war, nahm der spezifische Widerstand reinen Quecksilbers mit Annäherung an den absoluten Nullpunkt zunächst immer mehr ab. Überraschenderweise verschwand er aber bei 4,15 K innerhalb eines ganz kleinen Temperaturintervalls vollständig und sank damit sprunghaft auf den Wert Null (Bild 11.1). Seither wurde diese Supraleitfähigkeit an zahlreichen weiteren Metallen festgestellt, z. T. tritt sie erst bei hohen Drücken und in dünnen Schichten auf. Ob die Supraleitfähigkeit eine allgemeine Eigenschaft aller Metalle ist, kann heute noch nicht gesagt werden. Die **Sprungtemperatur** T_c liegt bei den reinen Metallen nicht über 10 K (s. Tabelle 11, S. 199ff.), am höchsten ist sie bei der Legierung Nb_3Ge mit $T_c = 23{,}2$ K.
Da der Widerstand im supraleitenden Zustand völlig verschwindet, läßt sich in einem Ring oder einer kurzgeschlossenen Spule ein **Dauerstrom** erzeugen. Nach Bild 11.2 liegt z.B. bei normaler Temperatur in einem Bleiring ein permanenter Stab-

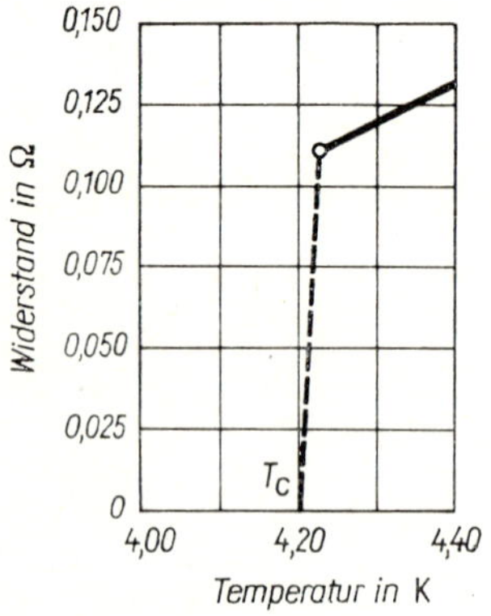

Bild 11.1 Abnahme des spezifischen Widerstandes von Quecksilber

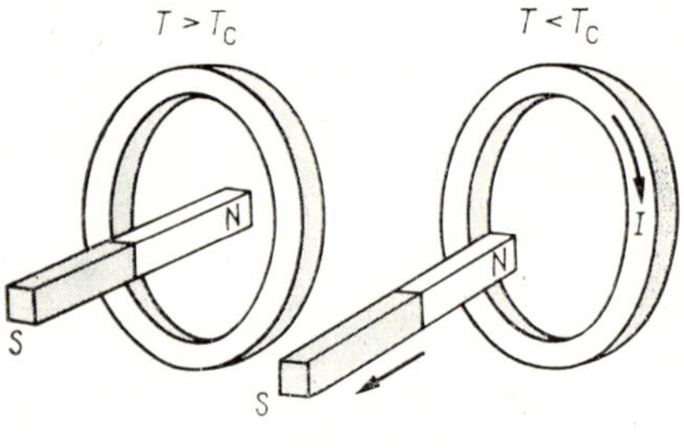

Bild 11.2 Anwerfen eines Dauerstromes durch Herausziehen eines permanenten Magneten aus einem supraleitenden Ring

magnet. Dann wird der Ring unter die Sprungtemperatur ($T_c = 7{,}2$ K) abgekühlt und der Magnet herausgezogen. Der in diesem Augenblick induzierte Dauerstrom kann u. U. jahrelang fließen; er gleicht einem Schwungrad, das, einmal angeworfen, ohne Reibung beliebig lange weiterrotiert.

11.1.2. Magnetfeld und Supraleitung

Ein Suprastrom hat ferner die Eigenschaft, ein von außen her einwirkendes Magnetfeld bis auf eine sehr dünne Randschicht, die **Eindringtiefe** λ, aus seinem Innern zu verdrängen: **Meißner-Effekt** (1933). Im Supraleiter verschwindet also nicht nur das elektrische[1]), sondern auch das magnetische Feld.

Überschreitet das äußere Magnetfeld jedoch den Wert der **kritischen Induktion** B_c[2]), so dringt es unter gleichzeitiger Zerstörung der Supraleitung in den Leiter ein. So wird z. B. Blei im Feld $B = 0$ bei $T_c = 7{,}2$ K supraleitend. In einem Feld von $5 \cdot 10^{-2}$ T ist jedoch eine weitere Abkühlung auf 4,4 K erforderlich, um die Vernichtung des supraleitenden Zustandes zu verhindern. Bei noch tieferen Temperaturen

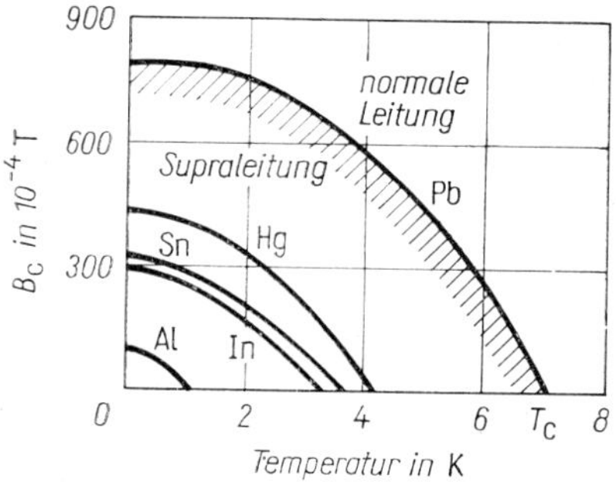

Bild 11.3 Kritische Induktionen B_c in Abhängigkeit von der Temperatur bei Supraleitern I. Art

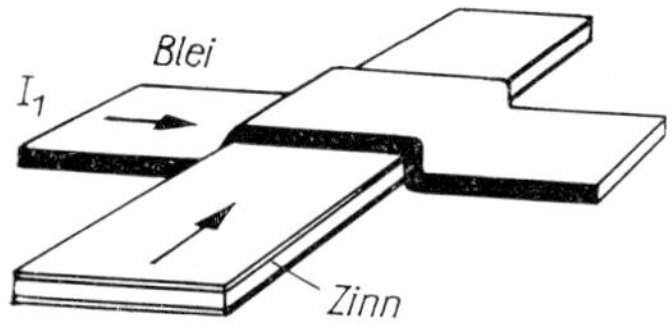

Bild 11.4 Supraleitendes Relais. Der durch das Bleiband fließende Strom I_1 wird durch das vom Zinnband erzeugte Magnetfeld ein- oder ausgeschaltet.

nimmt die Widerstandsfähigkeit gegen äußere Magnetfelder weiter zu .Es ergeben sich Kurven $B_c(T)$ wie z. B. in Bild 11.3. Auf der Abszisse liegen die Sprungtemperaturen T_c, auf der Ordinate die kritischen Induktionen B_c.

> **Oberhalb der kritischen Induktion B_c bricht bei gegebener Temperatur T_c die Supraleitung zusammen.**

Auch das vom Suprastrom erzeugte eigene Magnetfeld wird in dieser Weise verdrängt. Die in Bild 11.3 angegebenen Kurven gelten für verschwindend geringe Stromstärken, deren Eigenfeld vernachlässigt werden kann. Erst bei Überschreiten der **kritischen**

[1]) Das in einem normalleitenden Material wirkende elektrische Feld ist zur Überwindung des elektrischen Widerstandes erforderlich.

[2]) In der Literatur wird häufig die Bezeichnung «Feldstärke H_c» verwendet und in der Einheit Gauß ausgedrückt. Das Gauß (1 G $= 10^{-4}$ Vs/m^2 oder T) war jedoch die Einheit der Induktion B.

Stromstärke wird an der Oberfläche die kritische Induktion erreicht und die Supraleitung aufgehoben.

Diese Erscheinung läßt sich z. B. zur Konstruktion eines sehr einfachen Relais ohne bewegliche Teile verwerten, indem ein Supraleiter durch das Magnetfeld eines zweiten Stromkreises unterbrochen oder geöffnet wird (Bild 11.4). Wie aber das folgende Beispiel lehrt, sind die im bisher beschriebenen Supraleiter I. Art möglichen Stromdichten für großtechnische Anwendungen viel zu niedrig. Um so größere Bedeutung hatte daher die Entdeckung der Supraleiter II. Art (Abschn. 11.4.).

Beispiel: Welche maximale Stromdichte ist für einen supraleitenden Bleidraht von 1 mm Radius bei 6 K noch erreichbar ? – Die Induktion an der Oberfläche ist $B_c = \frac{\mu_0 I}{r}$ und die Stromdichte $S = \frac{I}{\pi r^2}$; nach Bild 11.3 ist bei 6 K $B_c = 270 \cdot 10^{-4}$ T und $S = \frac{B_c}{\mu_0 \pi r} = 6{,}8$ A/mm².

11.2. Elektronentheoretische Deutung der Supraleitung

11.2.1. Erste Anhaltspunkte

Trotz aller Bemühungen blieb die Suche nach einer Erklärung des Phänomens der Supraleitung jahrzehntelang erfolglos. Erst in den 50er Jahren fanden sich genügend Anhaltspunkte, die dann zu der im Jahre 1957 von Bardeen, Cooper und Schrieffer veröffentlichten Theorie der Supraleitung (kurz: BCS-Theorie) führten.
Erste Hinweise lieferten Messungen der spezifischen Wärme. Sie ergaben, daß die Entropie im supraleitenden Zustand kleiner ist als im normalleitenden. Da aber die Entropie ein Maß für die Unordnung der Teilchen eines Systems ist, müssen sich die Elektronen des Supraleiters in einem Zustand höherer Ordnung befinden als unter gewöhnlichen Umständen.
Einen weiteren Hinweis lieferte der **Isotopieeffekt**, demzufolge die Sprungtemperatur von der relativen Atommasse A_r abhängt, die ja von der Kernmasse des betreffenden Isotops bestimmt wird. Dabei ist

$$T_c \sim \sqrt{A_r}\,. \tag{1}$$

Da aber die Atommasse in die Frequenz der Gitterschwingungen eingeht, muß irgendeine Wechselwirkung zwischen Elektronen und Phononen vorhanden sein.
Eine solche Wechselwirkung wurde von H. Fröhlich (1950) untersucht und führte zu dem Ergebnis, daß sich 2 Elektronen unter Mitwirkung des Gitters und teilweiser Überwindung der Coulomb-Abstoßung anziehen können.

Man kann sich davon in folgender Weise eine einfache Vorstellung machen. Das Elektron verzerrt durch seine elektrostatische Anziehung die reguläre Anordnung der in seiner unmittelbaren Umgebung befindlichen Atomrümpfe. Es befindet sich dann in einer Potentialmulde wie eine schwere Kugel auf einer elastisch nachgiebigen Unterlage (Bild 11.5). Eine in der Nähe befindliche zweite Kugel ruft eine gleiche Deformation hervor. Bei geringer Entfernung werden dann die beiden Kugeln aufeinander zu rollen und in einer gemeinsamen, aber tieferen Mulde liegen bleiben. Sie befinden sich hier in einem Zustand niedrigerer potentieller Energie als beide einzeln für sich.

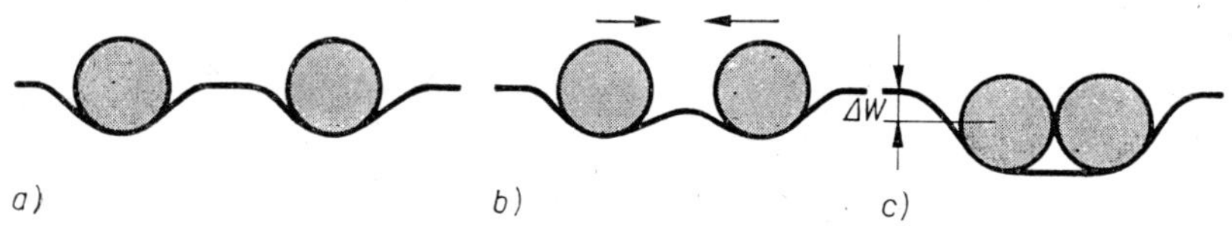

Bild 11.5 Anziehung zweier Kugeln auf einer elastischen Membran
a) Größere Entfernung, b) Anziehung bei geringer Entfernung
c) Absenkung bis zum Minimum der potentiellen Energie

11.2.2. Cooper-Paare

Der Grundgedanke der BCS-Theorie besteht darin, daß unterhalb der Sprungtemperatur T_c je zwei Elektronen von entgegengesetzt gleichem Impuls und Spin durch Austausch von **virtuellen Phononen** zu je einem **Cooper-Paar** zusammentreten. Je tiefer die Temperatur sinkt, desto mehr Cooper-Paare bilden sich. Es sind also immer die beiden Zustände $+p$ und $-p$ daran beteiligt. Sie haben die Impulse $+p = +\hbar k$ und $-p = -\hbar k$. Wie die Theorie ergibt, ist die Wechselwirkung dann anziehend und hat ihren größtmöglichen Wert, wenn hierbei die maximale Phononenfrequenz eingesetzt wird. Wir fanden sie im Zusammenhang mit der Debye-Temperatur Θ (s. 6.2.) in Gl. (6/5) $\hbar\omega_{max} = k_B\Theta$. Denken wir an die Fermi-Kugel, so sind an der Oberfläche nur die Elektronen in einer Schichtdicke von etwa 10^{-2} eV an dem Vorgang beteiligt.[1])
Die Austauschphononen heißen deswegen virtuell, weil sie lediglich die Bindungsenergie verkörpern und nicht mit dem Gitter wechselwirken können. Nur beim Zusammenstoß mit dem Gitter kann ein Einzelelektron reelle Phononen erzeugen. Das aber würde das Vorhandensein eines elektrischen Widerstandes bedeuten, der im Fall der Supraleitung nicht vorhanden ist. Der Durchmesser eines Cooper-Paares liegt bei $10^{-7} \ldots 10^{-6}$ m, d. i. das 100...1000fache eines Atomdurchmessers. Er wird auch als **Kohärenzlänge** des Supraleiters bezeichnet. Deshalb kommt es zu einer starken Überlappung; im Bereich eines einzelnen Paares befinden sich $10^6 \ldots 10^7$ andere, ebenfalls zu Paaren gebundene Elektronen.
Die experimentelle Erfahrung lehrt ferner, daß diese Paare nicht unabhängig voneinander sind, sondern sich alle im gleichen Quantenzustand befinden:

Alle Cooper-Paare haben die gleiche Energie und De-Broglie-Wellenlänge und bilden ein kohärentes Wellenfeld.

Beim Anlegen einer elektrischen Spannung nehmen sie allesamt den gleichen Impuls auf. Damit ist es unmöglich, daß ein einzelnes oder einige von ihnen mit dem Gitter Phononen austauschen, da sie dann in einen anderen Zustand übergehen müßten.

Die Cooper-Paare bilden ein einziges makroskopisches quantenmechanisches System, das mit dem Gitter nicht in Wechselwirkung treten kann und sich daher widerstandsfrei im Gitter bewegt.

---

[1]) Für Blei ergibt sich z. B. mit $\Theta = 105$ K (Tabelle 11, S. 200) $k_B\Theta = 1{,}38 \cdot 10^{-23}$ J/K $\times$ 105 K $= 1{,}45 \cdot 10^{-21}$ J $= 0{,}9 \cdot 10^{-2}$ eV.

11.2.3. Die Energielücke

Erst wenn die vom elektrischen Feld aufgenommene Energie größer als die Bindungsenergie der COOPER-Paare ist, kann eine Wechselwirkung mit dem Gitter eintreten. Zwangsläufig wird dabei die Paarbindung aufgebrochen.

Wenn wir vom Bild der Zustandsdichte (Bild 11.6) $F(W)$ ausgehen, liegen die COOPER-Paare knapp vor der FERMI-Kante, um den halben Betrag der Bindungsenergie 2Δ niedriger als die FERMI-Energie W_F. Da die in der Volumeneinheit befindliche Zahl der Elektronen die gleiche bleibt, steigt die Zustandsdichte $F(W)$ kurz vor der FERMI-Kante steil an. Das ist schon deswegen erlaubt, weil das PAULI-Prinzip für COOPER-Paare, die keine Fermionen sind, nicht gilt. Aus dem gleichen Grund kann sich auch die Gesamtheit der Elektronen im gleichen Quantenzustand befinden, was für freie Elektronen im Gitterverband unmöglich wäre.

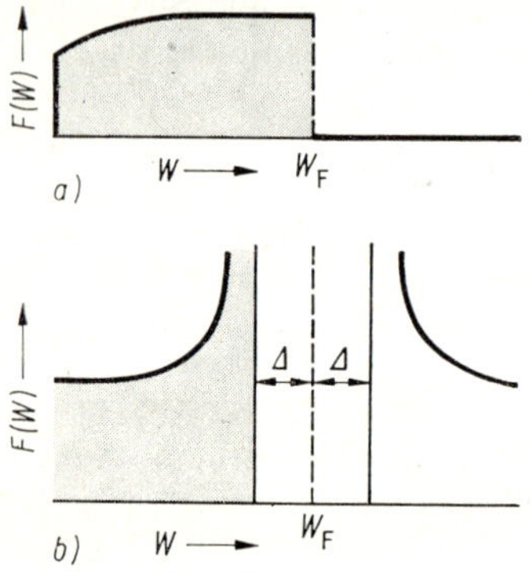

Bild 11.6 Zustandsdichte der Metallelektronen bei 0 K in der Umgebung der FERMI-Kante
a) Normalleitung (vgl. auch Bild 7.9), b) Supraleitung

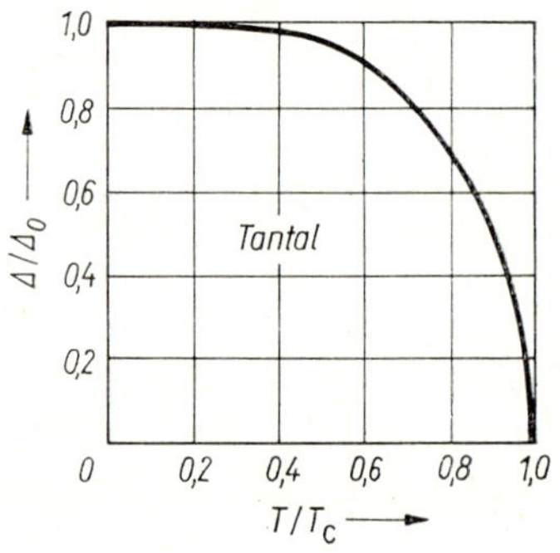

Bild 11.7 Temperaturabhängigkeit der Energielücke von Tantal ($2\Delta_0 = 1{,}3 \cdot 10^{-3}$ eV)

Um den gleichen Betrag entfernt, beginnt jenseits der Kante der Raum, der bei höherer Temperatur mehr und mehr von Elektronen bevölkert werden kann, je nachdem wieviel COOPER-Paare aufgebrochen sind. Der Zwischenraum ist für Elektronen verboten und wird als **Energielücke** (gap) bezeichnet.

Damit erklärt sich auch die geringe spezifische Wärmekapazität der Supraleiter, die nach tieferen Temperaturen hin exponentiell abklingt. Nur die wenigen noch ungepaarten Elektronen können die zugeführte Wärmeenergie aufnehmen. Bei $T = 0$ K gibt es überhaupt keine Zustände mehr, deren Anregungsenergie kleiner als die der COOPER-Paare ist. Deshalb muß diese auch in derselben Größenordnung liegen wie die spezifische Wärmekapazität in diesem Bereich, d. h. wie $k_B T_c$. Die BCS-Theorie liefert bei der Sprungtemperatur T_c den genaueren Wert

$$2\Delta_0 = 3{,}5\, k_B T_c\,. \qquad (2)$$

Die Anregungsenergie hängt nicht nur von der Sprungtemperatur T_c, sondern allgemein von der Temperatur ab, wie z. B. in Bild 11.7 zu sehen ist, und liegt in der Größenordnung von $10^{-4} \ldots 10^{-3}$ eV.

11.2.4. Die Messung der Energielücke

Zur Messung der Energielücke gibt es mehrere Möglichkeiten. Die im folgenden beschriebene bedient sich des **Tunneleffekts.**
Zwei Streifen aus Kupfer bzw. Blei, von denen das Blei z. B. bei 4 K supraleitend, das Kupfer aber normalleitend ist, sind durch eine Bleioxidschicht voneinander getrennt (Bild 11.8). Die angelegte Spannung reicht nicht aus, das im Isolator vorhandene verbotene Energieband zu überbrücken. Die Schicht ist aber so dünn (etwa $3 \cdot 10^{-9}$ m), daß für die Elektronen dennoch eine gewisse, wenn auch sehr geringe Wahrscheinlichkeit besteht, sie zu durchdringen. Dieser als **Tunneleffekt** allbekannte Vorgang kann selbstverständlich nur stattfinden, wenn auf der anderen Seite der Barriere Zustände frei sind, die besetzt werden können. Dieses Gebiet mit freien Zuständen liegt im Supraleiter aber um den Betrag Δ höher als das FERMI-Niveau des Normalleiters (Bild 11.9). Erst nach Überwindung dieser Schwelle mit Hilfe der Spannung $U = \frac{\Delta}{e}$ kann der Strom einsetzen. Die exakte Meßbarkeit dieser Spannung bestätigt die Richtigkeit der gemachten Vorstellungen.

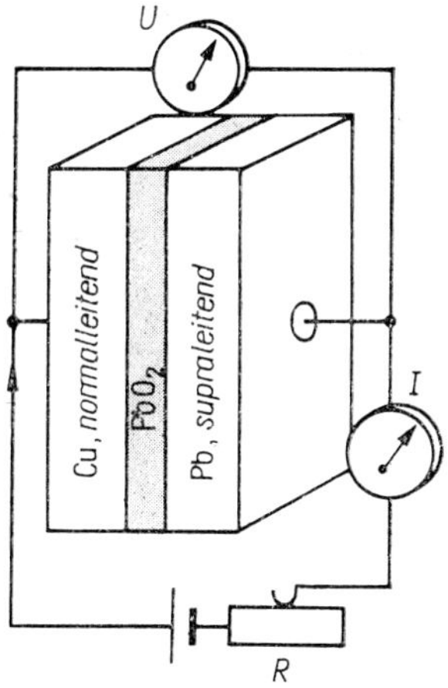

Bild 11.8 Messung der Energielücke mittels Tunnelstroms

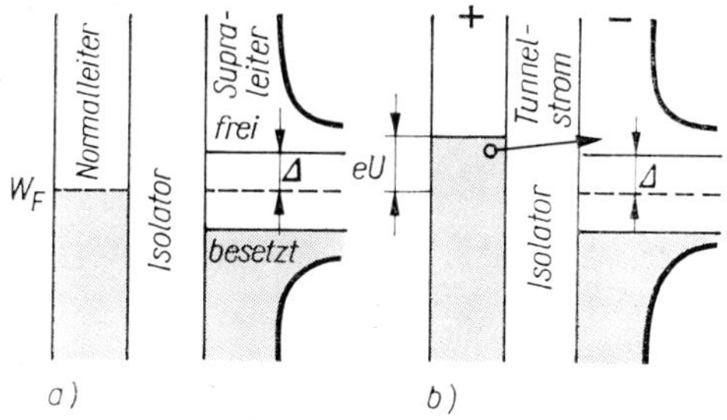

Bild 11.9 Tunneleffekt von Einzelelektronen
a) Zustand ohne Spannung
b) Zustand nach Anlegen der Spannung U

Beispiel: Die Energielücke für Blei ($T_c = 7{,}2$ K) ergibt sich nach dieser Methode aus der Einsatzspannung

$$U = \frac{2\Delta_0}{2e} = \frac{3{,}5\, k_B T_c}{2e} = 1{,}09 \text{ V}\,.$$

11.3. Der Suprastrom als Quantenerscheinung

11.3.1. Das Flußquant

Die Stabilität des Dauerstromes in einem Ring legt es nahe, ihn mit der Bewegung eines Elektrons um seinen Atomkern zu vergleichen. Bei der Durchführung dieses bereits in den dreißiger Jahren von F. LONDON in Erwägung gezogenen Gedankens muß man zunächst annehmen, daß die Gesamtheit der am Stromkreis beteiligten

Ladungsträger die BOHRsche Quantenbedingung (14/28) erfüllt. Wie wir bereits feststellten, stimmen dann sämtliche Ladungsträger in der Hauptquantenzahl n überein. Wenn wir zunächst von einem einzelnen Elektron ausgehen, das sich quer zu einem Magnetfeld der Induktion B bewegt, so beschreibt es unter der Wirkung der **Lorentz-Kraft** eine Kreisbahn vom Radius r nach der bekannten Gleichung (8/8)

$$\frac{mv^2}{r} = evB \tag{3}$$

oder vereinfacht

$$mv = erB\,.$$

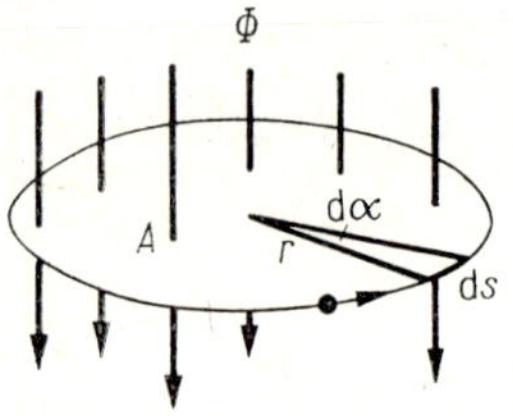

Bild 11.10 Zur Berechnung des Flußquants

Beiderseitiges Multiplizieren mit dem Wegelement $ds = r\,d\alpha$ und Integration über einen geschlossenen Kreisweg (Bild 11.10) liefert

$$\oint mv\,r\,d\alpha = \oint er^2\,B\,d\alpha \tag{4}$$

mit dem Ergebnis

$$2\pi\,mvr = 2\pi\,eBr^2\,. \tag{5}$$

Der Ausdruck auf der linken Seite ist das 2π-fache des Drehimpulses, der nach der BOHRschen Quantenbedingung gleich einem ganzzahligen Vielfachen des PLANCKschen Wirkungsquantums nh sein muß.[1]) Auf der rechten Seite ist $\pi\,r^2$ die vom Kreisstrom umlaufene Fläche, die vom magnetischen Fluß $\Phi = B\pi\,r^2$ durchsetzt wird. Somit ist

$$nh = 2e\,\Phi_e \tag{6}$$

und mit $n = 1$ das **Flußquant**

$$\Phi_e = \frac{h}{2e}\,. \tag{7}$$

Das Flußquant ist ersichtlich die **kleinste Einheit des magnetischen Flusses,** der von einem Suprastrom umflossen werden kann. Wie die Rechnung gezeigt hat, führen dessen Ladungsträger die doppelte Elementarladung mit sich. Es sind die COOPER-Paare.

11.3.2. Messung des Flußquants

Eine experimentelle Bestätigung der Quantisierung des Magnetfeldes im Suprastrom muß daher für die BCS-Theorie von fundamentaler Bedeutung sein. Hier sei nur kurz das Experiment von DOLL und NÄBAUER (1961) skizziert (Bild 11.11).

Auf einen kurzen Quarzfaden von 10 µm Durchmesser ist etwas Blei aufgedampft. Dieser kleine Zylinder hängt an einem Quarzfaden, der noch einen Spiegel trägt und freie Torsionsschwingungen um seine Längsachse ausführen kann. Ein koaxial auf den Bleizylinder einwirkendes äußeres Magnetfeld M_1 induziert nach Eintauchen des Zylinders in flüssiges Helium und Abschalten des Erregerstromes einen Suprastrom, dessen magnetischer Fluß in der Größenordnung des Flußquants liegt. Rechtwinklig dazu regt ein zweites Magnetfeld M_2, dessen Frequenz von dem schwingenden Spiegel elektrooptisch gesteuert wird,

[1]) Für die linke Seite von Gl. (5) läßt sich auch $2\pi mr^2\omega$ schreiben und nach Gl. (14/28) gleich nh setzen.

Bild 11.11 Schema des Experimentes von Doll und Näbauer
Pb Bleizylinder, M_1 Magnetfeld zur Induzierung des Suprastromes, Sp Spiegel zur Ablesung der Amplituden und Steuerung des Magnetfeldes M_2

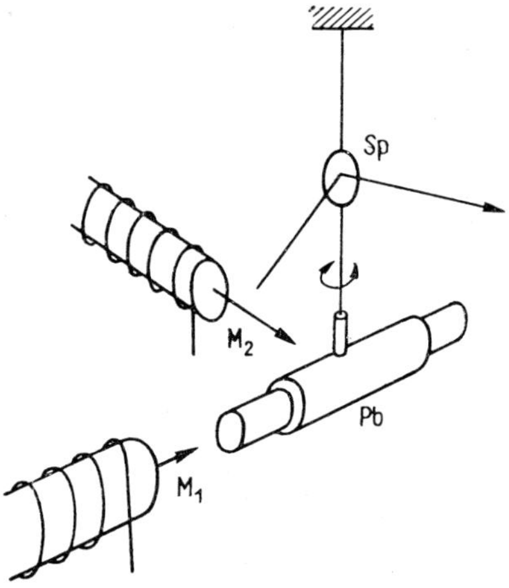

den Zylinder zu Resonanzschwingungen an, bis deren Amplitude einen durch die Dämpfung begrenzten Höchstwert erreicht. Dessen Höhe erweist sich aber nicht etwa proportional zur Stärke des in dem Zylinder kreisenden Stromes, sondern wächst stufenweise auf den nächsthöheren Wert, wenn der magnetische Fluß durch die Zylinderachse jeweils um den Betrag eines Flußquants zunimmt. Die Richtigkeit der mit der BCS-Theorie verbundenen Vorstellungen ist damit in glänzender Weise bestätigt.

11.3.3. Der Josephson-Effekt

11.3.3.1. Der Josephson-Gleichstrom

Im Jahre 1962 wies Brian D. Josephson in einer theoretischen Arbeit nach, daß nicht nur Einzelelektronen (s. 11.2.4.), sondern auch ganze Cooper-Paare durch eine Isolierschicht tunneln können, wenn diese nur dünn genug ist ($\approx 10^{-9}$ m). Gleichzeitig sagte er einige damit verbundene interessante Erscheinungen voraus, die in der Folgezeit auch experimentell bestätigt werden konnten. Da es sich hier um einen Suprastrom handelt, vollzieht sich dieser **Josephson-Gleichstrom** bei der Spannung $U = 0$ (Bild 11.12).

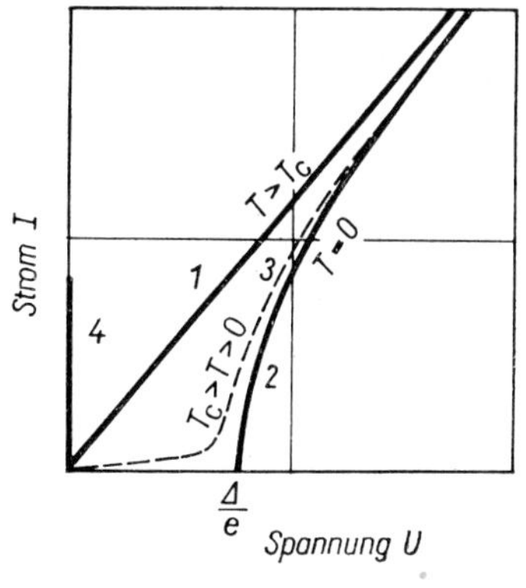

Bild 11.12 Strom-Spannungs-Charakteristik eines Tunnelkontakts
1 beide Metalle normalleitend
2 Einzelelektronenstrom bei 0 K
3 desgl. bei höherer Temperatur
4 Josephson-Gleichstrom

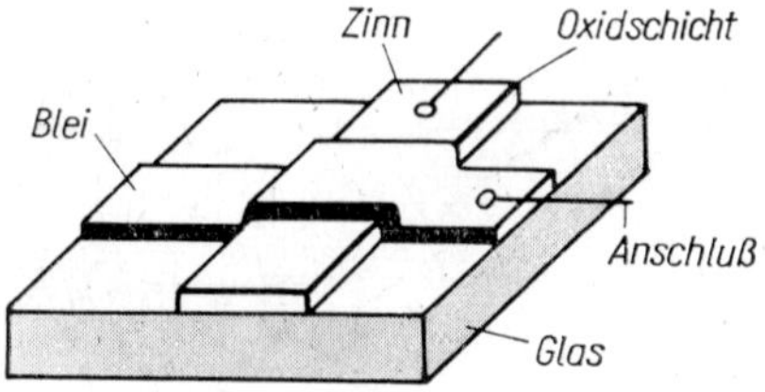

Bild 11.13 JOSEPHSON-Element (Dicke der Oxidschicht etwa 10^{-9} m)

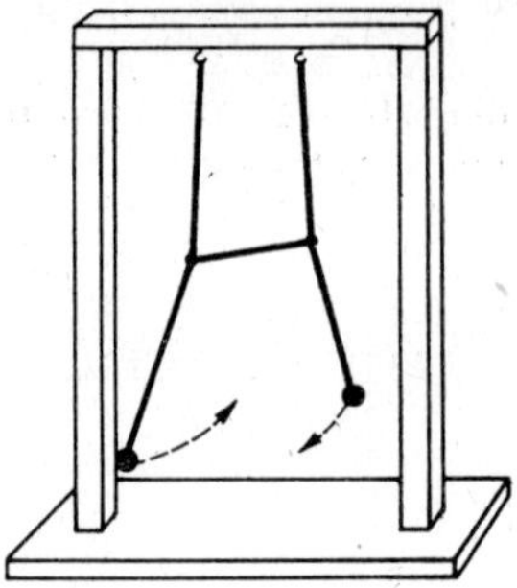

Bild 11.14 Durch einen Querfaden gekoppeltes Pendel gleicher Frequenz, im Gegentakt schwingend ($\Delta\varphi = \pm\pi$)

Ein typisches **Josephson-Element** besteht aus einer Trägerplatte, etwa Glas, auf der ein supraleitender Metallstreifen, z. B. Zinn, aufgedampft wird (Bild 11.13). Nachdem dieser durch oberflächliches Oxydieren mit einer Isolierschicht bedeckt ist, wird darüber kreuzweise ein zweiter Streifen, z. B. Blei, gelegt. Die Kreuzungsstelle ist das aktive Element.[1])

11.3.3.2. Der Josephson-Wechselstrom

Im Widerspruch zum Wesen des Suprastromes scheint es zu stehen, daß an der isolierenden Barriere auch ein Spannungsabfall U_s auftreten kann. Da im Gegensatz zum Einzelelektronen-Tunneleffekt beide Seiten des Kontaktes Supraleiter sind, ist der Spannungsabfall U_s gleichzeitig von einem hochfrequenten Wechselstrom begleitet.

Zunächst ist klar, daß die Spannung U_s im Produkt $2eU_s$ kleiner sein muß, als sie zum Aufbrechen der COOPER-Paare erforderlich wäre. Diese bleiben also erhalten. Die je COOPER-Paar zugeführte Energie $2eU_s$ setzt sich vielmehr in Strahlungsenergie $\Delta W = h\Delta f$ (14/17) um und wird beim Übergang auf die andere Seite wieder abgegeben. Deren Frequenz beträgt somit

$$\Delta f = \frac{2\,eU}{h}\,. \tag{8}$$

Zum genauen Verständnis des Vorganges ist auf die Welleneigenschaft der Elektronen zurückzugreifen, die auch für COOPER-Paare zutrifft.

Das System entspricht in dieser Auffassung dem zweier Pendel von gleicher Frequenz, die durch einen schwach gespannten Querfaden gekoppelt sind (Bild 11.14). Dieser spielt die Rolle der Isolierschicht. Beim Schwingen verändern die Pendel periodisch ihre gegenseitige Phasenlage zwischen den Extremwerten $+\pi/2$ und $-\pi/2$, d. h., es entsteht eine Schwebung mit der Frequenz $\Delta f = f_1 - f_2$, wobei f_1 und f_2 die Frequenzen der Zustände $\varphi = 0$ (Schwingen im Gleichtakt) und $\varphi = \pm\pi$ (Gegentakt) sind (s. Modellversuch in 8.1.). Die Pendel kommen dabei abwechselnd zum Stillstand, nachdem sie ihre Schwingungsenergie gegenseitig ausgetauscht haben. Dem entspricht auch der Austausch von COOPER-Paaren mit der Frequenz Δf und der Phase

$$\Delta\varphi = 2\pi\Delta f t\,. \tag{9}$$

[1]) Äußerlich gleicht die Vorrichtung einem supraleitenden Relais (Bild 11.4), wo die Isolierschicht allerdings dicker ist.

Wie nun JOSEPHSON erstmalig nachwies, ändert sich mit der gleichen Periode der durch den Tunnelkontakt fließende Strom

$$I_s = I_{s\,max} \sin \Delta\varphi \,. \tag{10}$$

Wegen Gl. (9) entsteht der Wechselstrom

$$I_s = I_{s\,max} \sin \left(2\pi \frac{2e\,U_s}{h} t\right), \tag{11}$$

dessen Frequenz von der am Kontakt liegenden Spannung U_s abhängt. Mit dieser Frequenz wird auch die dem Kontakt zugeführte Energie in Form elektromagnetischer Strahlung abgegeben.

Wegen der strengen Phasengleichheit der vom Suprastrom emittierten Quanten ist die Strahlung **kohärent**, ähnlich der Laserstrahlung. Auf die praktischen Anwendungsmöglichkeiten dieser und der damit verbundenen Erscheinungen kann hier nur flüchtig hingewiesen werden: Konstruktion von Sendern und Empfängern höchster Empfindlichkeit im Mikrowellenbereich, Präzisionsmagnetometer, Datenspeicher, Präzisionsmessung fundamentaler physikalischer Konstanten wie h/c oder c, exakte Realisierung der Spannungseinheit usw.

Beispiel: Welche Wellenlänge liefert ein JOSEPHSON-Kontakt aus Tantal bei 3,5 K, der mit der Spannung betrieben wird, die 80 % der Energielücke von Ta entspricht, und wie groß ist diese Spannung ($T_c = 4{,}39$ K)?
Mit $T/T_c = 0{,}8$ folgt aus dem Diagramm Bild 11.7 $\Delta/\Delta_0 = 0{,}7$ und $2\Delta = 0{,}7 \cdot 1{,}3 \cdot 10^{-3} \cdot 1{,}6 \cdot 10^{-19}$ J $= 1{,}46 \cdot 10^{-22}$ J. Im Kontakt werden $\Delta W = 0{,}8 \cdot 2\,\Delta = 1{,}16 \cdot 10^{-22}$ J umgesetzt. Das entspricht nach Gl. (1/3) der Wellenlänge $\lambda = \frac{c}{f} = \frac{ch}{W} = 1{,}7$ mm; die erforderliche Spannung ist $U_s = \frac{0{,}8 \cdot 2\,\Delta}{2e} = 0{,}36$ mV.

11.4. Supraleiter II. Art

11.4.1. Kritische Größen

Erinnern wir uns an den MEISSNER-Effekt (s. 11.1.2.), so sieht es mit der großtechnischen Anwendbarkeit von Supraströmen recht ungünstig aus. Sie würden bereits bei ziemlich schwachen Magnetfeldern zusammenbrechen und nur geringe Stromdichten zulassen. Glücklicherweise gibt es aber eine Reihe von Metallen, deren Verhalten hiervon abweicht, die **Supraleiter II. Art.** Sie weisen einen **unvollständigen Meißner-Effekt** auf. Ihre Supraleitfähigkeit bewegt sich zwischen einem **unteren kritischen Feld** B_{c1} und einem **oberen kritischen Feld** B_{c2}, das um ein Vielfaches größer sein kann (Bild 11.15). Im dazwischenliegenden Bereich kann ein von außen her einwirkendes Magnetfeld teilweise in den Supraleiter eindringen.

Es handelt sich dabei um Übergangsmetalle und Legierungen, deren spezifischer Widerstand bei Normalleitung relativ groß ist, z. B. VGa, VSi, Nb, NbAl usw. Es gibt Legierungen, die noch bei einigen 10 T (100 Kilogauß) supraleitend sind. Die höchste Induktion von 20 T (200 kG) im magnetischen Gleichfeld bzw. 60 T bei gepulstem Magnetfeld wurde in der Legierung $Pb_{0,1}Mo_{5,1}S_6$ gemessen ($T_c = 14$ K).

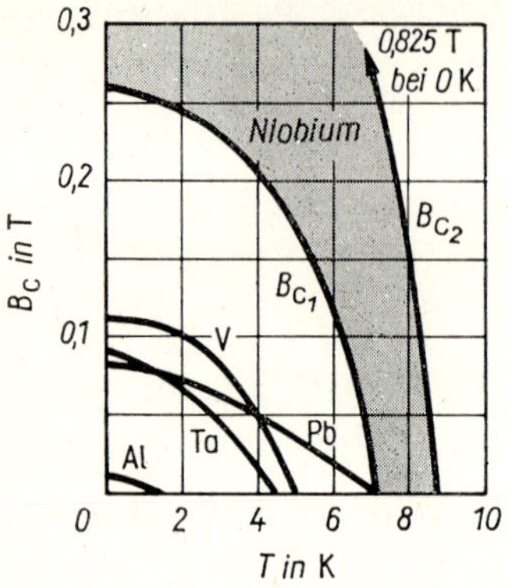

Bild 11.15 Unteres und oberes magnetisches Feld von Niobium. Zum Vergleich einige Supraleiter I. Art

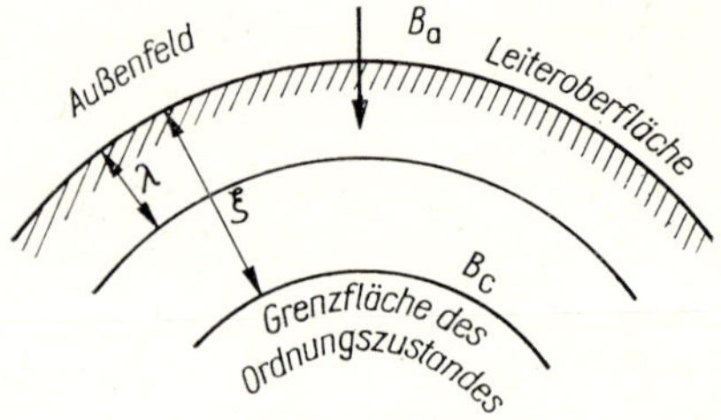

Bild 11.16 Grenzflächen in der Randschicht eines Supraleiters I. Art

11.4.2. Flußschläuche

Das Verhalten der Supraleiter II. Art wird bei Betrachtung der magnetischen Feldenergie verständlich. Wir gehen dabei von dem bekannten Ausdruck für die **Energiedichte** des homogenen Magnetfeldes aus:

$$w = \frac{B_c^2}{2\mu_0}. \tag{12}$$

Da im Innern des Supraleiters kein Magnetfeld besteht, würde im Augenblick des Eintretens der Supraleitung die gesamte im Leitervolumen vorhandene magnetische Feldenergie frei werden. Der damit einhergehende Ordnungszustand wird jedoch erst im Abstand der Kohärenzlänge ξ (s. 11.2.2.) von der Oberfläche wirksam (Bild 11.16). Zwischen dem normal- und supraleitenden Gebiet besteht also eine Grenzfläche, und diese enthält wie auch bei sonstigen aneinandergrenzenden Phasen (z. B. Wasser-Wasserdampf) eine bestimmte **Grenzflächenenergie.** Diese ist vom Supraleiter selbst aufzubringen und gleich der in der Randzone enthaltenen (nicht frei werdenden) magnetischen Feldenergie. Auf die Einheit der Grenzfläche bezogen, ist es die Grenzflächenarbeit

$$\frac{W}{A} = \frac{B_c^2 \, \xi}{2\mu_0}.$$ [1])

An der Leiteroberfläche dringt andererseits das äußere Feld B_a bis zur Tiefe λ ein (s. 11.1.2.), was für den Supraleiter einen Gewinn an Grenzflächenarbeit von $\frac{B_a^2 \lambda}{2\mu_0}$

[1]) Befindet sich die Feldenergie W im Volumen $V = Ah$ (A Grundfläche, h Höhe), so ist die Energiedichte $w = \frac{W}{V} = \frac{W}{Ah}$. Auf die Flächeneinheit entfällt dann die Oberflächenenergie $wh = \frac{W}{A}$, ausgedrückt in J/m^2.

bedeutet, da er von außen her Feldenergie aufnimmt. Die Differenz der Grenzflächenarbeiten ist daher

$$\Delta \frac{W}{A} = \frac{B_c^2 \xi - B_a^2 \lambda}{2\mu_0}. \tag{13}$$

Da im Supraleiter I. Art die Kohärenzlänge ξ größer ist als die Eindringtiefe λ, wird die vom Supraleiter aufzuwendende Grenzflächenenergie für alle $B_a < B_c$ positiv. Das ergibt den MEISSNER-Zustand mit möglichst wenig Grenzfläche.
Im Unterschied dazu ist die Eindringtiefe λ beim Supraleiter II. Art größer als die Kohärenzlänge ξ. Damit wird aber bei nicht zu kleinem Außenfeld B_a die Grenzflächenenergie nach Gl. (13) negativ, d. h., dem Supraleiter steht ein Überschuß an Energie zur Verfügung, der zur Bildung vieler neuer Grenzflächen dienen kann.
Diese Konsequenz hat zuerst der sowjetische Physiker ABRIKOSSOW (1957) aus der von GINSBURG und LANDAU aufgestellten allgemeinen Theorie der Supraleitung gezogen. Ihr zufolge dringt das äußere Feld in Form von einzelnen Schläuchen (Bild 11.17) in den Leiter ein. In einem solchen **Abrikossow-Schlauch,** häufig auch **Faden** oder **Flußlinie** genannt, gibt es keine COOPER-Paare. Alle Flußlinien haben bei gegebenem Magnetfeld den gleichen Durchmesser, wobei das Produkt aus Induktion und Querschnitt konstant, und zwar genau gleich einem Flußquant ist (s. 11.3.1.).
Ihre experimentelle Bestätigung erfuhr diese Theorie durch ESSMANN und TRÄUBLE (1967), die mittels Kondensation feinster Eisenpartikeln auf supraleitenden Oberflächen diese Flußfäden im Elektronenmikroskop sichtbar machen konnten (Bild 11.18).

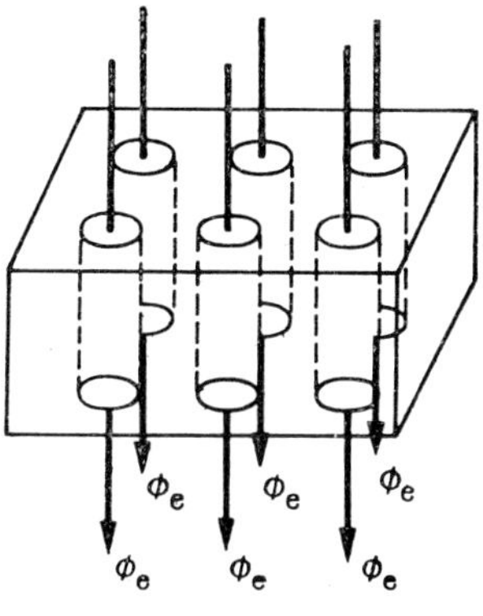

Bild 11.17 Flußlinien (ABRIKOSSOW-Schläuche) im Supraleiter II. Art

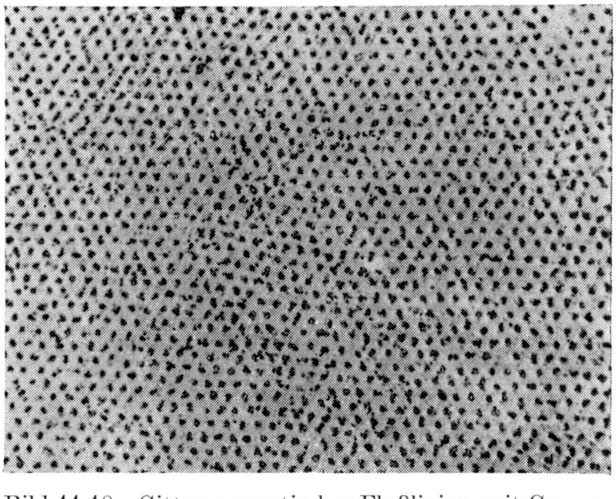
Bild 11.18 Gitter magnetischer Flußlinien, mit Co dekoriert

11.4.3. Harte Supraleiter

Der praktischen Anwendbarkeit der Supraleiter II. Art stellt sich noch eine prinzipielle Schwierigkeit entgegen. Die Flußlinien erweisen sich als äußerst beweglich und können infolge von LORENTZ-Kräften im Magnetfeld leicht in Bewegung geraten.

Durch die dabei bewirkte Unruhe im Gitter wird Wärme erzeugt; es entsteht ein elektrischer Widerstand, was in einem Supraleiter eigentlich paradox ist.[1])
Es gibt aber Mittel und Wege, die Bewegung der Flußlinien zu verhindern, da sie sich an den Inhomogenitäten des Gitters und an Kristallkorngrenzen stauen und festsetzen. Es handelt sich also darum, möglichst viele **Haftstellen** (pinning-Zentren) für die Flußfäden zu schaffen, wozu sich mehrere Praktiken bereits bewährt haben: Kaltverformen durch Walzen und Ziehen, Ausscheidung von Fremdstoffen beim Erstarren aus dem Schmelzfluß, Herbeiführen von Gitterstörungen durch Bestrahlen.

Bild 11.19 Supraleitende Spule vor dem Einbau in eine Blasenkammer

Mit derartigen **harten Supraleitern**[2]) oder **Hochfeld-Hochstrom-Supraleitern** können überaus hohe Stromdichten erreicht werden (Bild 11.19). So kann z. B. ein aus V_3Gahergestelltes Kabel bei 4,2 K eine Stromdichte von 10^4 A/mm^2 führen! Das entspricht einem Strom von 80 A in einem Draht von nur 0,1 mm Durchmesser.

Hochstromführende Supraleiter sind nicht ungefährlich. Unvorhergesehene Störungen an irgendeiner Stelle können zu plötzlichem Wärmestau und zur Explosion der ganzen Anlage führen. Aus Sicherheitsgründen werden die Leiter daher mit einem Mantel aus Kupfer versehen oder als Bündel supraleitender Fäden in Kupfer eingebettet (Bild 11.20). Der niederohmige Kupfermantel fängt den Strom auf, und das Kühlmittel kann den alten Zustand wieder herstellen.
Große supraleitende Magnete mit Heliumkühlung sind bereits in größerer Anzahl in Forschungsinstituten, meist für Teilchenbeschleuniger und Blasenkammern, in Betrieb.

[1]) Die Bezeichnung Supraleiter ist dennoch berechtigt, wenn als deren Charakteristikum die Anwesenheit von Cooper-Paaren betrachtet wird.
[2]) In der älteren Literatur wurden Supraleiter I. Art als «weiche» und solche II. Art als «harte» Supraleiter bezeichnet.

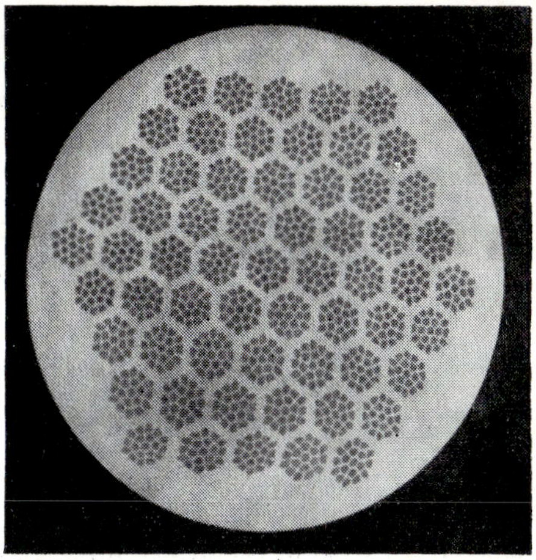

Bild 11.20 NbTi-Hochfeld-Supraleiter im Querschnitt

Die aufzuwendende Kälteleistung beträgt nur einen kleinen Bruchteil der Verlustleistung konventioneller Elektromagnete, die z. B. bei einer Blasenkammer in Berkeley 8 MW beträgt. Ein entscheidender Durchbruch wird von der Entwicklung neuer Supraleiter mit Sprungtemperaturen erwartet, die mit einem guten Sicherheitsspielraum über dem Verdampfungspunkt flüssigen Wasserstoffs liegen (20,4 K). Damit würde die technologisch-ökonomische Seite des Kühlproblems wesentlich vereinfacht. Dagegen ist die Entwicklung organischer Werkstoffe, die bereits bei gewöhnlichen Temperaturen supraleitend sein könnten, noch nicht über das Stadium theoretischer Erwägungen hinausgekommen.

12. Magnetische Eigenschaften der Festkörper

12.1. Magnetische Grundeigenschaften und Grundgrößen

12.1.1. Grundgrößen des magnetischen Feldes

Alle in Bewegung befindlichen elektrischen Ladungen rufen in ihrer Umgebung magnetische Felder hervor. So ist z. B. das Innere einer stromdurchflossenen Zylinderspule von einem parallel zur Längsachse gerichteten Magnetfeld erfüllt, dessen Feldlinien an beiden Enden in den freien Raum austreten. In ihrem Mittelpunkt besteht die **magnetische Feldstärke**

$$H = \frac{IN}{l}. \tag{1}$$

Mit der Stromstärke I in A, der Windungszahl N und der Spulenlänge l in m ergibt sich die Feldstärke in A/m.
Das magnetische Feld kann aber auch mit Hilfe des Spannungsstoßes $\int U\,\mathrm{d}t$ in Vs (Wb) gemessen werden, den es im Augenblick seines Entstehens oder Vergehens in einer sekundären Stromschleife induziert. Wird diese von den Feldlinien rechtwinklig durchsetzt und die von ihr umrandete Fläche in m^2 gemessen, ergibt sich die **magnetische Induktion** B in Vs/m^2 (T). Zwischen der Feldstärke H und der Induktion B besteht im Vakuum die Beziehung

$$B = \mu_0 H \tag{2}$$

mit der **magnetischen Feldkonstanten**

$$\mu_0 = 4\pi \cdot 10^{-7}\,\mathrm{Vs/(Am)}\,. \tag{3}$$

Sobald aber das Magnetfeld von einem stofflichen Medium erfüllt ist, weicht die Induktion B von diesem Wert mehr oder weniger ab. Es gilt dann vielmehr

$$B = \mu_0 \mu_r H\,, \tag{4}$$

wobei die **Permeabilitätszahl** μ_r größer oder kleiner als 1 sein kann.
Dieser Sachverhalt kann auch in einer anderen Form beschrieben werden:

$$B = \mu_0 (H + M)\,, \tag{5}$$

wobei die **Magnetisierung** M den Anteil an der Feldstärke bedeutet, der allein von dem Stoff herrührt, der vom Feld durchdrungen wird. Durch Gleichsetzen von Gl. (4)

und Gl. (5) findet man

$$M = H\,(\mu_r - 1) \tag{6}$$

und erhält dabei die **magnetische Suszeptibilität**[1])

$$\chi = \mu_r - 1 \quad \text{oder auch} \tag{7}$$

$$\chi = \frac{M}{H} \tag{8}$$

als das Verhältnis der Magnetisierung zur Feldstärke.
Vielfach wird auch die **spezifische Suszeptibilität** $\varkappa$ angegeben. Hierunter versteht man den Quotienten

$$\varkappa = \frac{\chi}{\varrho} \tag{9}$$

aus der Suszeptibilität und der Dichte ϱ des Materials. Die in Tabelle 11, Spalte 20 (Seite 199ff.) ersichtlichen Werte für $\varkappa$ zeigen, daß dia- und paramagnetische Erscheinungen unter gewöhnlichen Umständen kaum bemerkbar sind. Bei einigen Elementen hängt die Suszeptibilität von der Orientierung des Kristalls zum Magnetfeld ab.

Beispiele: 1. Welchen Wert hat die Permeabilitätszahl μ_r für Blei, wenn die Tabellenwerte für $\varkappa$ und ϱ zugrunde gelegt werden? – $\chi = \varkappa\varrho = -0{,}139 \cdot 10^{-8} \cdot 11{,}34 \cdot 10^{3} = -0{,}158 \cdot 10^{-5}$ und hieraus $\mu_r = 1 + \chi = 0{,}999\,984$.
2. Für Silizium, Aluminium und Mangan ergibt sich auf dem gleichen Weg $\mu_{rSi} = 0{,}999\,997$, $\mu_{rAl} = 1{,}000\,021$, $\mu_{rMn} = 1{,}000\,829$.

12.1.2. Allgemeines Verhalten der Stoffe im Magnetfeld

Hinsichtlich des Zahlenwertes und des Vorzeichens der Suszeptibilität unterscheidet man hauptsächlich drei Arten von Stoffen:

1. Diamagnetische Stoffe ($\chi < 0$) werden von Magnetfeldern abgestoßen; die Dichte der Feldlinien in ihrem Innern ist kleiner als im freien Raum (Bild 12.1a). Beispiele: Cu, Pb, Bi.

2. Paramagnetische Stoffe ($\chi > 0$) werden von äußeren Magnetfeldern angezogen; die Dichte der Feldlinien in ihrem Innern ist größer als im freien Raum (Bild 12.1b). Beispiele: Al, Cr, Mn.

3. Ferromagnetische Stoffe ($\chi \gg 0$) können selbst starke Magnetfelder hervorrufen und finden als **Elektromagnete** (mit umgebender Stromspule) oder als **permanente Magnete** (ohne Fremderregung) umfassende technische Anwendungen. Beispiele: Fe, Co, Ni, Gd sowie viele Legierungen.

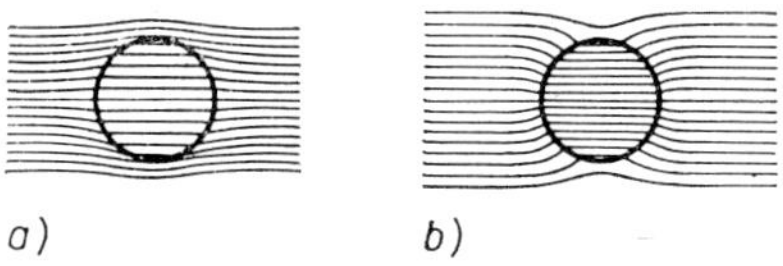

Bild 12.1 a) Diamagnetischer Stoff im homogenen Magnetfeld
b) Paramagnetischer Stoff im homogenen Magnetfeld

[1]) Mitunter werden die Werte der magnetischen Suszeptibilität noch nach dem CGS-System ausgedrückt. Beim Übergang zu den SI-Einheiten sind sie mit dem Faktor 4 π zu multiplizieren.

12.2. Der atomare Ursprung des Magnetismus

12.2.1. Das magnetische Bahn- und Spinmoment

Dem BOHRschen Atommodell liegt die Vorstellung von Elektronen zugrunde, die mit der Winkelgeschwindigkeit ω um den Kern laufen und dabei den Bahndrehimpuls (14/28)

$$m_e r^2 \omega = n \frac{h}{2\pi} = n\hbar \tag{10}$$

haben. Gleichzeitig rotieren sie um ihre eigene Achse, d. h., sie haben einen Spin vom Betrag $\pm \frac{1}{2}\hbar$.

Sowohl die Bahn- als auch die Spinbewegung haben zunächst ein **magnetisches Moment** $\boldsymbol{m}$ zur Folge. Für einen einfachen Kreisstrom ist es als Produkt aus der Stromstärke I und der umlaufenen Fläche $\boldsymbol{A}$ definiert:

$$\boldsymbol{m} = I\boldsymbol{A}\,. \tag{11}$$

Hierunter kann man sich auch einen kleinen, auf der Bahnebene senkrecht stehenden Elementarmagneten (magnetischen Dipol) vorstellen, der sich in einem äußeren Feld $\boldsymbol{B}$ parallel zu diesem ausrichtet (Bild 12.2). Seine Einheit ist $\mathrm{A \cdot m^2}$.

Schließt der Dipol dagegen mit dem Magnetfeld den Winkel α ein (Bild 12.3), so ruft er das **mechanische Drehmoment**

$$\boldsymbol{M}_{\text{mech}} = (I\boldsymbol{A}) \times \boldsymbol{B} = \boldsymbol{m} \times \boldsymbol{B} \tag{12}$$

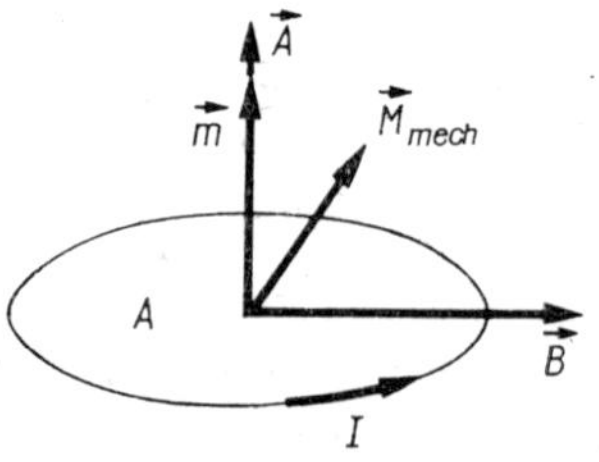

Bild 12.2 Kreisstrom I und magnetisches Moment $\boldsymbol{m}$. Mechanisches Drehmoment $\boldsymbol{M}_{\text{mech}}$ steht senkrecht auf der Ebene von $\boldsymbol{m}$ und $\boldsymbol{B}$.

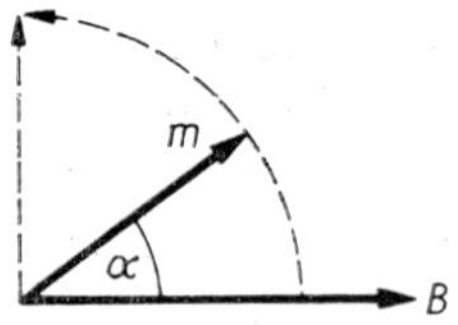

Bild 12.3 Drehung des magnetischen Momentes $\boldsymbol{m}$ im magnetischen Feld $\boldsymbol{B}$ unter Arbeitsaufwand

hervor. Jede Drehung des Dipols im Magnetfeld erfordert daher eine bestimmte Arbeit. Soll der Dipol z. B. aus der anfänglichen Parallelstellung mit der Feldrichtung um den Winkel α bis zur vollständigen Querstellung gedreht werden, ist die Arbeit

$$W = \int_0^{90^\circ} mB \sin\alpha \, d\alpha = - \, mB \cos\alpha \Big|_0^{90^\circ} = mB \tag{13}$$

aufzuwenden.

Das mit der Frequenz f um den Kern des Wasserstoffatoms kreisende Elektron kann ebenfalls als ein Strom $I = e\,f$ aufgefaßt werden. Mit der umlaufenen Fläche $A = \pi r^2$ ergibt sich nach Gl. (11) sein **magnetisches Bahnmoment**

$$\mu = ef\,\pi r^2 = \frac{er^2\omega}{2}. \tag{14}$$

In Verbindung mit dem Bahndrehimpuls Gl. (10) $r^2\omega = \dfrac{h}{2\pi m_e}$ nennt man es auch das **Bohrsche Magneton**

$$\mu_B = \frac{eh}{4\pi m_e}. \tag{15}$$

Sein Zahlenwert ist mit den bekannten Konstanten

$$\mu_B = 0{,}9274 \cdot 10^{-23}\,\mathrm{A\,m^2} \quad \text{(oder auch J/T)}.$$

Von gleich großem Betrag ist auch das aus dem *Eigen*drehimpuls hervorgehende **magnetische Spinmoment.**
Beide Arten des magnetischen Momentes machen sich nach außen hin in prinzipiell unterschiedlicher Weise bemerkbar. Die vom **Spin** herrührenden Momente verhalten sich wie kleine permanente Magnete, für die es energetisch am günstigsten ist, sich parallel zum äußeren Feld einzustellen. Damit erklärt sich das Verhalten der paramagnetischen Atome, die in das Feld hineingezogen werden. Die Erscheinung muß natürlich ausbleiben, wenn das Atom gleich viele Elektronen mit Rechts- und Linksspin enthält.
Ganz anders aber reagieren die magnetischen **Bahnmomente.** Die um den Kern laufenden Elektronen erfahren in einem von außen her wirkenden Feld eine Kreiselwirkung derart, daß in jedem Fall ein diesem entgegengesetztes Moment und damit eine abstoßende Wirkung zu stande kommt.

12.2.2. Dia- und paramagnetische Festkörper

Nach dem soeben Gesagten sind alle Stoffe grundsätzlich diamagnetisch, zumal dann, wenn ihre Atome gleich viele Elektronen mit Rechts- und Linksspin enthalten. Auch alle Festkörper, die sich durch gegenseitige Bindung von Elektronenpaaren bilden, z. B. Germanium und Silizium, sind rein diamagnetisch.
Bei jenen Elementen dagegen, deren Energieniveaus nicht voll besetzt und deren Atome nicht durch Elektronenpaare, d. h. also homöopolar, gebunden sind, tritt noch der von den nicht abgesättigten Spinmomenten herrührende Paramagnetismus hinzu. Zwar sind die paramagnetischen Momente in derartigen Atomen von vornherein schon enthalten. Infolge der Wärmebewegung sind sie jedoch völlig regellos verteilt, ihre Summe ist im Mittel gleich Null. Erst nach Anlegen eines äußeren Feldes erhalten sie eine Vorzugsrichtung, wozu nach Gl. (13) die Arbeit $\mu_B B$ erforderlich ist, um die auf das Atom übertragene thermische Energie $k_B T$ zu überwinden. Genauere Überlegungen führen dann zum **Gesetz von Curie:**

Die paramagnetische Suszeptibilität ist der absoluten Temperatur umgekehrt proportional.

$$\chi = \frac{C}{T}. \tag{16}$$

Das Gesetz gilt nur dann, wenn die magnetischen Momente der Atome selbst von der Temperatur unabhängig sind, sie sich frei im Raum drehen können und der Diamagnetismus vernachlässigt werden kann.

Beispiel: Welche Suszeptibilität hat Chrom bei 800 K, wenn die spezifische Suszeptibilität bei 293 K mit $3{,}98 \cdot 10^{-8}$ m³/kg angegeben wird? – Nach Gl. (16) ist die Curie-Konstante $C = \chi T$ und $\chi' = \frac{\chi T}{T'} = 1{,}05 \cdot 10^{-4}$.

12.2.3. Der Paramagnetismus der Metalle

Die Metalle nehmen dadurch eine Sonderstellung ein, daß sich drei Effekte einander überlagern:

1. der Diamagnetismus der positiven Atomrümpfe,
2. der Diamagnetismus der freien Elektronen infolge ihrer ungeordneten Bewegung im Feld sowie
3. der vom Spin der freien Elektronen herrührende Paramagnetismus.

Nach W. Pauli (1927) kommt der Paramagnetismus wie folgt zustande. Die im Leitungsband vorhandenen Elektronen besetzen dieses bis zum Fermi-Niveau, wobei jedes der zahllosen Einzelniveaus von je 2 Elektronen mit entgegengesetztem Spin belegt wird und das resultierende Moment demnach gleich Null ist (Bild 12.4 a). Beim Anlegen eines äußeren Feldes stellt sich zunächst die eine Hälfte der Dipole in Feldrichtung, die andere Hälfte *gegen* die Feldrichtung ein (Bild 12.4 b). Daraus resultiert der Energieunterschied

$$\Delta W = 2\mu_B B, \tag{17}$$

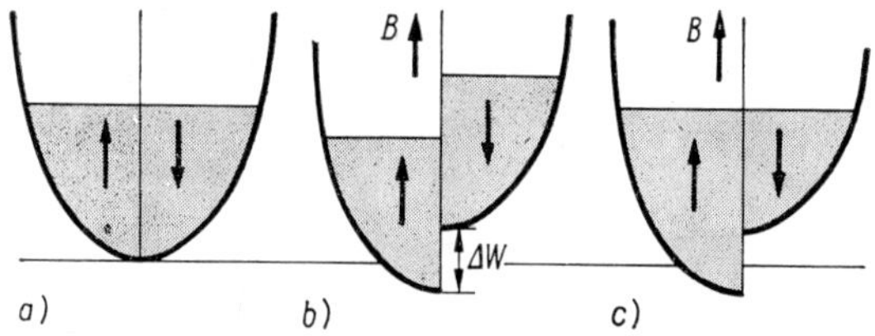

Bild 12.4 Veränderung der besetzten Zustände im freien Elektronengas bei Einwirkung eines Magnetfeldes
a) Ohne Feld: gleich viele Zustände beider Spinrichtungen
b) Mit Feld: energetische Verschiebung durch parallele und antiparallele Einstellung der Spinmomente
c) Wiederherstellung des einheitlichen Fermi-Niveaus

der im Bild dadurch verdeutlicht wird, daß beide Elektronensysteme getrennt gezeichnet sind. Da aber die Fermi-Niveaus nicht mehr in gleicher Höhe sind, müssen aus dem höher liegenden Band so lange Elektronen abfließen, bis die Niveaus in beiden Halbbändern gleich hoch liegen (Bild 12.4 c). Die Differenz der Elektronenzahlen ergibt dann überwiegenden Paramagnetismus. Dieser setzt sich additiv mit den diamagnetischen Komponenten zusammen. So ist es möglich, daß bei den Metallen Cu, Ag, Au und Pb der Diamagnetismus immer noch überwiegt und auch paramagnetische Atome (z. B. Bi) diamagnetische Metalle sowie diamagnetische Metalle paramagnetische Legierungen bilden können.

12.3. Struktureller Magnetismus

12.3.1. Spinstrukturen

Während die bisher besprochenen magnetischen Erscheinungen erst unter dem ordnenden Einfluß äußerer Magnetfelder zutage treten, gibt es eine Reihe von Stoffen, die auch ohne äußeres Feld eine **spontane Magnetisierung** mit auffallend großer Suszeptibilität aufweisen. Ihre Spins sind innerhalb größerer Bereiche von Natur aus gesetzmäßig geordnet. Wegen des gleichsinnigen Zusammenwirkens vieler Spinmomente spricht man auch von **kollektivem** oder **strukturellem Magnetismus.** Die wichtigsten Möglichkeiten derartiger Ordnungsformen zeigt Bild 12.5:

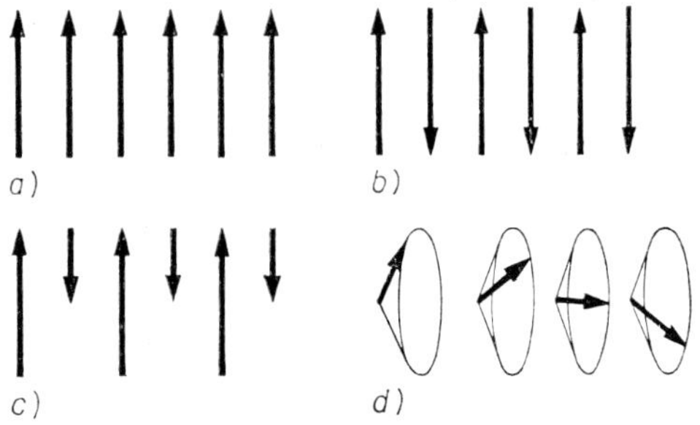

Bild 12.5 Spinstrukturen:
a) Ferromagnetische Struktur
b) Antiferromagnetische Struktur
c) Ferrimagnetische Struktur
d) Spiralstruktur

1. Ferromagnetische Struktur. Die Spinmomente benachbarter Atome liegen parallel. Beispiele: Fe, Co, Ni, Gd, EuS, zahlreiche Legierungen wie $ZrZn_2$ usw.

2. Antiferromagnetische Struktur. Die Spinmomente benachbarter Atome liegen antiparallel, weshalb auch kein magnetisches Moment mehr vorhanden ist. Beispiele: Mn, Cr, FeO_2.

3. Ferrimagnetische Struktur. Die antiparallelen Spinmomente sind von unterschiedlichem Betrag. Beispiele: Ferrite, wie Fe_3O_4, Granate, Sulfide und Selenide.

4. Spiralstruktur. Die Spinmomente sind von einem Atom zum anderen um einen bestimmten Winkel verdreht. Beispiele: Tb, Dy, Ho.

5. Sinusförmige Struktur. Die Spinmomente haben längs einer bestimmten Achse zwar gleiche Richtung, ihre Beträge wechseln aber periodisch sinusförmig. Beispiele: Tm, Er.

12.3.2. Spinstruktur und Atombau

Derart geordnete Spinzustände treten nun durchweg bei den *Übergangsmetallen* (Sc, Ti, V, Cr, Mn, Fe, Co, Ni) und den *seltenen Erden* (Ce...Yb) auf. Beide Gruppen zeichnen sich durch unvollständig aufgefüllte, innenliegende Elektronenschalen aus. In den Metallen der Eisengruppe ist es das Niveau 3d, das mit maximal 10 Elektronen. bei den seltenen Erden das Niveau 4f, das mit 14 Elektronen besetzt werden kann. Von entscheidender Wichtigkeit ist dabei die **Hundsche Regel:**

> **Bei der Besetzung eines Energieniveaus (z. B. 3d oder 4f) werden zuerst ausschließlich Elektronen einer Spinrichtung eingebaut und erst danach die übrigen mit umgekehrtem Spin.**

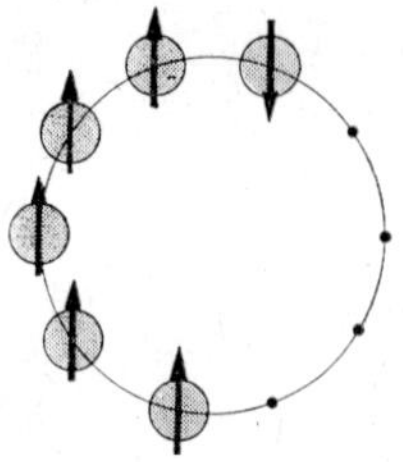

Bild 12.6 Besetzung der Unterschale 3d des Eisenatoms. Die Pfeile deuten die Spinrichtungen an.

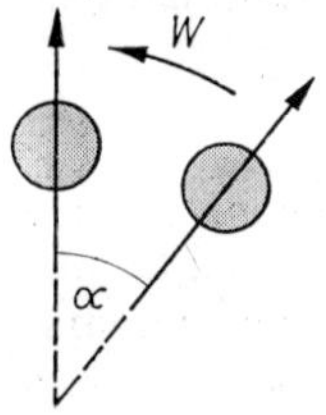

Bild 12.7 Energieaufwand bei der Verdrehung zweier Dipole

So hat z. B. das an der 5. Stelle stehende Mangan 5 Elektronen einheitlicher Spinrichtung und damit ein atomares Spinmoment von $5\mu_B$ und das Europium mit 7 Elektronen in der 4f-Schale das Moment $7\mu_B$. Beim Eisenatom (Bild 12.6) sind andererseits nur noch 4 und beim Nickelatom 2 nicht kompensierte Spins vorhanden. Im metallischen Festkörper sind diese Relationen allerdings stark verändert; die Spinmomente je Atom sind nicht mehr ganzzahlige Vielfache des BOHRschen Magnetons μ_B.

12.3.3. Die Austauschenergie

Die soeben zitierte HUNDsche Regel zeigt, daß unter bestimmten Bedingungen benachbarte Spins sich parallel einstellen. Unter anderen Bedingungen aber kann das PAULI-Prinzip eine Antiparallelstellung erzwingen.
Betrachten wir lediglich 2 benachbarte Atome, so kommt es auf die **Austauschenergie** W an. Diese verursacht eine Kopplung der beiden Spins in ähnlicher Weise, wie wir sie bei der Atombindung (s. 2.2.3.) kennengelernt haben. Sie stellt die Arbeit dar, die zugeführt werden muß, um die Spins zweier Elektronen aus ihrer Parallelstellung heraus um den Winkel α zu verdrehen (Bild 12.7):

$$W = C\,(1 - \cos\alpha)\,. \qquad (18)$$

Die Konstante C ist proportional zum **Austauschintegral** A, dessen Betrag von den Abständen der Atomkerne und der in Frage kommenden Elektronen abhängt (Bild 12.8). Bei den Ferromagnetika ist das Austauschintegral A positiv, so daß die Aus-

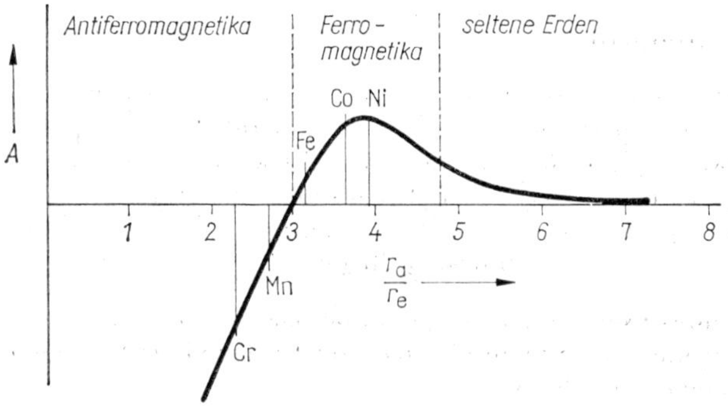

Bild 12.8 Austauschintegral in Abhängigkeit vom Verhältnis $\frac{\text{Atomabstand } r_a}{\text{Bahnradius der Elektronen } r_e}$

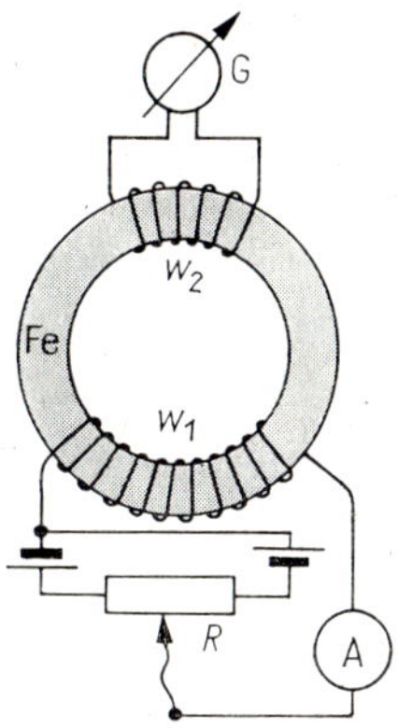

Bild 12.9 Anordnung zur Messung der Hysteresis eines Eisenkerns.
R schrittweise verstellbarer Widerstand, A Strommesser zur Messung der Feldstärke H, G Galvanometer zur Messung der Induktion B

tauschenergie W nach Gl. (18) bei parallelem Spin ($\alpha = 0$) ihren Minimalwert annimmt. Die Kopplung ist dann am stabilsten; denn jedes System ist im Gleichgewicht, wenn seine Energie (z. B. die potentielle Energie) ihren kleinstmöglichen Wert hat.
Bei negativem Austauschintegral ist die Kopplung mit antiparallelem Spin ($\alpha = 180°$) energetisch am günstigsten (s. Antiferromagnetismus, Abschn. 12.5.). Das Vorzeichen des Austauschintegrals aber hängt vom Verhältnis $\frac{\text{Atomabstand}}{\text{Radius der d- bzw. f-Schale}}$ ab. Ferromagnetismus ergibt sich erst, wenn der Atomabstand mindestens das 3fache des Radius der 3d-Schale beträgt.

12.4. Der Ferromagnetismus

12.4.1. Die Magnetisierungskurve

Das tatsächliche Verhalten der ferromagnetischen Stoffe hängt nicht nur vom Atombau, sondern in entscheidender Weise von der technologischen und thermischen Behandlung sowie der vorausgegangenen Einwirkung äußerer Magnetfelder ab.
Um den Magnetisierungsvorgang genauer zu verfolgen, wird dabei wie folgt verfahren. Ein zur Vermeidung von Streuverlusten ringförmiger Kern der zu untersuchenden Probe wird mit 2 getrennten Wicklungen versehen (Bild 12.9). Ein Strom in der Wicklung W_1 ruft eine bestimmte Feldstärke H hervor. Nach Einschalten des Stromes und dessen schrittweiser Erhöhung steigt diese in Teilbeträgen ΔH an. In der zweiten Wicklung W_2 wird dabei jedesmal ein Spannungsstoß induziert, der ein Maß für den jeweiligen Zuwachs der Induktion ΔB ist. Hiernach kann der Verlauf der Funktion $B = B(H)$ gezeichnet werden. Wird dann die Feldstärke wieder herabgesetzt, so verläuft der rückgängige Kurvenast deutlich oberhalb des aufsteigenden Astes. Beide Äste umschließen die **Hysteresisschleife** (Bild 12.10).
Bei Abschaltung des Stromes, d. h. bei $H = 0$, verbleibt daher noch eine beträchtliche Magnetisierung, der **remanente Magnetismus** B_R. Das Material ist zu einem Dauermagneten

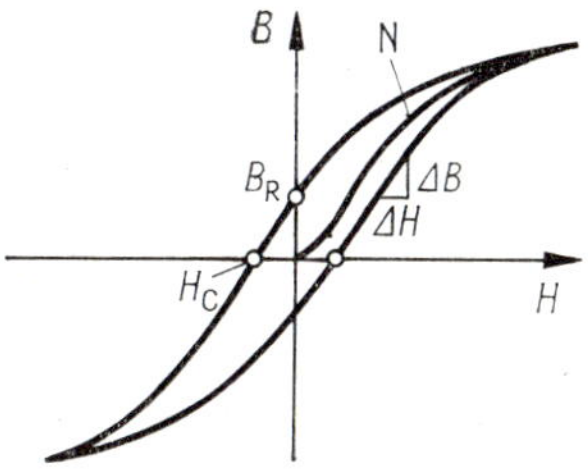

Bild 12.10 Hysteresisschleife eines ferromagnetischen Stoffes. Die Neukurve N wird nur bei der erstmaligen Magnetisierung durchlaufen.

geworden. Gute permanente Magnete zeichnen sich durch recht große Werte der Remanenz aus. Erst nach Stromumkehr gelingt es, bei der **Koerzitivfeldstärke** H_C die Induktion wieder auf den Wert 0 zu bringen. Werkstoffe mit großem H_C-Wert werden daher als **magnetisch hart** bezeichnet. Wenn schließlich bei sehr großen Feldstärken die Induktion B proportional zur Feldstärke verläuft, ist das Material **magnetisch gesättigt.** Entsprechende Werte für die Sättigungsmagnetisierung sind in Tabelle 7 angegeben.
Form und Breite der Hysteresisschleife hängen weitgehend von der Art und der technologischen Vorgeschichte des Materials ab. Bei **magnetisch weichen** Werkstoffen, z. B. Transformatorblechen, ist die Schleife extrem schmal und kann für technische Berechnungen durch eine einfache **Magnetisierungskurve** angenähert werden.

Beispiel: Welche Induktion, Suszeptibilität und Permeabilität ergibt sich für reines Eisen im Falle magnetischer Sättigung bei der Feldstärke $H = 2 \cdot 10^4$ A/m? – Nach Gl. (5) und Tabelle 7 ist $B_S = \mu_0 (H + M_S) =$

$$\frac{1{,}257 \cdot 10^{-6}\,\text{Vs}\,(2 \cdot 10^4 + 1{,}72 \cdot 10^6)\,\text{A}}{\text{Am} \cdot \text{m}} = 2{,}19\ \text{Vs/m}^2\ (\text{T})\ ;$$

ferner ist nach Gl. (8) $\chi = \dfrac{M}{H} = \dfrac{1{,}72 \cdot 10^6}{2 \cdot 10^4} = 86; \quad \mu_r = \chi + 1 = 87.$

Tabelle 7. Eigenschaften ferromagnetischer Stoffe

Reine Stoffe	Sättigungs-magnetisierung bei 20 °C M_S in A/m	Anzahl der Bohrschen Magnetonen μ_B	paramagnet. Curie-Temperatur T_{Cp} in K	Koerzitiv-feldstärke H_C in A/m
Eisen	$1{,}72 \cdot 10^6$	2,22	1093	80
Kobalt	$1{,}44 \cdot 10^6$	1,72	1428	796
Nickel	$0{,}48 \cdot 10^6$	0,61	650	56
Gadolinium	$2{,}02 \cdot 10^6$	7,10	292,5	

Weichmagnet. Werkstoffe	Zusammensetzung in Masse-%	H_C in A/m	Sättigungs-magnetisierung M_S in A/m	Curie-Temperatur T_C in K
Siliziumeisen	4 Si, 96 Fe	40	$1{,}57 \cdot 10^6$	963
78 Permalloy	78,5 Ni	4	$0{,}64 \cdot 10^6$	873
Supermalloy	5 Mo, 79 Ni	0,16	$0{,}63 \cdot 10^6$	673
Mu-Metall	5 Cu, 2 Cr, 77 Ni	4	$0{,}52 \cdot 10^6$	
Aperm	16 Al, 84 Fe	3,2	$0{,}64 \cdot 10^6$	673

Hartmagnetische Werkstoffe	Zusammensetzung in Masse-%	H_C in A/m	B_R in T (Vs/m²)
Kohlenstoffstahl	0,9 C, 1 Mn, 98,1 Fe	4000	1,0
Vicalloy	52 Co, 14 V, 34 Fe	36000	1,0
Alnico	14 Ni, 24 Co, 8 Al, 3 Cu, 51 Fe	43800	1,2
Bariumferrit	$BaO \cdot 6\,Fe_2O_3$	120000	0,2
$SmCo_5$		716000	0,9
Eisenpulver	100 Fe	40000	0,4

12.4.2. Ferromagnetismus und Temperatur

Die jedem Ordnungszustand entgegenwirkende Wärmebewegung setzt die Sättigungsmagnetisierung um so mehr herab, je höher die Temperatur steigt. Bei der genau festliegenden **paramagnetischen Curie-Temperatur** [1]) verschwindet der Ferromagnetismus völlig; oberhalb des **Curie-Punktes** ist dann nur noch einfacher Paramagnetismus vorhanden. In Erweiterung von Gl. (16) entsteht damit das **Curie-Weißsche Gesetz**

$$\chi = \frac{C}{T - T_{Cp}} \tag{19}$$

für die paramagnetische Suszeptibilität jenseits des Curie-Punktes T_{Cp}.

12.4.3. Domänen

Das eigentümliche Verhalten der Ferromagnetika ist nach der bereits von Pierre Weiss (1907) aufgestellten Hypothese darauf zurückzuführen, daß diese Körper in mikroskopisch kleine Bezirke, auch **Domänen** (Weissche Bereiche) genannt, aufgeteilt sind. Innerhalb jeder Domäne sind die Spins zwar völlig gleichberechtigt, die Domänen selbst aber sind von Natur aus völlig unterschiedlich orientiert, so daß sich ihre Wirkungen gegenseitig aufheben.

In jeder Domäne liegt die Magnetisierung vorzugsweise in der **leichten Richtung**. Beim Eisen sind dies die Würfelkanten [100], beim Nickel die Raumdiagonalen [111], wie dies auch die entsprechenden Magnetisierungskurven von Einkristallen zeigen (Bild 12.11). Das z. B. an einem Eiseneinkristall in der [100]-Richtung angelegte Magnetfeld fordert eine wesentlich geringere Magnetisierungsarbeit als in den anderen Richtungen.

Auch Einkristalle weisen diese Domänenstruktur auf. Sie ist kristallografisch nicht nachweisbar, ihre Bereiche sind klein gegenüber den Kristalliten des Metallgefüges. Die Domänen lassen sich u. a. nach dem von Bitter entwickelten Verfahren im Mikroskop sichtbar machen. Auf die angeschliffene Oberfläche wird ein Tropfen einer Suspension aus feindispersem Magnetit gegeben. Die Teilchen sammeln sich bevorzugt an den Grenzflächen der Domänen an und bilden die **Bitterschen Streifen** (Bild 12.12).

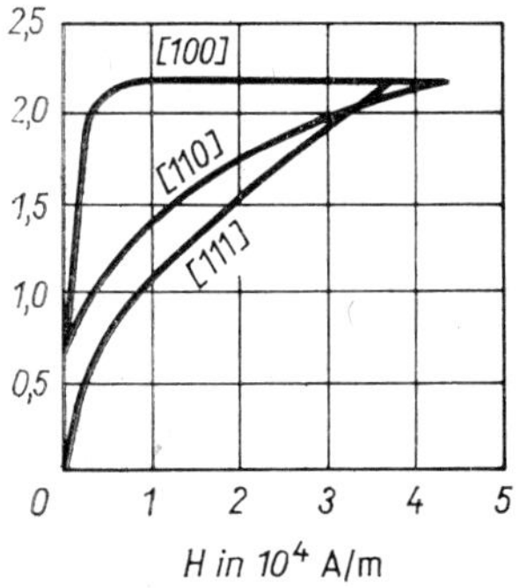

Bild 12.11 Magnetisierungskurven eines Eisen-Einkristalls bei verschiedenen Orientierungen im Magnetfeld

Bild 12.12 Bittersche Streifen auf einem Einkristall (94 Fe + 6 Al) (150fach vergrößert)

[1]) Der ferromagnetische Curie-Punkt T_{Cf} liegt ein wenig niedriger.

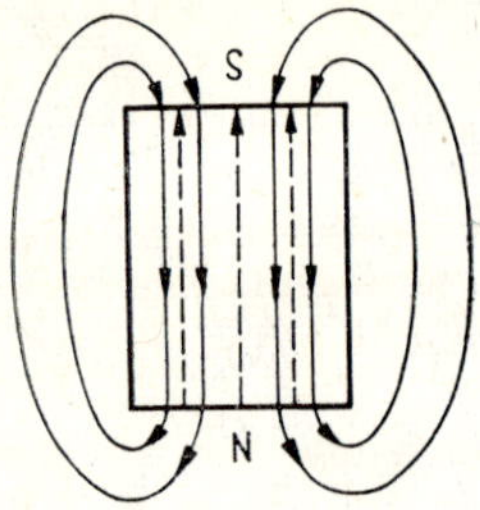

Bild 12.13 Entmagnetisierung. Die gestrichelten Feldlinien laufen dem primären Feld entgegen.

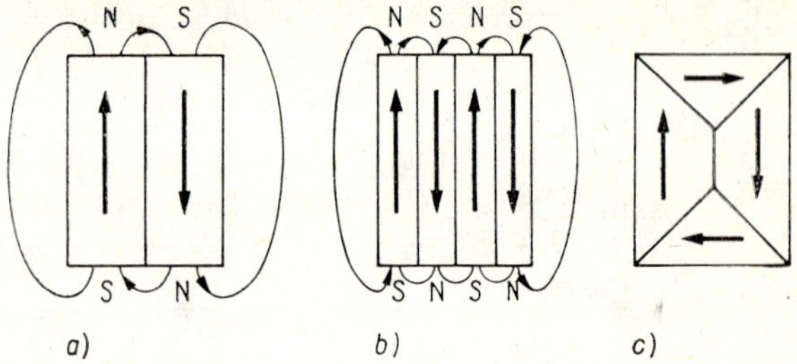

Bild 12.14 a) und b) Verringerung der Entmagnetisierung bei zunehmender Aufteilung in Domänen c) vollständige Schließung des magnetischen Flusses durch 90°-Wände und Wegfall der Entmagnetisierung

Einen Anhaltspunkt für die Größe der Domänen liefert die Erscheinung der **Entmagnetisierung.** Die vom Nordpol eines Magneten ausgehenden Feldlinien laufen nämlich nicht nur auf dem Umweg über den freien Raum in den Südpol zurück, sondern z. T. auch auf dem kürzeren Weg im Material selbst (Bild 12.13). Dieses rückläufige Feld ist der Richtung der spontanen Magnetisierung entgegengerichtet und schwächt das primär vorhandene Feld H:

$$H' = H - NM\,, \tag{20}$$

wobei N den **Entmagnetisierungsfaktor** bedeutet, der von der geometrischen Form der Probe abhängt.

Unterteilt man den Kristall in 2 Hälften von entgegengesetzter Magnetisierung, so ist sofort zu erkennen, daß ein Teil der Feldlinien den kurzen Weg im Kristall ohne gegenläufige Richtung einschlägt (Bild 12.14 a). Der Entmagnetisierungsfaktor wird bei noch feinerer Unterteilung in «Domänen» entgegengesetzter Polarität immer weiter reduziert (Bild 12.14 b und c).

Im gleichen Maße aber schalten sich zwischen die Bereiche mehr und mehr Wände ein, in denen keine einheitliche Spinrichtung möglich ist. Die mathematische Analyse führt so auf einen optimalen Domänendurchmesser von etwa 10 μm.

Völlig streuungsfrei ist schließlich ein Kristall, der aus 4 unter 90° zusammenstoßenden Bereichen besteht, weil es hier keine freien Pole mehr gibt und der magnetische Feldvektor die Grenzfläche stetig durchsetzt. Auf diese Weise bilden sich auch die an der Oberfläche von Kristallen häufig auftretenden **Abschlußdomänen** (Bild 12.15).

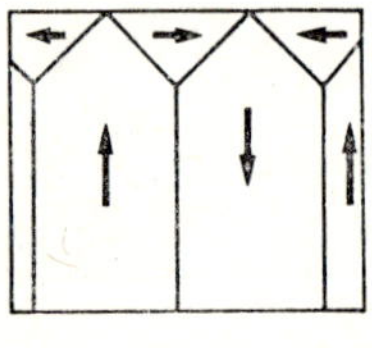

Bild 12.15 Abschlußdomänen in der Ebene (100) von Eisen (Die Magnetisierung ist durch Pfeile angedeutet.)

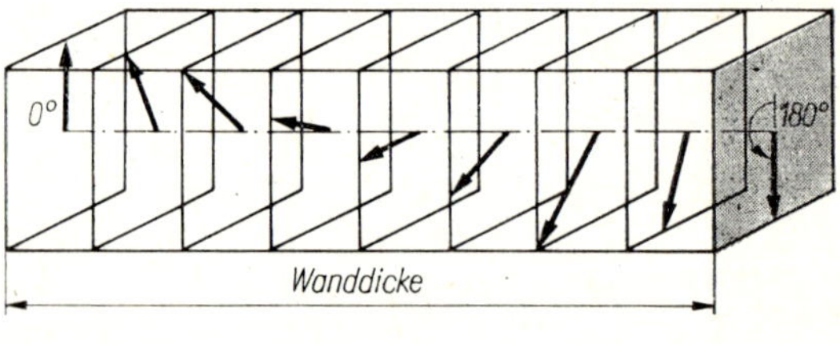

Bild 12.16 Drehung der Magnetisierungsrichtung in einer 180°-Bloch-Wand

12.4.4. Die Bloch-Wände und ihre Verschiebung

Wie von Bloch (1932) zuerst erkannt wurde, muß der zwischen zwei Domänen unterschiedlicher Magnetisierungsrichtung bestehende Übergang aus energetischen Gründen von endlicher Ausdehnung sein. Die Dicke einer solchen **Bloch-Wand** beträgt je nach Material etwa 100...1000 Atomabstände. Innerhalb der Wand dreht sich die Richtung der Magnetisierung der einen Domäne in die der benachbarten. Die Drehung erfolgt dabei in der Ebene der Wandfläche (Bild 12.16, 12.17).

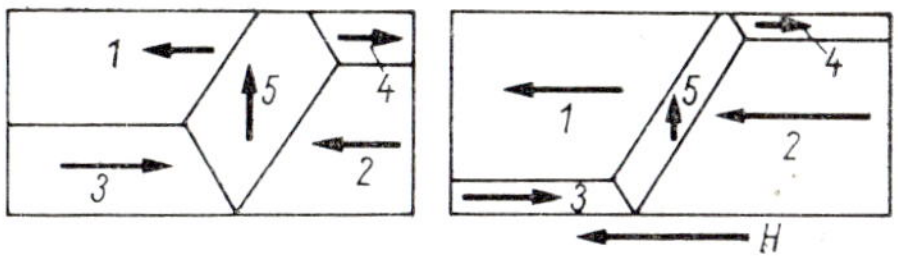

Bild 12.18 Wandverschiebung in einem Eisenkristall

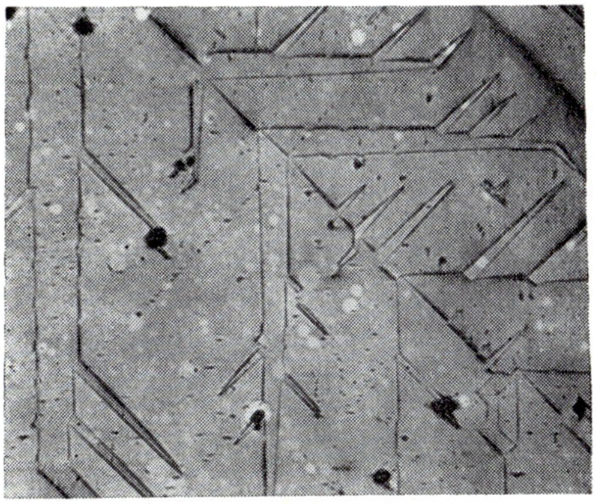

Bild 12.17 90°- und 180°-Bloch-Wände im FeAl-Einkristall ((100)-Ebene)

Inwiefern die Austauschenergie bei endlicher Wanddicke erheblich kleiner als bei unvermitteltem Übergang ist, lehrt die folgende Überlegung. Nach Gl. (18) ist die Austauschenergie zwischen zwei Spins, die um den Winkel α verdreht werden,

$$W = C\,(1 - \cos\alpha) \qquad (18)$$

und nimmt z. B. für $\alpha = 180°$ den Betrag $2\,C$ an. In einer etwa aus 12 Atomlagen bestehenden 180°-Wand beträgt die gegenseitige Verdrehung nur 15° und die Austauschenergie nur noch

$$W = 12\,C\,(1 - \cos 15°) = 0{,}41\ C.$$

Damit sind wir jetzt in der Lage, den Vorgang der Magnetisierung zu verfolgen. Bei Erhöhung der Feldstärke H wachsen die Domänen, deren Magnetisierungsrichtung mit der des äußeren Magnetfeldes den kleinsten Winkel bildet, auf Kosten der übrigen, weil dabei die geringste Energie verbraucht wird (Bild 12.18). Da die Bloch-Wände an allen Stellen gestörten Gitterbaus stark anhaften, lassen sich diese **Wandverschiebungen** bei der Herstellung von Dauermagneten durch entsprechende Wärmebehandlung weitgehend erschweren.

Die Spinmomente innerhalb der Domänen können aber auch durch **Drehprozesse** ihre Richtung ändern. Sowohl diese Drehungen als auch die Wandverschiebungen sind wiederum bei Materialien mit starker Kopplung zwischen Spin- und Bahnmomenten erschwert, da die Bahnmomente infolge der Wechselwirkung zwischen den Elektronen benachbarter Atome fest im Gitter verankert sind. Dies ist z. B. bei Kobalt und $SmCo_5$ der Fall. Beide Materialien liefern permanente Magnete von außergewöhnlich großer Koerzitivfeldstärke.

Ein weiterer Weg zur Herstellung starker Permanentmagnete besteht darin, das Material zu pulverisieren und dann zusammenzusintern. Die kleinen Partikeln stellen **Einbereichsteilchen** dar, zwischen denen von vornherein keine BLOCH-Wände bestehen. Wandverschiebungen sind daher auch nicht möglich. Die zur Magnetisierung notwendigen Drehprozesse werden dann durch ein **Keimbildungsfeld** eingeleitet. Bei der Herstellung der bekannten **Alnico-Dauermagnete** wird dem Grundmaterial zu diesem Zweck eine unmagnetische Ni-Al-Phase beigefügt.

12.5. Der Antiferrimagnetismus

Der zuerst von NÉEL (1932) aufgefundene **Antiferromagnetismus** ist an sich noch häufiger verbreitet als der Ferromagnetismus. In 12.3.3. war bereits die Rede davon, daß in diesem Fall das Austauschintegral negativ wird und einander benachbarte Spinmomente antiparallel gestellt sind. Beim kubisch-raumzentrierten Gitter ist diese Ordnung leicht zu überblicken. Haben die Würfelecken Linksspin, so haben die Mittelpunkte Rechtsspin. Sie bilden ihrerseits ein Würfeluntergitter in der gleichen Art, wie das bereits in Bild 1.19 zu sehen war.
Der CURIE-Temperatur entspricht dann die **Néel-Temperatur** T_N, bei deren Überschreiten die Ordnung verschwindet und wieder das CURIEsche Gesetz Gl. (16) gilt. Aber auch unterhalb dieses Punktes nimmt die Suszeptibilität ab, wobei es darauf ankommt, ob das äußere Magnetfeld senkrecht oder parallel zu den Spinachsen verläuft. Da das Verhalten nur paramagnetisch ist, kommt diesen Stoffen keine praktische Bedeutung zu.

12.6. Der Ferrimagnetismus

12.6.1. Allgemeine Eigenschaften ferrimagnetischer Stoffe

Diese gleichfalls von NÉEL (1948) entdeckte Erscheinung beruht ebenfalls auf einer Antiparallelstellung der Spins, die jedoch nicht vollständig kompensiert werden. Der Name rührt von den **Ferriten** her — Verbindungen von der Art $n(\mathrm{MeO}) \cdot m(\mathrm{Fe_2O_3})$, wobei Me das zweiwertige Ion eines der Übergangselemente (Mn, Fe, ...) bedeutet. Am bekanntesten ist der Magnetit $\mathrm{FeO \cdot Fe_2O_3}$.
In diesem Fall enthalten die beiden dreiwertigen Eisenatome je 5 und das zweiwertige Eisenatom 4 Magnetonen μ_B, was zusammen 14 μ_B ergäbe, wenn alle Spins parallel stünden. Da aber nur ein Wert von 4,1 μ_B beobachtet wird, muß angenommen werden, daß die Momente der Fe^{3+}-Ionen antiparallel stehen.
Im magnetischen Verhalten zeigen die ferrimagnetischen Stoffe alle charakteristischen Eigenschaften der Ferromagnetika: Hysterese, magnetische Sättigung, Remanenz, Koerzitivfeldstärke. Je nach Art und Herstellung gibt es weiche und harte Ferrite. Die für Speicher von Rechenanlagen vorteilhafte rechteckförmige Hysteresisschleife läßt sich durch Kombination zweier Ferrite **(Mischferrite)** erzielen, wobei die Remanenz bis zu 95 % des Sättigungswertes betragen kann.
Kristallografisch haben die kubischen Ferrite die Struktur des **Spinells** ($\mathrm{MgO \cdot Al_2O_3}$). Die Sauerstoffionen haben den größten Durchmesser und bilden eine kubisch dichteste Kugelpackung (s. 1.3.5.). Diese läßt sich auch als ein zusammenhängendes System von Oktaedern auffassen, zwischen denen sich tetraederförmige Zwickel befinden (Bild 12.19). Die Me-Ionen liegen dann in den Mittelpunkten der Tetraeder und sind damit von je 4 Sauerstoffionen umgeben, während die Eisenionen die

Mittelpunkte der Oktaeder besetzen und damit von je 6 Sauerstoffionen als unmittelbaren Nachbarn umgeben sind (Bild 12.20).
Die hier in größerer Entfernung voneinander befindlichen Metallionen sind jetzt indirekt, d. h. durch Vermittlung dazwischenliegender O-Ionen, gekoppelt. Da deren Valenzelektronen von entgegengesetztem Spin sind, werden bei diesem **Superaustausch** Spins der 3d-Elektronen benachbarter Metallionen antiparallel miteinander gekoppelt (Bild 12.21).

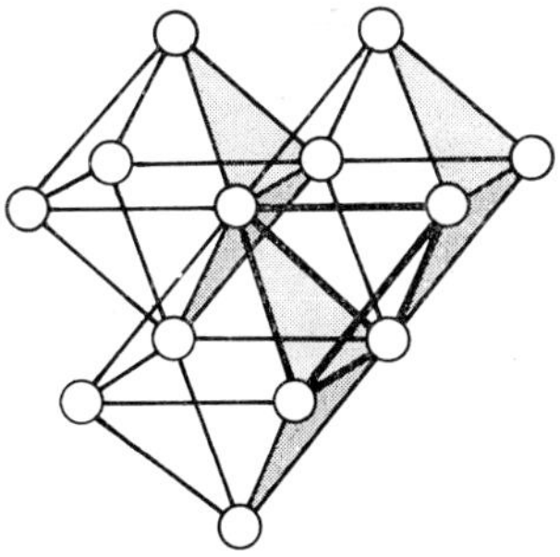

Bild 12.19 Anordnung der Sauerstoffatome in einem Ferritkristall. Rechts ist ein Tetraederraum (schwarz) hervorgehoben.

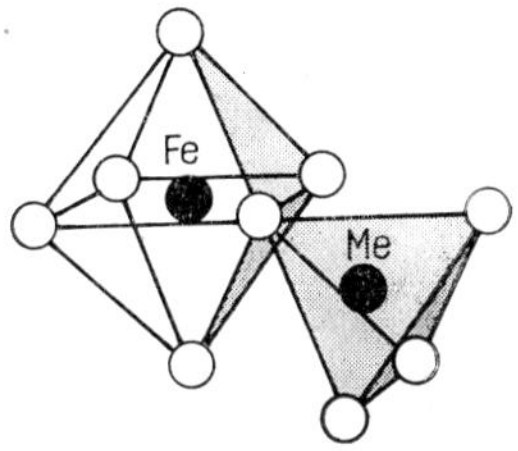

Bild 12.20 Lage der Metallionen im Ferritgitter

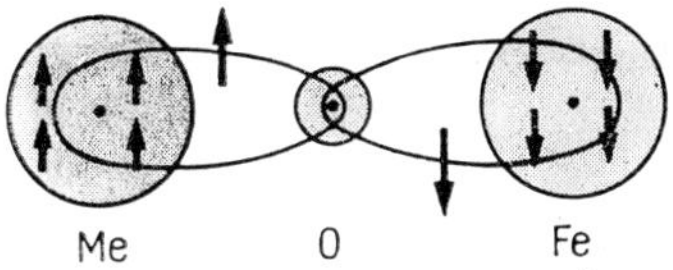

Bild 12.21 Superaustausch zwischen den Spins zweier Atoma unter Vermittlung eines Sauerstoffatoms

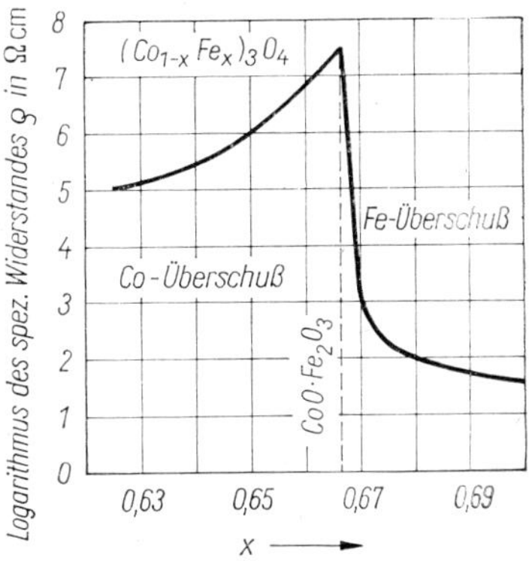

Bild 12.22 Abhängigkeit des Logarithmus des spezifischen Widerstandes ϱ des Mischferrites $(Co_{1-x}\,Fe_x)_3O_4$ vom Eisengehalt x

Die große praktische Bedeutung der Ferrite beruht auf ihrem hohen spezifischen Widerstand, der den der Metalle um das $10^5 \ldots 10^{15}$fache übertrifft. Damit eignen sie sich besonders gut als Kernmaterial für Hochfrequenzspulen, deren Verluste durch Wirbelströme möglichst gering sein müssen.
Der elektrische Widerstand der Ferrite hängt außerdem in empfindlichster Weise von ihrer chemischen Zusammensetzung ab, wie das z. B. aus Bild 12.22 hervorgeht. Es stellt den Verlauf des spezifischen Widerstandes des Mischferrites $CoO \cdot Fe_2O_3$ dar. Um Abweichungen von der genauen stöchiometrischen Zusammensetzung auszudrücken, kann auch $(Co_{1-x}\,Fe_x)_3O_4$ geschrieben werden. Die zuerst genannte Formel

ergibt sich z. B. mit $x = 0{,}67 = 2/3$. Wie das Diagramm zeigt, führt bereits ein ganz geringer Überschuß von Fe- oder Co-Ionen zu einem Abfall des spezifischen Widerstandes um mehrere Zehnerpotenzen. Die exakte Einhaltung der richtigen Zusammensetzung erfordert daher bestimmte Kunstgriffe.

12.6.2. Zylinderdomänen in dünnen Schichten

Ähnlich wie die Ferromagnetika haben auch die ferrimagnetischen Stoffe Domänenstruktur. Unter bestimmten Wachstumsbedingungen kann sie sich in dünnen Einkristallplättchen so ausbilden, daß die Magnetisierungsrichtung senkrecht zur Plättchenebene steht (Bild 12.23). Im Polarisationsmikroskop sieht man dann ein System heller und dunkler mäanderförmiger Streifen[1]), je nachdem ob die Magnetisierungsrichtung M in die Bildebene hineingeht oder aus ihr herauskommt (Bild 12.24a).

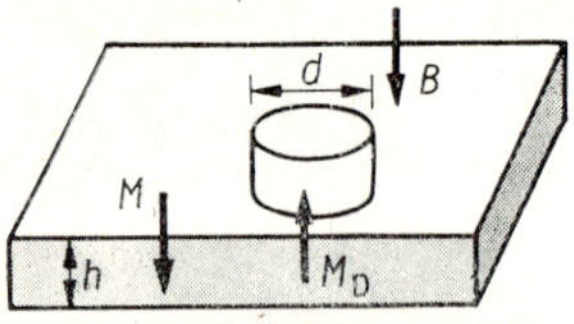

Bild 12.23 Zylinderdomäne. M Magnetisierungsrichtung im Plättchen, M_D desgl. in der Domäne, B Stützfeld

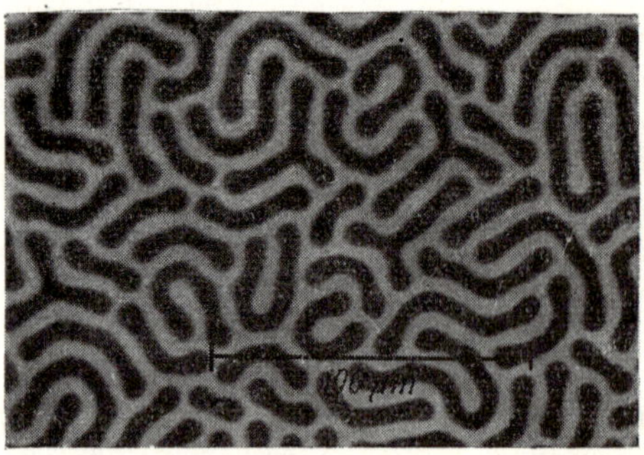

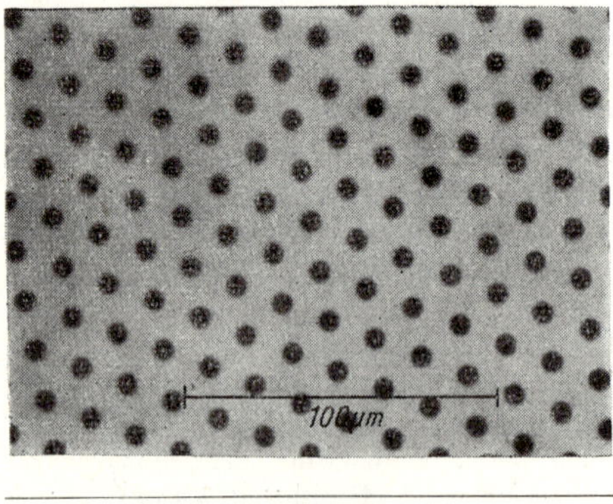

Bild 12.24 a) Epitaktische Bereichsstruktur einer YFe-Granatschicht von 12 µm Dicke aus Gd-Ga-Granat-Substrat
b) desgl. unter Einwirkung eines magnetischen Stützfeldes
c) desgl. Zerfall in Zylinderdomänen (bubbles)

[1]) Die unterschiedliche Helligkeit der Streifen ist eine Folge des Faraday-Effektes, d. i die Drehung der Polarisationsebene des Lichtes im Magnetfeld.

Wird nun, ebenfalls senkrecht zur Bildebene, ein langsam anwachsendes Magnetfeld B **(Stützfeld)** angelegt, so schrumpfen die zur Richtung des Stützfeldes antiparallel orientierten hellen Streifen mehr und mehr zusammen. Zuletzt bilden sie nur noch kleine zylinderförmige Domänen mit kreisrunder Basis, die auch als **magnetische Blasen** oder **bubbles** bezeichnet werden (Bild 12.24c). Diese sind aber nur bei einer bestimmten Stärke des Stützfeldes stabil. Bei noch weiterer Verstärkung des Feldes verschwinden sie völlig. Ist das Feld inhomogen, so laufen sie in Richtung des abnehmenden Feldstärkegradienten davon. Da ihr Eigenfeld dem Stützfeld antiparallel ist, suchen sie von selbst die energetisch günstigere Lage, das am nächsten liegende Feldminimum, auf. Nach diesem Prinzip läßt sich die Bewegung von Domänen durch aufgeprägte Muster wandernder Feldminima rasch und zielsicher steuern.
Als besonders geeignete Materialien haben sich **ferrimagnetische Granate** mit der allgemeinen Formel $R_3Fe_5C_{12}$ erwiesen. Das Zeichen R steht für Yttrium oder ein anderes Element der seltenen Erden.
Vorteilhaft haben sich epitaktisch aufgewachsene dünne Granatfilme auf einer unmagnetischen Unterlage von nahezu gleicher Gitterkonstanten bewährt.

12.6.3. Bewegung und Detektion von Zylinderdomänen

Da sich Zylinderdomänen, wie schon angedeutet wurde, mit großer Geschwindigkeit erzeugen, löschen und verschieben lassen, kann die Information 1 oder 0 in einem Datenspeicher durch An- oder Abwesenheit einer Domäne dargestellt werden. Während aber in herkömmlichen Speichern die Informationen z. B. auf Magnetbändern, -trommeln oder -platten festliegen und mit diesen mechanisch bewegt werden, befinden sich die in Domänen gespeicherten Informationen selbst in Bewegung und können in geschlossenen Schleifen beliebig lange zirkulieren, bis sie abgerufen werden.
Um die in einem besonderen Generator erzeugten Domänen fortzubewegen, gibt es verschiedene Möglichkeiten. Erläutert sei hier das Prinzip des **Feldzugriffes** am Beispiel des **TI-Bar-Musters** (Bild 12.25). Auf der Plättchenebene befindet sich ein Muster aus Per-

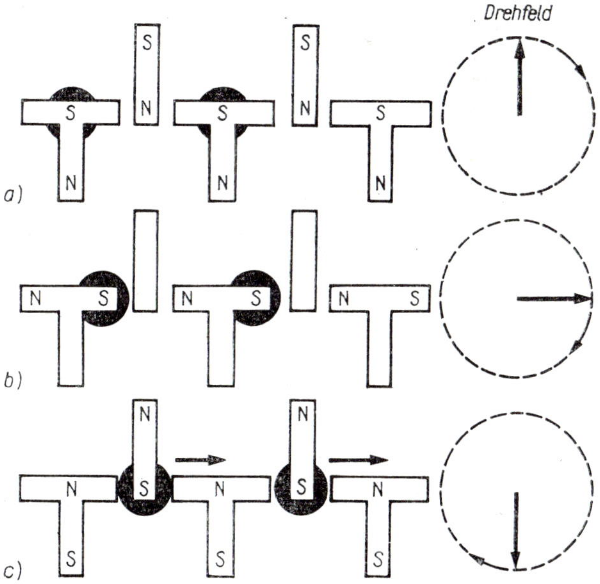

Bild 12.25 3 Schritte der Bewegung zweier Zylinderdomänen im TI-Bar-Muster. Das rechts daneben angedeutete magnetische Drehfeld liegt über dem Muster selbst und überdeckt dieses vollständig.

malloy[1]). Außerdem rotiert in der Plättchenebene ein Magnetfeld. Verläuft der Feldvektor in der Zeichenebene von Bild 12.25 vertikal, so werden nur die dazu parallel, d. h. ebenfalls vertikal liegenden Balken magnetisiert, während die quer dazu liegenden wegen ihres großen Entmagnetisierungsfaktors indifferent bleiben. Nach einer Vierteldrehung des Feldes werden diese Querbalken magnetisiert, nicht mehr aber die vertikalen. Nach einer weiteren Vierteldrehung wiederholt sich der erste Takt, jedoch mit umgekehrter Polarität. Da die Domänen selbst kleine Magnete darstellen, werden sie z. B. immer von den Südpolen angezogen und von den Nordpolen abgestoßen und müssen der fortgesetzten Wanderung dieser Pole kontinuierlich folgen. Die Geschwindigkeit ergibt sich aus der Frequenz des Drehfeldes, die heute zwischen 100 kHz und 1 MHz liegt.
Zum Zweck des Auslesens werden die Domänen über eine Torschaltung in die Leseschleife übertragen. Dort wandern sie quer an einem stromdurchflossenen Permalloystreifen vorüber, wobei das den Detektor durchsetzende Streufeld eine kurzzeitige Änderung seines elektrischen Widerstandes ΔR bewirkt, die eine Spannungsschwankung $\Delta U = \Delta R I$ nach sich zieht. An einer Brückenschaltung entstehen so Impulse bis zu 50 mV Höhe.
Das Interesse an dieser neuen Technik rein elektronischer, d. h. ohne mechanisch bewegliche Teile arbeitender Datenspeicher ist begreiflicherweise sehr groß. Man schätzt die erreichbare Packungsdichte auf $3 \cdot 10^5$ bit/cm^2 und die Zugriffszeit auf 100 μs. Ein Speicherblock mit 5 Mbit könnte in einem Würfel von nur 20 cm Kantenlänge untergebracht werden.

[1]) Eigenschaften von Permalloy s. Tabelle 7 in 12.4.1.

13. Die dielektrischen Eigenschaften der Festkörper

13.1. Das elektrische Feld im Festkörper

13.1.1. Die Feldgrößen

Zwischen zwei mit der Spannung U aufgeladenen Platten eines Kondensators besteht die **elektrische Feldstärke**

$$E = \frac{U}{d}, \tag{1}$$

gemessen in V/m, wobei d den Plattenabstand bedeutet. Das elektrische Feld kann aber auch durch die auf der Flächeneinheit der Platten haftende Ladung Q ausgedrückt werden. Man erhält dann die **Verschiebungsdichte** D, gemessen in A/m². Beide Feldgrößen sind gleichberechtigt und hängen im Vakuum in der Beziehung

$$D = \varepsilon_0 E \tag{2}$$

zusammen, wobei die **elektrische Feldkonstante**

$$\varepsilon_0 = 8{,}854 \cdot 10^{-12}\,\mathrm{As/(Vm)} \tag{3}$$

beträgt.

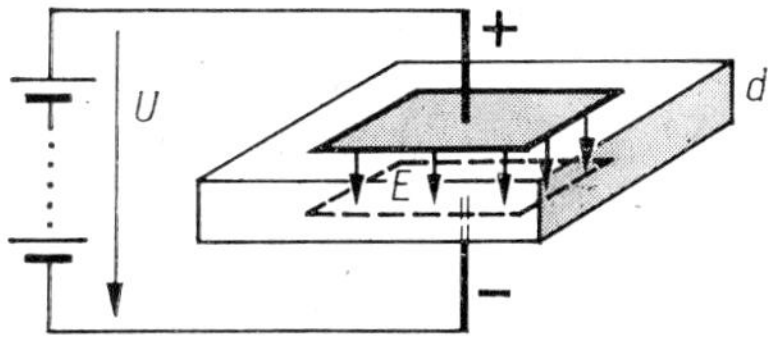

Bild 13.1 Dielektrikum im elektrischen Feld

Wird nun der Zwischenraum des Kondensators mit einem isolierenden Medium, d. h. einem **Dielektrikum**, ausgefüllt (Bild 13.1), so erhöht sich die Kapazität des Kondensators auf das ε_r-fache, was (bei konstant gehaltener Feldstärke E) einer Vergrößerung der Verschiebungsdichte D zugeschrieben werden kann:

$$D = \varepsilon_0 \varepsilon_r E, \tag{4}$$

wobei die **Dielektrizitätszahl** ε_r stets größer als 1 ist.
Da sich die Kapazität von Kondensatoren z. B. durch Messung der Frequenz eines damit aufgebauten elektrischen Schwingkreises bequem messen läßt, ist die überaus wichtige Materialkonstante ε_r in den meisten Fällen leicht zu ermitteln.
Der Zusammenhang (4) kann auch in der Form

$$D = \varepsilon_0 E + P \tag{5}$$

geschrieben werden; hier bedeutet P die **dielektrische Polarisation,** d. i. der auf das

Dielektrikum entfallende Anteil der Verschiebungsdichte.[1])
Durch Gleichsetzen von Gl. (4) und Gl. (5) folgt weiterhin für die Polarisation

$$P = \varepsilon_0 E\,(\varepsilon_r - 1) \tag{6}$$

mit der **dielektrischen Suszeptibilität**

$$\chi_e = \varepsilon_r - 1. \tag{7}$$

13.1.2. Die Entelektrisierung

Eine neue Situation liegt vor, wenn ein begrenztes dielektrisches Probestück in ein ausgedehntes äußeres Feld E gebracht wird. An seinen Enden werden Ladungen influenziert, die ihrerseits ein (von Plus nach Minus gerichtetes) Feld hervorrufen. Im Innern laufen diese Feldlinien dem äußeren Feld entgegen. Sie bewirken eine **Entelektrisierung** (Bild 13.2) analog zur Erscheinung der Entmagnetisierung (s. 12.4.3.), d. h. eine Schwächung der **inneren Feldstärke**

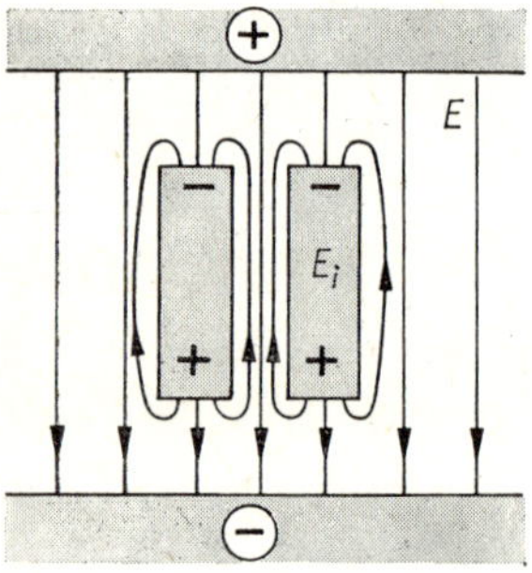

Bild 13.2 Entelektrisierung durch influenzierte Ladungen

$$E_i = E - \frac{NP}{\varepsilon_0} \tag{8}$$

mit dem **Entelektrisierungsfaktor** N. Für kugelförmige und ellipsoide Probestücke ist das innere Feld homogen und exakt berechenbar. Für die Kugel ist $N = 1/3$ und daher

$$E_i = E - \frac{P}{3\varepsilon_0}. \tag{9}$$

Umgekehrt verhält es sich, wenn das Dielektrikum einen kugelförmigen Hohlraum umschließt. Hier gilt

$$E_i' = E + \frac{P}{3\,\varepsilon_0}. \tag{10}$$

13.2. Atomare Ursachen der Polarisation

13.2.1. Die permanente Polarisation

Je nach der räumlichen Anordnung der in einem Molekül vorhandenen elektrischen Ladungen unterscheidet man zwischen **nichtpolaren** und **polaren Dielektrika.** In den nichtpolaren Molekülen, wie z. B. O_2, H_2, fallen die Schwerpunkte der elektrischen Ladungen Q zusammen, während in den polaren Molekülen, wie etwa H_2O, SO_2 usw., positive und negative Ladungsschwerpunkte einen festen Abstand l voneinander haben. Sie bilden einen **elektrischen Dipol** mit dem **permanenten elektrischen Moment**

$$p = Ql\,. \tag{11}$$

[1]) Bei der Beschreibung magnetischer Felder wird häufig die hierzu analoge Formel $B = \mu_0 H + I$ mit der **magnetischen Polarisation** I verwendet, von der wir aber keinen Gebrauch gemacht haben.

Insgesamt ergeben die in der Volumeneinheit befindlichen n Teilchen die in Gl. (5) vorkommende **dielektrische Polarisation**

$$P = np\,. \tag{12}$$

Die dielektrische Polarisation ist gleich dem elektrischen Dipolmoment je Volumeneinheit.[1]

13.2.2. Die Verschiebungspolarisation

Nichtpolare Moleküle können dagegen erst unter der Kraft eines elektrischen Feldes zu Dipolen werden, indem die Schwerpunkte ihrer Ladungen ein wenig auseinandergezogen werden. Dabei unterscheidet man

1. Elektronenpolarisation. Die Elektronenhüllen verschieben sich gegenüber den Atomkernen (Bild 13.3a).

2. Ionenpolarisation. Die positiven Ionen verschieben sich gegenüber den negativen.

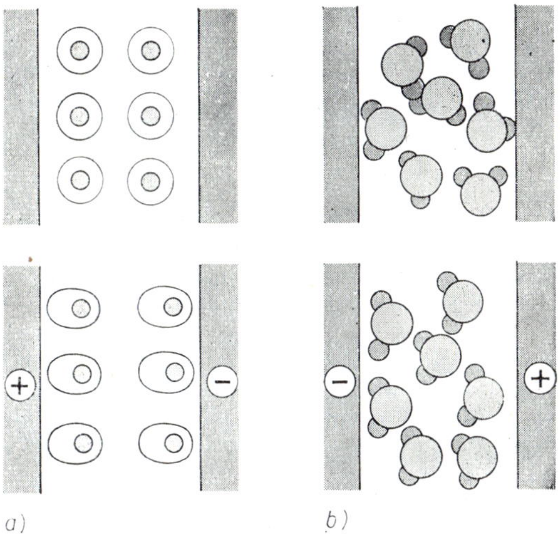

Bild 13.3 Verhalten von Dielektrika im elektrischen Feld
a) Elektronenpolarisation
b) Orientierungspolarisation

Dabei kann man sich die Moleküle in erster Näherung als elastisch verformbar vorstellen und in Anlehnung an das HOOKEsche Gesetz schreiben

$$p = \alpha E \quad \text{bzw.} \quad P = n\alpha E\,, \tag{13}$$

wobei die **Polarisierbarkeit**

$$\alpha = \frac{P}{nE} \tag{14}$$

eine charakteristische Materialkonstante darstellt.

[1] Die Einheiten sind $[p] = \text{As} \cdot \text{m}$ und $[P] = \frac{\text{As}\cdot\text{m}}{\text{m}^3} = \text{As/m}^2$ wie bei der Verschiebungsdichte in Gln. (4), (5).

13.2.3. Die Orientierungspolarisation

In den aus *polaren* Molekülen bestehenden Dielektrika liegen die elementaren Dipole in den meisten Fällen völlig ungeordnet. Erst nach Anlegen eines elektrischen Feldes drehen sie sich in eine einheitliche Richtung (Bild 13.3b). Dieser **Orientierungspolarisation** wirkt die Wärmebewegung entgegen. Da aber die Drehbarkeit der Teilchen im festen Körper weitgehend eingeschränkt ist, spielt hier die Orientierungspolarisation i. allg. keine besondere Rolle.

Beispiel: Das Dipolmoment des Wassermoleküls ist $p = 5{,}97 \cdot 10^{-30}$ As · m. Mit der Ladung $Q = 2e = 2 \cdot 1{,}602 \cdot 10^{-19}$ As ist der Abstand der Ladungsschwerpunkte (Bild 13.4)

$$l = \frac{p}{2e} = 1{,}86 \cdot 10^{-11}\,\mathrm{m}\,.$$

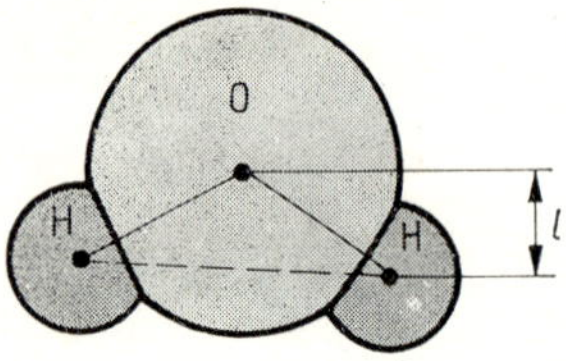

Bild 13.4 Wassermolekül.
l Entfernung der Ladungsschwerpunkte

13.2.4. Polarisierbarkeit und Dielektrizitätszahl

Dipolmoment und Polarisierbarkeit sind mikrophysikalische Größen und nicht direkt meßbar. Es entsteht daher die Frage, wie sie aus makrophysikalisch zugänglichen Daten erschlossen werden können. Möglichkeiten ergeben u. a. optische und elektrische Messungen der Brechzahl n und der Dielektrizitätszahl ε_r. Diese Größen stehen mit der Polarisierbarkeit in folgendem Zusammenhang. Im Innern des Dielektrikums denkt man sich um das betrachtete Molekül einen kugelförmigen Hohlraum, in dem nach Gl. (10) die **lokale Feldstärke**

$$E' = E + \frac{P}{3\,\varepsilon_0} \tag{15}$$

besteht. Wird hier die Polarisation P nach Gl. (6)

$$P = \varepsilon_0 E\,(\varepsilon_r - 1)$$

eingesetzt, so wird die am Ort des Teilchens wirksame Feldstärke

$$E' = \frac{E\,(\varepsilon_r + 2)}{3}\,. \tag{16}$$

Diese kann nunmehr in Gl. (14) eingesetzt werden, und die **Polarisierbarkeit** α ist somit

$$\alpha = \frac{3\varepsilon_0\,(\varepsilon_r - 1)}{n\,(\varepsilon_r + 2)}\,. \tag{17}$$

Dies ist das **Gesetz von Clausius und Mosotti** (1850 bzw. 1874), das in vielen Fällen zu recht genauen Ergebnissen führt, hier aber nicht weiter verfolgt werden kann.

Beispiel: Für Schwefelkohlenstoff CS_2 mit der Dielektrizitätszahl $\varepsilon_r = 2{,}61$ und der Dichte $\varrho = 1{,}263 \cdot 10^3\ \mathrm{kg/m^3}$ soll die Orientierungspolarisierbarkeit α berechnet werden. – Mit der AVOGADROschen Konstanten N_A und der molaren Masse $M = 76\ \mathrm{kg/mol}$ ist die Teilchendichte nach Gl. (14/5) $n = \dfrac{6{,}022 \cdot 10^{26} \cdot 1263\ \mathrm{kg}}{76\ \mathrm{kg\ m^3}} = 1{,}0 \cdot 10^{28}\ \mathrm{1/m^3}$ und die Polarisierbarkeit nach Gl. (17) $\alpha = 9{,}3 \cdot 10^{-40}\mathrm{As \cdot m^2/V}$.

13.3. Ferroelektrische Erscheinungen

13.3.1. Ferroelektrische Dielektrika

Die Analogien zwischen den magnetischen und elektrischen Eigenschaften der Stoffe beschränken sich nicht nur auf ihre formale Beschreibbarkeit. Auch in ihrem physikalischen Verhalten zeigen Ferromagnetika und **Ferroelektrika** überraschende Parallelen.

Ferroelektrische Stoffe sind Kristalle mit außergewöhnlich großen ε_r-Werten, die auch bei Abwesenheit eines elektrischen Feldes ein permanentes Dipolmoment haben, das stark von der Temperatur abhängt.

Typische Vertreter dieser Stoffklasse sind die

Tartrate; z. B. das Seignettesalz (Rochellesalz) K-Na-Tartrat;

Phosphate; z. B. das Kaliumhydrogenphosphat KH_2PO_4, kurz als KDP bezeichnet;

Titanate; z. B. das Bariumtitanat $BaTiO_3$. Die keramisch hergestellten Titanate standen wegen ihrer besonderen technischen Eignung lange Zeit an erster Stelle. Noch weit günstigere Eigenschaften besitzen aber die

Bleizirkonate; z. B. Bleizirkonat-Titanat-Mischkristalle wie $Pb(Ti_{0,54}Zr_{0,46})O_3 + 1\,\%\ Nd_2O_3$. Die CURIE-Temperatur liegt bei 350 °C gegenüber 120 °C von Barium-Titanat, der Energieumsetzungsfaktor beträgt fast 50 %.

Wie das permanente Dipolmoment mit dem Kristallbau zusammenhängt, sei am Beispiel des Bariumtitanats erläutert, dessen Struktur mit der des Minerals Perowskit ($CaTiO_3$) übereinstimmt (Bild 13.5). Bei hoher Temperatur ist die Elementarzelle exakt kubisch. Die Würfelecken sind mit Ba^{++}-, die Flächenmitten mit O^{--}- und die Würfelmitte mit einem Ti^{4+}-Ion besetzt. Beim Abkühlen verschieben sich die Ba- und Ti-Ionen gegenüber den oktaederförmig gruppierten O-Ionen, so daß sich die Zelle in der Polarisationsrichtung um etwa 1 % verlängert und zu einem elektrischen Dipol wird. Die ursprünglich kubische Zelle wird dadurch tetragonal. Infolge ihrer gegenseitigen elektrostatischen Wechselwirkung haben die Dipole das Bestreben, sich parallel auszurichten.

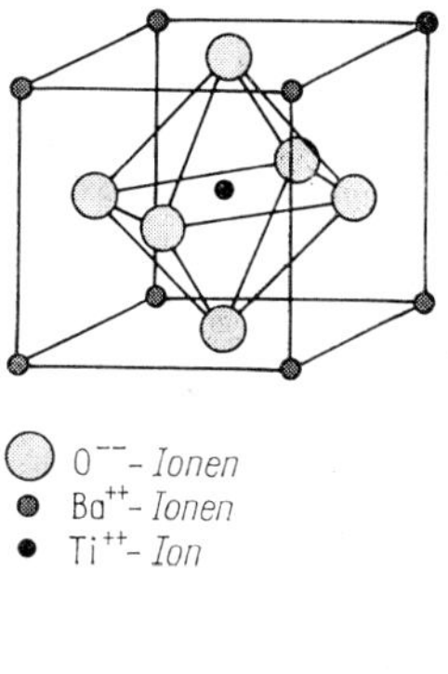

Bild 13.5 Perowskitstruktur des Bariumtitanats

Zur **Herstellung von ferroelektrischen Einkristallen** gibt es mehrere Verfahren. Beispielsweise wird eine Schmelze mit 30 % $BaTiO_3$, 0,2 % Fe_2O_3 und KF 8 Stunden bei 1150 °C erhitzt und langsam auf 900 °C abgekühlt, wobei große plattenförmige Einkristalle entstehen.

13.3.2. Die Sättigungspolarisation

Nach Gl. (12) ist das permanente Dipolmoment p gleich der auf eine einzelne Elementarzelle bezogenen Polarisation P, d. h.

$$p = \frac{P}{n}. \tag{18}$$

Wenn aber n die Anzahl der Zellen in der Volumeneinheit ist, muß $V = \frac{1}{n}$ das Volumen einer Zelle sein. Sind sämtliche Zellen eines Kristalls in der gleichen Richtung polarisiert, so liegt **Sättigungspolarisation** vor. Aufgrund von Gl. (18) ist sie gleich

$$P_S = \frac{p}{V}. \tag{19}$$

Tabelle 8. Eigenschaften ferroelektrischer Kristalle

Gruppe	chemische Formel	T_C in K	Sättigungspolarisation P_S in As/m²	bei der Temperatur T in K
KDP	KH_2PO_4	123	0,054	96
	RbH_2PO_4	147	0,056	90
	KH_2AsO_4	96	0,050	80
TGS	Triglycinsulfat	322	0,028	293
Perowskite	$BaTiO_3$	393	0,260	296
	$KNbO_3$	712	0,300	523
	$PbTiO_3$	763	0,500	300

Beispiel: Die Gitterkonstante des Bariumtitanats ist $4 \cdot 10^{-10}$ m, die Sättigungspolarisation $P_S = 0{,}26$ As/m²; dann ist das Dipolmoment nach Gl. (19) $p = p_S V = \frac{0{,}26\text{As}\,(4 \cdot 10^{-10})^3\,\text{m}^3}{\text{m}^2} = 16{,}64 \cdot 10^{-30}$ As m.
Dabei sind die positiven Ladungen je eines Ba^{++}- und Ti^{4+}-Ions um die Strecke l gegenüber den O^{--}-Ionen verschoben. Diese beträgt nach Gl. (11) $l = \frac{p}{Q} = \frac{16{,}6 \cdot 10^{-30}\text{As m}}{6 \cdot 1{,}6 \cdot 10^{-19}\text{As}} = 0{,}17 \cdot 10^{-10}$ m. Messungen für die Verschiebung des Ti-Ions gegen die zentralen O-Ionen ergaben $0{,}15 \cdot 10^{-10}$ m.

13.3.3. Ferroelektrizität und Temperatur

Die Dielektrizitätszahl ε_r und die Suszeptibilität χ_e der Ferroelektrika hängen stark von der Temperatur ab.[1]) Bild 13.6 zeigt das an einigen Beispielen. Die scharfen

[1]) Da ε_r auch von der Feldstärke E abhängt, wird unter ε_r meist der Grenzwert $\frac{\mathrm{d}D}{\mathrm{d}E}$ bei sehr kleiner Feldstärke verstanden, die noch keine Änderung der Domänenstruktur zur Folge hat.

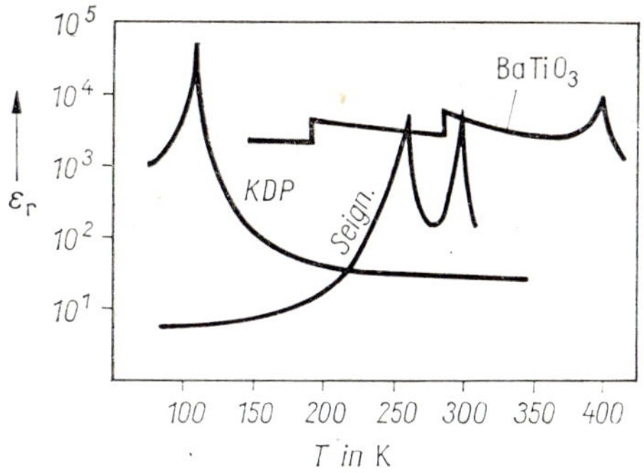

Bild 13.6 Dielektrizitätszahl ε_r von Ferroelektrika in Abhängigkeit von der Temperatur

Maxima sind die **Übergangstemperaturen** T_C (analog zur CURIE-Temperatur der Ferromagnetika), nach deren Überschreiten die Dielektrizitätszahl wieder abnimmt (**paraelektrischer Zustand**). Hier gilt wieder das **Curie-Weißsche Gesetz**

$$\chi_e = \frac{C}{T - T_C}. \tag{20}$$

Für KDP ist beispielsweise $T_C = 123$ K mit $\varepsilon_r = 60000$. Bei Erwärmung auf Raumtemperatur verbleibt nur noch ein Rest von $\varepsilon_r \approx 25$, der in der Größenordnung gewöhnlicher Dielektrika liegt. Das bei Raumtemperatur eben noch brauchbare Seignettesalz hat zwei Übergangstemperaturen, zwischen denen sein ferroelektrischer Bereich liegt. Sie sind $T_{C1} = 255$ K und $T_{C2} = 297$ K.

Noch komplizierter ist der Verlauf beim Bariumtitanat. Die Sprünge in Bild 13.6 deuten Änderungen in der Kristallstruktur an. Diese ist, wie schon gesagt, oberhalb von 125 °C kubisch und unterhalb davon tetragonal. Der Sprung bei 5 °C wird durch Übergang in eine leicht rhombische und bei —70 °C in eine rhomboedrische Form verursacht.

13.3.4. Ferroelektrische Hysteresis und Domänen

Verfolgt man bei einem Ferroelektrikum den Zusammenhang zwischen der Feldstärke E und der Verschiebungsdichte D unterhalb der Übergangstemperatur T_C, so ergibt sich ebenfalls eine **Hysteresisschleife** mit den auch für Ferroelektrika charakteristischen Punkten der **Remanenz** D_r und **Koerzitivfeldstärke** E_C.
Die Ursachen hierfür sind ganz ähnlich wie bei den Ferromagnetika. Im Dielektrikum sind schon von vornherein **Domänen** einheitlicher Polarisation enthalten (Bild 13.8). Weshalb dieser Ordnungszustand, wenn er schon einmal einen kleinen Bereich erfaßt hat, sich nicht sofort über den ganzen Kristall ausbreitet, liegt an der Wärmebewegung, die erst für $T = T_C$ einen bestimmten Maximalwert der Polarisierung zuläßt.
Die Größe der Domänen läßt sich wieder in Anlehnung an die in 12.4.4. skizzierten Gedanken abschätzen, was auf Wanddicken von nur einigen 10^{-10} m führt. Da bei Bariumtitanat gemäß seiner kubischen Struktur 3 Polarisationsrichtungen möglich sind, kommen auch viele 90°-Wände vor.
Die mit steigender Feldstärke zunehmende Polarisierung geht nach der bereits von den Ferromagnetika her bekannten **Wandverschiebung** vor sich, indem die der Feldrichtung am nächsten kommenden Domänen sich auf Kosten der anderen vergrößern. Wegen der günstigen optischen Eigenschaften des Bariumtitanats kann die

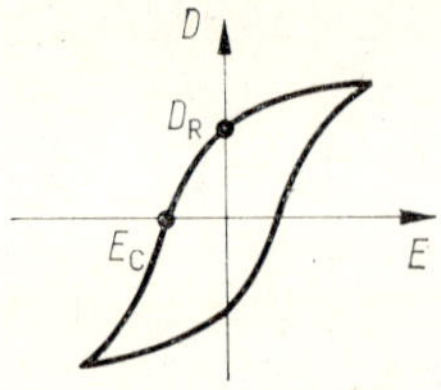

Bild 13.7 Hysteresisschleife von Ba-Sr-Titanat bei 20 °C

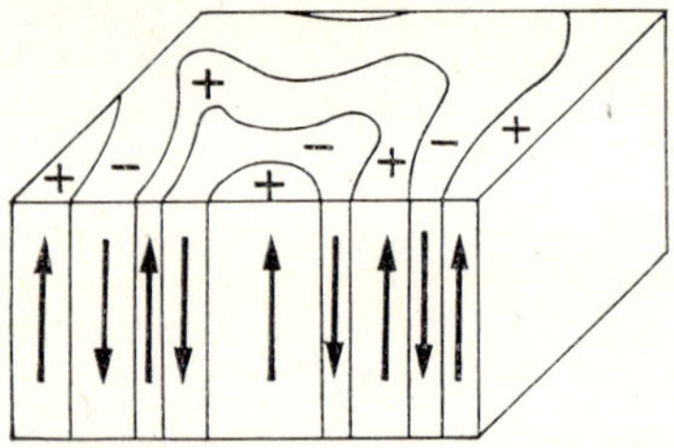

Bild 13.8 Domänenstruktur mit 180°-Wänden

Domänenstruktur im Mikroskop mit polarisiertem Licht leicht beobachtet werden. Es ist sogar gelungen, Einkristalle zu züchten, die nur aus einer einzigen Domäne bestehen. In diesem Fall entstehen rechteckige Hysteresisschleifen, deren Remanenz der Sättigungspolarisation entspricht.

13.3.5. Antiferroelektrische Kristalle

Nur der Vollständigkeit halber sei hier noch auf die **antiferroelektrischen Stoffe** hingewiesen. Es handelt sich um Kristalle, deren elektrische Dipole in regelmäßiger Weise, z. B. in abwechselnden Reihen, nach entgegengesetzter Richtung zeigen und oberhalb ihres Curie-Punktes paraelektrisch werden. Hierher gehören z. B. das Ammoniumhydrogenphosphat $NH_4H_2PO_4$ ($T_C = 148$ K) (Bild 13.9), das Bleizirkonat $PbZrO_3$ ($T_C = 506$ K) u. a. Anwendungen finden diese Stoffe als Dielektrika in Speicherkondensatoren und in elektroakustischen Wandlern.

13.4. Die Piezoelektrizität

13.4.1. Piezoelektrizität und Druckspannung

Der schon von Pierre und Jacques Curie (1879) entdeckte **piezoelektrische Effekt** ist eine Eigenschaft aller ferroelektrischen Kristalle. Es sind aber nicht alle piezoelektrischen Kristalle ferroelektrisch, wie z. B. der Quarz[1]) (Bild 13.10).

Piezoelektrische Kristalle laden sich bei Druck- oder Zugbeanspruchung in Richtung einer ihrer polaren Achsen elektrisch auf.

Zur Erzielung maximaler Wirkung werden meist in geeigneter Orientierung geschnittene Platten verwendet (Bild 13.11). Werden beiderseits der Probe Metallelektroden aufgedampft, so laden sich diese bei Druckeinwirkung durch Influenz auf und gestatten die Messung einer elektrischen Spannung U. Zusammen mit der Deformation Δx ergibt sich der **piezoelektrische Koeffizient**

$$d = \frac{\Delta x}{U}. \qquad (21)$$

Die bei dem Vorgang aufgewandte mechanische Arbeit $F\,\Delta x$ wird in elektrische Energie QU umgewandelt. Mit der Kraft F und der influenzierten Ladung Q ist daher

$$F\Delta x = QU \qquad (22)$$

[1]) Da bereits Temperaturänderungen genügen, um eine Ausdehnung in Richtung der Polarisation hervorzurufen, ist damit auch die Ursache der **Pyroelektrizität** gewisser Kristalle (Quarz, Turmalin) gegeben, die sich durch bloße Erwärmung elektrisch aufladen.

Bild 13.9 Kristall von Ammoniumhydrogenphosphat (ADP)

Bild 13.10 Künstlich gezüchteter Quarzkristall von mehreren Kilogramm Masse

oder mit der Zugspannung $\sigma = \frac{F}{A}$

$$\frac{\Delta x}{U} = \frac{Q}{F} = \frac{Q}{A\sigma}. \tag{23}$$

Zusammen mit Gl. (21) und der Verschiebungsdichte $D = \frac{Q}{A}$ ist also die Piezokonstante

$$d = \frac{D}{\sigma}. \tag{24}$$

Die Verschiebungsdichte D ist aber nichts anderes als die durch Druckeinwirkung entstandene Polarisation

$$P = d\sigma, \tag{25}$$

womit die Grundgleichung (5) die allgemeine Form annimmt:

$$D = \varepsilon_0 E + d\sigma. \tag{26}$$

Die von der Druckspannung σ hervorgerufene Ladung $Q = DA$ kann mit einem ballistischen Galvanometer bequem gemessen und bei bekannter Elektrodenfläche A die piezoelektrische Konstante d bestimmt werden. Je nach der kristallografischen Richtung der einwirkenden Kraft ergeben sich für d meist unterschiedliche Werte.

Beispiel: Eine 5 mm dicke Quarzplatte (x-Schnitt, Bild 13.11) wird einer Druckspannung von 100 N/cm² ausgesetzt. Auf welche Spannung laden sich die Elektroden von je 1 cm² Fläche auf, und welche Ladung Q wird auf ihnen influenziert? Der Elastizitätsmodul wird mit $E' = 7{,}85 \cdot 10^6$ N/cm² angenommen, die Piezokonstante mit $d = 2{,}25 \cdot 10^{-12}$ m/V. – Die Platte wird um $\Delta x = \frac{Fx}{E'A} = \frac{100\,\text{N} \cdot 5 \cdot 10^{-3}\,\text{m} \cdot \text{cm}^2}{7{,}85 \cdot 10^6\,\text{N} \cdot \text{cm}^2} = 6{,}37 \cdot 10^{-8}$ m zusammengedrückt; es entsteht die Spannung $U = \frac{\Delta x}{d} = \frac{6{,}37 \cdot 10^{-8}\text{m} \cdot \text{V}}{2{,}25 \cdot 10^{-12}\text{m}} = 28{,}3$ kV; nach Gl. (24) ist die Ladung $Q = D\,A = d\sigma A = 2{,}25 \cdot 10^{-10}$ As.

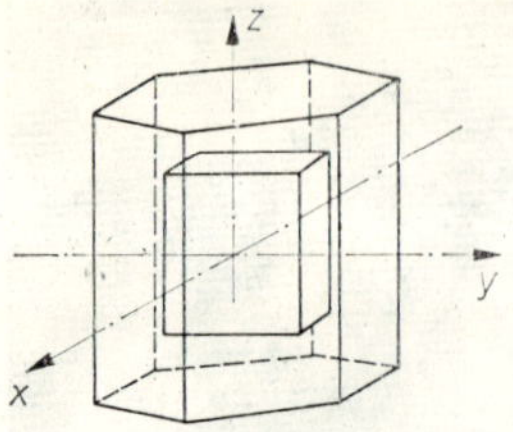

Bild 13.11 Orientierung einer Platte in natürlichem Quarz: x-Schnitt

Tabelle 9. Eigenschaften piezoelektrischer Kristalle

Material	Dielektrizitätszahl ε_r	Piezokonstanten in 10^{-12} m/V	T_C in K
Quarz SiO_2	3,7	$d_{11} = 2{,}25$	
		$d_{14} = 0{,}85$	
Seignettesalz		$d_{14} = 2{,}3$	255 bzw.
$KNa \cdot C_4H_4O_6 \cdot 4\,H_2O$		$d_{25} = -5{,}6$	297
		$d_{36} = 1{,}16$	
Piezokeramiken:			
Ba ($Ti_{0,95}$ $Zr_{0,05}$) O_3	1400	$d_{31} = -60$	120
		$d_{33} = 150$	
($Na_{0,8}$ $Cd_{0,2}$) NbO_3	2000	$d_{31} = -80$	
		$d_{33} = 200$	
($Ba_{0,80}$ $Pb_{0,08}$ $Ca_{0,12}$) TiO_3	600	$d_{31} = -35$	
		$d_{33} = 90$	
Bleizirkonat:			
Pb ($Ti_{0,54}$ $Zr_{0,46}$) O_3	1540	$d_{15} = 550$	
		$d_{31} = -150$	350
		$d_{33} = 330$	

13.4.2. Atomare Ursache der Piezoelektrizität

Die Ursache der Piezoelektrizität ist die mit der Deformation des Kristalls einhergehende gegenseitige Verschiebung der Ionen. Sie läßt sich am Beispiel des Quarzes, dessen Elementarzelle aus 3 Si^{4+}- und 6 O^{--}-Ionen besteht, leicht verfolgen. Der in Bild 13.12b in der x-Richtung ausgeübte Druck bewirkt den **longitudinalen Piezoeffekt.** Dabei nähern sich die Si-Ionen der unteren Elektrode, auf der positive Ladungen influenziert werden. Die der oberen Platte nahekommenden O-Ionen laden diese negativ auf. Bei Druckeinwirkung in der y-Richtung entsteht der **transversale Piezoeffekt** mit entgegengesetzter elektrischer Polarisierung (Bild 13.12 c).

13.4.3. Ferroelektrische Keramiken

Für die Zwecke der praktischen Anwendung, besonders auf dem Gebiet der Massenproduktion, haben sich keramisch hergestellte piezoelektrische Werkstoffe (z. B. die Piezolane) allgemein durchgesetzt. Vor allem die **Mischkeramiken** auf der Basis von Blei-Zirkonat-Titanat zeichnen sich durch einen sehr kräftigen Piezoeffekt und große Widerstandsfähigkeit aus.

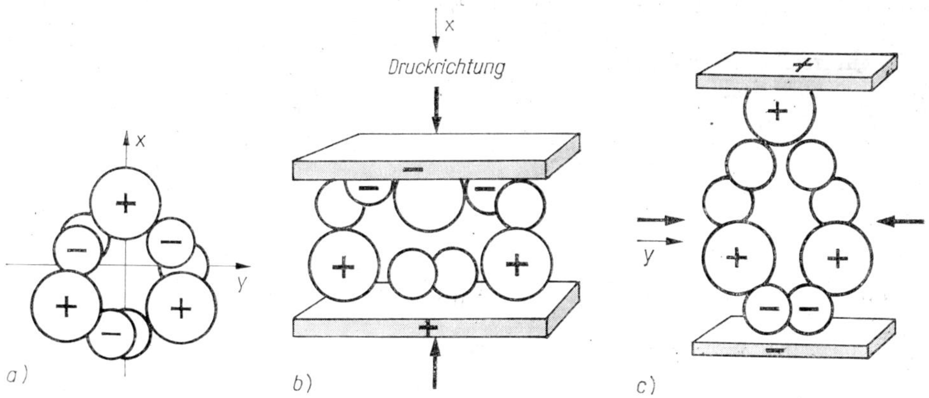

Bild 13.12 a) Elementarzelle des Quarzes, unverzerrt
b) longitudinaler piezoelektrischer Effekt
c) transversaler Piezoeffekt

Aufgrund ihres polykristallinen Gefüges sind diese Stoffe zunächst isotrop und zeigen infolgedessen auch keinen Piezoeffekt. Erst wenn an zwei gegenüberliegenden Elektroden eine Gleichspannung angelegt wird, richten sich die Domänen (13.3.4.) in Richtung einer **polaren Achse** aus und behalten diese weitgehend bei, wenn die Spannung wieder wegfällt (Remanenz).
Zur Kennzeichnung wird die polare Achse allgemein in die z-Richtung gelegt. Der piezoelektrische Koeffizient d erhält dann 2 Indizes. Der erste gibt die Richtung der angelegten Spannung an, der zweite die Richtung der entstehenden Deformation. Es gelten dabei die Festlegungen (Bild 13.13)

Achsrichtung	Index	Ebene	Index
x	1	yz	4
y	2	xz	5
z	3	xy	6

Wird z. B. die elektrische Spannung in der z-Richtung angelegt und die Deformation in dieser Richtung gemessen, so erhält der Koeffizient die Bezeichnung d_{33} (Bild 13.14). Läuft das Feld rechtwinklig dazu in der x-Achse, so ruft es eine Scherung der xz-Ebene hervor, und der Koeffizient lautet in diesem Fall d_{15}.

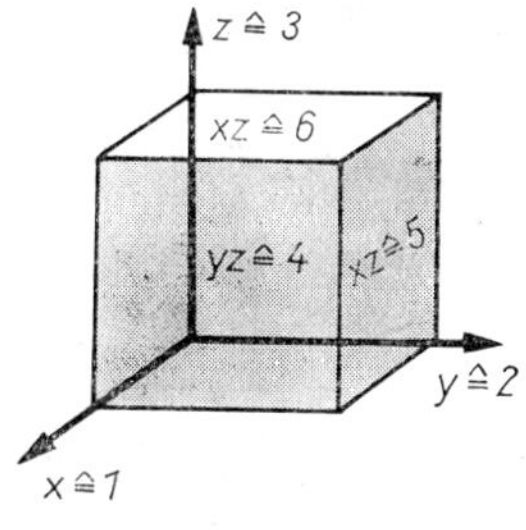

Bild 13.13 Bezeichnungen der Achsen und Ebenen bei piezoelektrischer Keramik
(statt $xz \triangleq 6$ lies $xy \triangleq 6$)

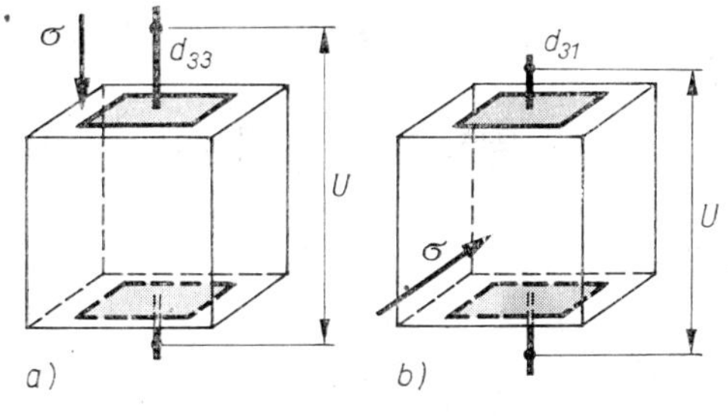

Bild 13.14 a) Longitudinaler und b) transversaler Effekt in Piezokeramik.
σ Richtung der Deformation, d_{33} und d_{31} gemessenePiezokonstanten

13.4.4. Der inverse piezoelektrische Effekt

Beim **inversen** oder **reziproken Piezoeffekt** tritt eine Deformation des Kristalls ein, wenn ein elektrisches Feld E angelegt wird. Dabei gelten in quantitativer Hinsicht dieselben Zusammenhänge wie in 13.4.1. Setzen wir in Gl. (21) anstelle der Spannung U das Produkt Ex, so ergibt sich für die **relative Längenänderung** unter der Wirkung des Feldes E

$$\frac{\Delta x}{x} = dE. \tag{27}$$

13.4.5. Wirkungsgrad und Anwendungen des piezoelektrischen Effektes

In Hinblick auf die praktischen Anwendungen ist – wie bei allen elektrischen Generatoren – der Wirkungsgrad von besonderem Interesse. In diesem Fall wird er **Energiewandlungsfaktor** genannt:

> **Der Energiewandlungsfaktor k² gibt an, welcher Teil der von einem piezoelektrischen Körper aufgenommenen mechanischen Energie in elektrische Energie bzw. welcher Teil der aufgewendeten elektrischen in mechanische Energie umgewandelt wird.**

Dieser Faktor ist um so kleiner, je mehr sich der Körper den einwirkenden Kräften widersetzt. Diese Steifigkeit, analog zur Federhärte, läßt sich jedoch durch Anregen mit der Resonanzfrequenz kompensieren, die der Eigenfrequenz des schwingenden Körpers entspricht. Hierbei ist zwischen folgenden zwei Fällen zu unterscheiden:

1. Leerlauf. Bei offenen Klemmen ruft die periodische mechanische Spannung eine Piezospannung hervor, die in ihrer Rückwirkung dem mechanischen Druck entgegenwirkt (piezoelektrische Verhärtung).

2. Kurzschluß. Hierbei entsteht kein elektrisches Feld, die mechanische Spannung ist geringer, der Kristall schwingt mit der niedrigeren **Resonanzfrequenz** f_1, während im Leerlauf die höhere **Antiresonanzfrequenz** f_2 entsteht.

Der Energiewandlungsfaktor ist dann für die longitudinale Grundschwingung stabförmiger Schwinger näherungsweise durch

$$k^2 = \frac{2{,}5\,(f_2 - f_1)}{f_1} \tag{28}$$

gegeben.

Besonders die Erfindung der bleikeramischen Körper mit ihrem extrem hohen Energiewandlungsfaktor von etwa 50 % (Quarz dagegen nur 1 %!) hat für die Piezoelektrizität viele neue Anwendungsgebiete erschlossen. Anstelle der schon seit langem verwendeten Seignettesalzkristalle als **Tonabnehmer** für Schallplatten werden heute meist piezokeramische Biegestreifen benutzt. Ähnlich wirken auch neue **Mikrofone**, auf deren Aluminiummembran eine piezokeramische Dünnschicht aufgeklebt ist und die dem konventionellen Kohlekörnermikrofon in vieler Hinsicht überlegen sind. Weit verbreitet sind auch **Gaszünder**, die aus zwei piezoelektrischen Zylindern bestehen und mit einem Schlagbolzen Spannungen von 15 bis 20 kV liefern.

Von Anwendungen des inversen Piezoeffektes seien nur aufgezählt: Ultraschallstrahler für die verschiedensten Verwendungszwecke, praktisch leistungslos arbeitende Biegestreifenrelais, Resonanz-Biegeantrieb für Uhren, Hochspannungstransformatoren, Verzögerungsleitungen usw.

14. Atomphysikalische Grundlagen

Die hier als Anhang beigefügte Darstellung einiger atomphysikalischer Grundlagen kann kein auch nur annähernd gerundetes Bild der Atomphysik vermitteln. Vielmehr wird nur eine Auswahl von Grundbegriffen, Beziehungen und einfachen Modellvorstellungen behandelt, die zum Verständnis der vorangegangenen Kapitel der Festkörperphysik unumgänglich sind. Sie sollen dem Leser zeitraubendes Suchen und Nachschlagen in anderen Büchern ersparen helfen.

14.1. Anzahl, Masse und Raumbeanspruchung der Atome

Nach der zuerst von AVOGADRO (1811) für Gase ausgesprochenen und später sinngemäß auch auf die festen Körper erweiterten Hypothese enthält 1 Kilomol eines aus gleichartigen Atomen oder Molekülen bestehenden Stoffes stets die gleiche Anzahl von Teilchen. Diese wird als **Avogadrosche Konstante** bezeichnet:

$$N_A = 6{,}022 \cdot 10^{26}\ 1/\text{kmol}. \tag{1}$$

Um die in **1 Kilogramm** enthaltene Teilchenzahl zu erhalten, bedarf es noch der Kenntnis der im Periodensystem der Elemente verzeichneten **relativen Atommasse** A_r bzw. der **relativen Molekülmasse** M_r. Die durch das Kilomol repräsentierte Masse läßt sich dann durch die **molare Masse**

$$M = A_r\ \text{kg/kmol} \quad \text{bzw.}\ M_r\ \text{kg/kmol} \tag{2}$$

ausdrücken. Der Quotient aus der AVOGADROschen Konstanten und der molaren Masse stellt somit die in 1 kg des betreffenden Stoffes enthaltene Anzahl von Teilchen dar. Der reziproke Wert hiervon ist die **Masse eines einzelnen Teilchens**

$$m_0 = \frac{M}{N_A}. \tag{3}$$

Wird weiterhin die allgemeine Definition der **Dichte**

$$\varrho = \frac{m}{V}$$

auf einen aus gleichartigen Atomen bestehenden Stoff bezogen, so kann man sie in erster Näherung mit der seiner Atome gleichsetzen. Das Volumen des Einzelatoms ist dann $V = \frac{m}{\varrho}$ bzw. zusammen mit Gl. (2)

$$V = \frac{M}{\varrho N_A}. \tag{4}$$

Da aber der vom Körper eingenommene Raum nicht lückenlos von den Atomen erfüllt ist (was schon die Kugelform der Atome verbietet), ist das wahre Volumen der Atome kleiner. Sieht man zunächst darüber hinweg, so ist die **in der Volumeneinheit enthaltene Anzahl der Atome** durch den reziproken Wert von Gl. (4) gegeben:

$$n = \frac{1}{V} = \frac{\varrho\, N_A}{M}. \tag{5}$$

Auf diese Weise wurden die entsprechenden Zahlen der Tabelle 11 (Spalte 5) errechnet.

Beispiel: Mit der relativen Atommasse $A_r = 63{,}546$ ist nach Gl. (3) die Masse eines Kupferatoms $m_0 = \dfrac{63{,}546\ \mathrm{kg/kmol}}{6{,}022 \cdot 10^{26}\ 1/\mathrm{kmol}} = 1{,}06 \cdot 10^{25}$ kg. Wird ferner angenommen, die Atome seien streng kugelförmig und berührten sich in kubischer Anordnung (Bild 14.1), so ist ihr Durchmesser zufolge von Gl. (4)

$$d = \sqrt[3]{\frac{M}{\varrho\, N_A}} = \sqrt[3]{\frac{63{,}546\ \mathrm{kg\,m^3}}{6{,}022 \cdot 10^{26} \cdot 8930\ \mathrm{kg}}} = 2{,}28 \cdot 10^{-10}\ \mathrm{m}\,.$$

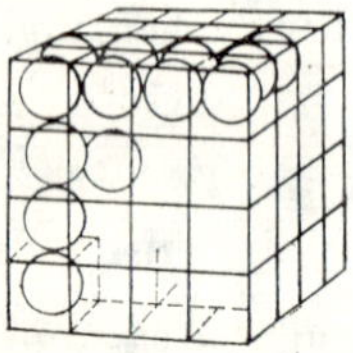

Bild 14.1 Zur Berechnung des Atomdurchmessers

14.2. Ergebnisse der klassischen Wärmetheorie

Die ebenfalls schon frühzeitig entwickelte kinetische Wärmetheorie hatte erkannt, daß die Erscheinungen der Wärme nichts anderes als eine Folge der unregelmäßigen Bewegungen der kleinsten Teilchen sind. Sie ging von der Annahme aus, die in einem Körper enthaltene Wärmeenergie sei proportional zur absoluten Temperatur T und gleichmäßig auf alle Atome verteilt. Als **mittlere thermische Energie der Teilchen eines einatomigen Gases** ergab sich dabei

$$\overline{W} = \frac{m_0 \overline{v^2}}{2} = \frac{3}{2} k_B T \tag{6}$$

mit der **Boltzmannschen Konstanten**

$$k_B = 1{,}38066 \cdot 10^{-23}\ \mathrm{J/K}\,. \tag{7}$$

Aus (6) findet man unmittelbar die **mittlere energetische Geschwindigkeit** der Teilchen zu

$$v_{th} = \sqrt{\overline{v^2}} = \sqrt{\frac{3\, k_B T}{m_0}} = \sqrt{\frac{3\, RT}{M}}\,. \tag{8}$$

In diesem Zusammenhang verwendet man die **Gaskonstante** R

$$R = k_B N_A = 8{,}314\ \mathrm{kJ/(kmol\,K)}. \tag{9}$$

In den festen Körpern schwingen die Teilchen um ihre Ruhelage und haben daher noch einen gleich großen Betrag an potentieller Energie. Ihre mittlere thermische

Energie hat folglich den doppelten Betrag von Gl. (6):

$$\overline{W} = 3\,k_{\mathrm{B}}T\,. \tag{10}$$

Ferner versteht man unter der **molaren Wärmekapazität eines festen Körpers** die zur Erwärmung eines Kilomols um 1 K zuzuführende Wärmeenergie. Das entspricht dem allgemeinen Ausdruck

$$C_{\mathrm{m}} = \frac{\mathrm{d}\,W}{\mathrm{d}\,T}\,N_{\mathrm{A}}\,. \tag{11}$$

Somit folgt aus Gl. (10)

$$C_{\mathrm{m}} = 3\,k_{\mathrm{B}}N_{\mathrm{A}} = 3\,R \tag{12}$$

bzw. aus Gl. (6) für ein einatomiges Gas

$$C_{\mathrm{m}v} = \frac{3}{2}\,R\,. \tag{13}$$

Da nun die häufiger verwendete **spezifische Wärmekapazität**[1] c sich auf 1 kg des betrachteten Stoffes bezieht, die molare Wärmekapazität $C_{\mathrm{m}} = cM$ aber auf die molare Masse $M = \frac{A_{\mathrm{r}}\,\mathrm{kg}}{\mathrm{kmol}}$, kann Gl. (12) auch in der Form

$$c \cdot A_{\mathrm{r}} \approx 25\;\mathrm{kJ/(kmol\,K)} \tag{14}$$

ausgedrückt werden. Dies ist die bekannte **Regel von Dulong und Petit** (1818):

Das Produkt aus der spezifischen Wärmekapazität und der relativen Atommasse ist bei den elementaren Festkörpern konstant.

14.3. Das Maxwell-Boltzmannsche Verteilungsgesetz

Infolge der unaufhörlichen Zusammenstöße ändern die Teilchen eines Gases fortgesetzt ihre Geschwindigkeit, sowohl der Richtung als auch dem Betrage nach. Betrachtet man aber die Gesamtheit aller Teilchen, so läßt sich vermuten, daß es in jedem Augenblick wiederum eine große Anzahl gibt, deren Geschwindigkeitsbetrag v zufälligerweise übereinstimmt.

Um den relativen Anteil dieser Teilchen festzuhalten, trägt man ihre Geschwindigkeitsvektoren von einem festen Punkt aus ab. Sie weisen dann wie die Stacheln eines Igels nach allen Richtungen des Raumes. Die Endpunkte aller Vektoren, deren Betrag zwischen v und $v + \Delta v$ liegt, befinden sich dann innerhalb einer Kugelschale vom Volumen $V = 4\,\pi\,v^2\,\Delta v$ (Bild 14.2).

Wenn wir nun wissen wollen, welcher Anteil $\mathrm{d}N$ von insgesamt N Teilchen in das Volumen dieser Kugelschale fällt, so ist das eine Aufgabe der **klassischen Statistik,** die erstmalig von MAXWELL (1859) gelöst und später von BOLTZMANN (1872) exakter begründet wurde (Bild 14.3).

Oft ist es aber nützlicher, nicht nach der Verteilung der Geschwindigkeit v zu fragen, sondern nach der kinetischen Energie $W = \frac{mv^2}{2}$. Anstelle des Geschwindigkeitsraumes tritt dann eine ganz analoge Einteilung in Kugelschalen, die jeweils alle

[1]) c_v bedeutet bei Gasen die spezifische Wärmekapazität bei konstantem Volumen. Obwohl bei Festkörpern praktisch nur c_p gemessen werden kann, wird die geringfügige Ausdehnung vernachlässigt und meist c_v oder noch einfacher c geschrieben

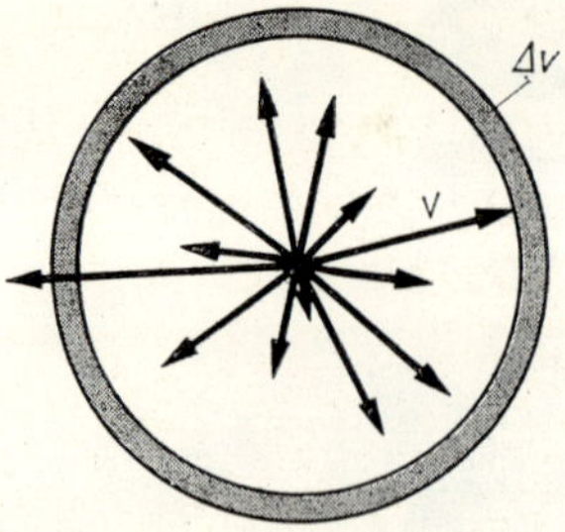

Bild 14.2 Geschwindigkeitsraum der klassischen Statistik

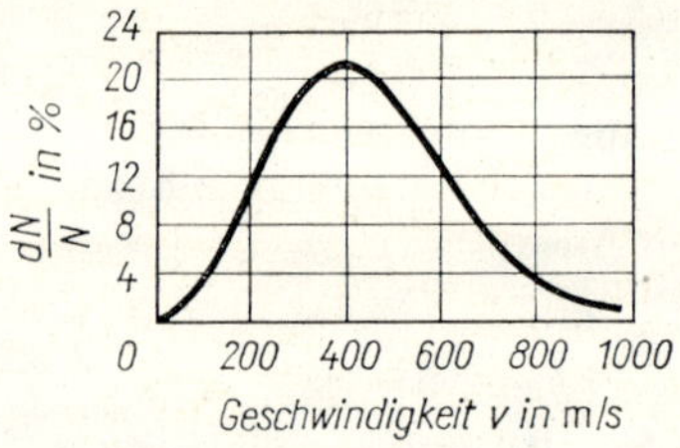

Bild 14.3 Maxwell-Boltzmann-Verteilung für Sauerstoff bei 20 °C. Intervallbreite $dW = 100$ m/s

Teilchen enthalten, deren Energie zwischen W und $W + \Delta W$ liegt. Das Ergebnis der etwas weitläufigen Rechnung ist die **Maxwell-Boltzmannsche Energieverteilung**

$$\frac{dN}{N} = \frac{2\sqrt{W}}{\sqrt{\pi}\;(k_B T)^{3/2}}\, e^{-W/k_B T}\, dW\,. \tag{15}$$

dN/N ist die relative Anzahl der Teilchen, deren Energie zwischen W und $W + dW$ liegt. Das Gesetz ist für alle Gase unter gewöhnlichen Bedingungen exakt gültig und experimentell, z. B. durch Versuche an Gasstrahlen, in bester Weise gesichert.
Die Exponentialfunktion in Gl. (15) ist der auch für viele andere Gleichgewichte statistischer Art charakteristische **Boltzmannfaktor**[1])

$$e^{-W/k_B T}. \tag{16}$$

14.4. Wellen und Teilchen

14.4.1. Energiequanten

Die eigentliche Grundlage der modernen Festkörperphysik aber bildet die Quantenmechanik. In umfassender Weise vereinigt diese die bisher völlig getrennt gewesenen Gebiete der Mechanik der Teilchen und der Wellenerscheinungen. Die charakteristischen Teilcheneigenschaften wie Masse und Impuls bzw. Welleneigenschaften wie Wellenlänge und Frequenz gehen dabei aber nicht verloren, sondern bleiben in dem neuen Quantenbegriff voll erhalten.
Nach der Erkenntnis Einsteins (1905) stellt nun jede Welle zugleich einen Strom von Teilchen dar, von denen jedes einzelne die Energie

$$W = hf \tag{17}$$

mit sich führt. Die Größe h ist das von Max Planck (1900) entdeckte **Wirkungsquantum**

$$h = 6{,}6262 \cdot 10^{-34}\ \text{Js}\,. \tag{18}$$

Vielfach wird diese Konstante auch in der Form

$$\hbar = \frac{h}{2\pi} = 1{,}0546 \cdot 10^{-34}\ \text{Js} \tag{19}$$

[1]) Eine ausführliche Herleitung der Maxwell-Boltzmann-Verteilung findet sich u. a bei Mierdel: Elektrophysik. Berlin 1972 (Grundlagen der Statistik).

verwendet, womit z. B. Gl. (17) mit Hilfe von Gl. (1/4) die Gestalt

$$W = \hbar\omega \tag{20}$$

annimmt.

14.4.2. Energie und Impuls von Teilchen und Strahlungsquanten

Nach den Gesetzen der klassischen Physik hat jedes Teilchen, das sich mit der Geschwindigkeit $v \ll c$ bewegt, die **kinetische Energie** $W = \frac{m\,v^2}{2}$ sowie den Impuls $p = mv$. In einer Gleichung vereinigt, ergibt dies

$$W = \frac{p^2}{2\,m}\,. \tag{21}$$

Im Rahmen seiner speziellen Relativitätstheorie entdeckte ALBERT EINSTEIN (1905), daß jeder beliebigen Masse auch im Ruhezustand ein bestimmter Energiebetrag zukommt. Die entsprechende **Masse-Energie-Beziehung** lautet

$$W = mc^2\,. \tag{22}$$

Der einem ruhenden Teilchen äquivalente Energiebetrag ergibt sich, wenn seine Masse m mit dem Quadrat der Lichtgeschwindigkeit multipliziert wird.

Setzen wir diesen Ausdruck gleich dem für die Energie eines Strahlungsquants nach Gl. (17), so erhalten wir für den **Impuls eines Strahlungsquants**

$$p = mc = \frac{hf}{c} = \frac{h}{\lambda}\,, \tag{23}$$

für den wiederum mit Hilfe von Gl. (19) und Gl. (1/5) auch

$$p = \hbar k \tag{24}$$

geschrieben werden kann. Unter Benutzung dieses Ausdruckes erhalten wir somit aus Gl. (21) die **Energie von Teilchen und Strahlungsquanten**

$$W = \frac{\hbar^2 k^2}{2m}\,. \tag{25}$$

Beispiel: Die Wellenlänge des gelben Natriumlichtes D_2 ist $\lambda = 589{,}5932$ nm. Nach Gl. (1/5) ist die entsprechende Wellenzahl $k = 1{,}06568 \cdot 10^7$ 1/m. Hieraus folgen nach Gl. (23) der Impuls eines Lichtquants zu
$p = \frac{h}{\lambda} = 1{,}12386 \cdot 10^{-27}$ Ns und seine Masse $m = \frac{p}{c} = 3{,}7488 \cdot 10^{-36}$ kg.

14.4.3. Der Dualismus Welle — Teilchen

Nun ist der Impuls eines Teilchens als Produkt aus der Masse m und der Geschwindigkeit v – vielfach auch als Bewegungsgröße bezeichnet – eine fundamentale Größe der NEWTONschen Mechanik, die besonders bei allen Stoßvorgängen eine ausschlaggebende Rolle spielt. Der **Impulssatz** lautet:

Solange keine äußeren Kräfte einwirken, bleibt der Gesamtimpuls der daran beteiligten Körper konstant.

Den unumstößlichen Beweis dafür, daß auch die Quanten des Lichtes einen mechanisch wirksamen Impuls besitzen, lieferten der **fotoelektrische Effekt** und der **Compton-Effekt.** Beide werden üblicherweise im Rahmen der Atomphysik behandelt. Wie schließlich DE BROGLIE (1924) theoretisch nachweisen konnte, gehorchen aber auch alle anderen Teilchen, die sich mit einer Geschwindigkeit $v \leqq c$ bewegen, der Impulsgleichung (23). Somit berechnet sich die **De-Broglie-Wellenlänge**

$$\lambda = \frac{h}{mv}. \tag{26}$$

Hiernach breiten sich Elektronen, Neutronen und alle anderen elementaren Teilchen nicht nur als kompakte Teilchen, sondern zugleich auch nach den Gesetzen der Wellenbewegung aus. Das ganze Naturgeschehen ist damit vom Prinzip der **Dualität Welle – Teilchen** getragen:

Jedes Teilchen der Masse m, das sich mit der Geschwindigkeit v bewegt, stellt zugleich eine Welle von der Länge λ dar und umgekehrt.

Es hat sich für das Verständnis fast aller Probleme der Festkörperphysik als ungewöhnlich fruchtbar und unentbehrlich erwiesen. Je nachdem, welche Auffassung für die Klärung eines bestimmten Sachverhalts besser geeignet ist, geht man von den korpuskularen oder Welleneigenschaften aus. Weit davon entfernt, damit in eine Widersprüchlichkeit zu geraten, ergänzen sich beide Betrachtungsweisen sowohl in anschaulicher als auch in mathematischer Hinsicht.

14.5. Das Bohrsche Atommodell

Der erste erfolgreiche Ansatz, der mit verhältnismäßig geringem mathematischem Aufwand eine große Zahl der bis dahin noch unverstandenen atomphysikalischen Probleme löste, ist das **Bohrsche Atommodell** (1913), das von SOMMERFELD (1915) unter Einbeziehung der relativistischen Mechanik verbessert wurde. Es stellt den ersten Versuch dar, quantenphysikalische Vorgänge mit den Mitteln der klassischen Mechanik des Massenpunktes zu deuten, und viele bei dieser Gelegenheit geprägte Grundbegriffe sind auch von der moderneren Quantenmechanik übernommen worden.

14.5.1. Die Bestandteile des Atoms

14.5.1.1. Der Atomkern

Der Aufbau und die Zusammensetzung des Atomkerns aus **Protonen** und **Neutronen** sowie deren Beziehungen zueinander interessieren im Rahmen der Festkörperphysik nur insofern, als diese Teilchen die Gesamtmasse des Kerns bestimmen. Die Anzahl der Protonen legt die **Ordnungszahl** Z und damit die Stellung des entsprechenden Elementes im Periodensystem fest.

14.5.1.2. Die Atomhülle

Diese enthält ausschließlich **Elektronen**, die für die gegenseitige Bindung der Atome im Festkörper, deren Ionisierung usw. verantwortlich sind. Ein einzelnes Elektron trägt die negative **Elementarladung**

$$e = 1{,}6022 \cdot 10^{-19}\,\mathrm{C}\ \ (\mathrm{As})\,.$$

Mit ihr hängt die für Vergleichszwecke im atomaren Bereich recht zweckmäßige **Energieeinheit**

$$1\,\mathrm{eV} = 1{,}6022 \cdot 10^{-19}\,\mathrm{J}\ \ (\mathrm{Ws})$$

zusammen:

1 Elektronenvolt (eV) ist diejenige Energie, die ein Elektron annimmt, wenn es die Spannung 1 V ungehindert durchlaufen hat.

14.5.2. Die Bohrschen Postulate

An den Anfang seiner Theorie stellte BOHR 3 Postulate:

1. Die Elektronen laufen auf ausgezeichneten Bahnen strahlungslos um den Kern (im Gegensatz zur klassischen Physik, wonach umlaufende elektrische Ladungen Energie abstrahlen).

2. Beim Übergang von einer Bahn mit der höheren Energie W_m auf eine Bahn mit der niedrigeren Energie W_n wird die Energiedifferenz als Strahlungsquant

$$W_m - W_n = hf \tag{27}$$

abgegeben (Bild 14.4).

3. **Quantenbedingung:** Es sind nur solche Bahnen möglich, für die der Drehimpuls des umlaufenden Elektrons den Wert

$$L = m_e r^2 \omega = n\,\frac{h}{2\pi} = n\hbar \tag{28}$$

$$(n = 1, 2, 3\ldots)$$

annimmt. Hier bedeutet n die **Hauptquantenzahl**, die nur ganzzahlige Werte annehmen kann.

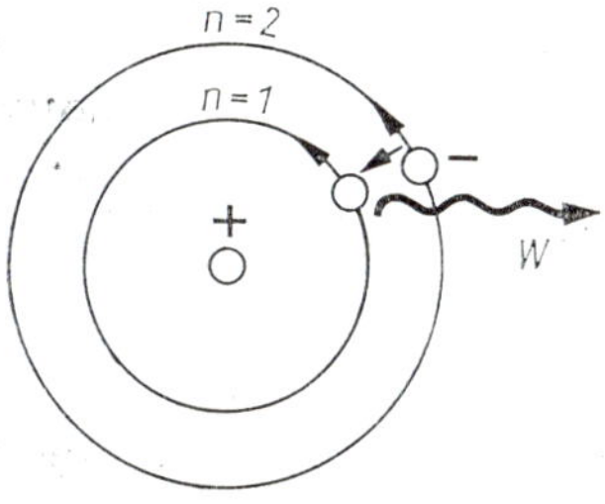

Bild 14.4 Emission eines Lichtquants beim Bahnwechsel eines Elektrons

14.5.3. Das Wasserstoffatom

14.5.3.1. Der Atomradius

Mit der Ordnungszahl $Z = 1$ enthält der Kern des Wasserstoffatoms nur 1 Proton, das im Abstand r von einem Elektron umkreist wird. Aus der Gleichheit der COULOMB-Kraft der elektrostatischen Anziehung mit der Radialkraft

$$\frac{e^2}{4\pi\,\varepsilon_0 r^2} = m_e r \omega^2 \tag{29}$$

ergeben sich zusammen mit der Quantenbedingung (28) die **Bahnradien**

$$r = n^2\,\frac{\varepsilon_0\,h^2}{\pi\,m_e e^2}\,. \tag{30}$$

Mit $n = 1$ und den übrigen Konstanten (s. 3. Umschlagseite) folgt daraus für den **Grundzustand des Wasserstoffatoms der Radius**

$$r = 0{,}53 \cdot 10^{-10}\,\mathrm{m}\,. \tag{31}$$

Dieser Wert stimmt mit den nach anderen Methoden, z. B. aus gaskinetischen Messungen, erhaltenen Werten in bester Weise überein.

14.5.3.2. Die Energie des kreisenden Elektrons

Nach dem 2. Bohrschen Postulat hängen die Frequenzen des von einem angeregten Atom emittierten Lichtes aufs engste mit der Energie zusammen, die das auf seiner Bahn umlaufende Elektron enthält. Sie setzt sich aus 2 Anteilen zusammen:

1. Kinetische Energie. Wird der Ausdruck für die kinetische Energie eines rotierenden Massenpunktes $W_{\mathrm{kin}} = \frac{m_e v^2}{2} = \frac{m_e r^2 \omega^2}{2}$ mit Gl. (29) verknüpft, so findet sich unmittelbar

$$W_{\mathrm{kin}} = \frac{e^2}{8\pi\,\varepsilon_0 r}\,. \tag{32}$$

2. Potentielle Energie. Folgt das in ursprünglich sehr großer Entfernung gedachte Elektron der Anziehung des Kerns und gelangt es dabei bis zum Abstand r, so wird dabei nach Gl. (29) die Arbeit

$$W_{\mathrm{pot}} = \frac{e^2}{4\pi\,\varepsilon_0} \int\limits_{\infty}^{r} \frac{\mathrm{d}r}{r^2} = -\frac{e^2}{4\pi\,\varepsilon_0 r} \tag{33}$$

frei.

Die Gesamtenergie ist also $W = W_{\mathrm{kin}} + W_{\mathrm{pot}} = -\frac{e^2}{8\pi\varepsilon_0 r}$. Der Radius r ist aber nach Gl. (30) bereits bekannt, so daß man schließlich für die **Energie des Elektrons auf der n-ten Bahn** den Ausdruck

$$W_n = -\frac{1}{n^2}\,\frac{e^4 m_e}{8\,h^2 \varepsilon_0^2} \tag{34}$$

erhält.

14.5.3.3. Anregung und Serienformeln

Nunmehr kann auch der im 2. Postulat angedeutete Gedanke zu Ende geführt werden. Wenn das Elektron von einer höheren, mit der Quantenzahl m bezeichneten Bahn auf eine niedrigere, mit n bezeichnete Bahn überwechselt, wird die Energiedifferenz $W_m - W_n$ in Form eines abgestrahlten Lichtquants hf mit der Frequenz f frei:

$$f = \frac{e^4 m_e}{8\,h^3 \varepsilon_0^2}\left(\frac{1}{n^2} - \frac{1}{m^2}\right) \quad (m > n)\,. \tag{35}$$

Der vor dem Klammerausdruck stehende Bruch enthält ausschließlich konstante Größen und wird als **Rydberg-Frequenz** [1])

$$R = 3{,}290 \cdot 10^{15}\,1/\mathrm{s} \tag{36}$$

bezeichnet.

[1]) Dieser Zahlenwert enthält bereits die kleine Korrektur, die sich aus der Mitbewegung des Kerns ergibt.

Mit ihrer Hilfe schreibt sich Gl. (35) zur Berechnung der Frequenz besonders einfach:

$$f = R\left(\frac{1}{n^2} - \frac{1}{m^2}\right). \tag{37}$$

Man sieht sofort, daß eine Vielzahl von Frequenzen bzw. Wellenlängen existiert, da n und m alle nur denkbaren ganzzahligen Werte annehmen dürfen. In systematischer Ordnung unterscheidet man folgende **Serien** von Spektrallinien:

1. Die Lyman-Serie: $n = 1$; $m = 2, 3, \ldots$ Alle Wellen dieser Serie liegen im ultravioletten Teil des Spektrums.

2. Die Balmer-Serie: $n = 2$; $m = 3, 4, \ldots$ Die Spektrallinien dieser Serie liegen im Bereich des sichtbaren Lichtes.

3. Die Paschen-Serie: $n = 3$; $m = 4, 5, \ldots$ Alle Spektrallinien dieser Serie liegen im Ultrarot.

4. Alle weiteren Serien mit $n = 4, 5, \ldots$ und $m = 5, 6, \ldots$ ergeben noch größere Wellenlängen, deren Nachweis aber aus technischen Gründen immer schwieriger wird.

Werden dem Atom in umgekehrter Weise Strahlungsquanten von außen her zugeführt, so werden diese bei passender Frequenz absorbiert. Das Atom befindet sich sodann im **angeregten Zustand**, bis es durch Abgabe von Strahlungsquanten wieder in den Grundzustand zurückkehrt.

Beispiele: 1. Für die Linie $m = 2$ der LYMAN-Serie ergibt sich nach Gl. (37) die Frequenz $f = 3{,}29 \cdot 10^{15}(1 - 0{,}25)\ ^1/\mathrm{s} = 2{,}50 \cdot 10^{15}\ ^1/\mathrm{s}$ und die Wellenlänge $\lambda = \frac{3 \cdot 10^8\ \mathrm{m \cdot s}}{2{,}50 \cdot 10^{15}\ \mathrm{s}} = 120\ \mathrm{nm}$ (unsichtbar).

2. Um das Elektron von der Bahn $m = 3$ auf die Bahn $n = 5$ anzuheben, muß ihm die Energie $W = hf = hR\left(\frac{1}{m^2} - \frac{1}{n^2}\right) = 1{,}55 \cdot 10^{-19}\ \mathrm{J} = 0{,}97\ \mathrm{eV}$ zugeführt werden.

14.5.3.4. Ionisierung

Der vollständigen Abtrennung eines Elektrons entspricht der Übergang auf das Niveau $m = \infty$. Das Atom ist zu einem **Ion** geworden. Die Ionisierungsenergie berechnet sich aufgrund von Gl. (37) mit $n = 1$ zu

$$W_{\mathrm{io}} = hR\,. \tag{38}$$

Mit den genannten Zahlenwerten ergibt sich für das Wasserstoffatom

$$W_{\mathrm{io}} = 6{,}626 \cdot 10^{-34}\ \mathrm{Js} \cdot 3{,}29 \cdot 10^{15}\ ^1/\mathrm{s} = 13{,}6\ \mathrm{eV}\,.$$

Die Gesamtheit aller Anregungsstufen des Atoms läßt sich in übersichtlicher Weise im **Termschema** (Bild 14.5) darstellen. Als Ordinate dieser beim Wasserstoff nur eindimensionalen Leiter dient i. allg. die in Elektronenvolt gerechnete Anregungsenergie. Zwischenwerte können nicht existieren.

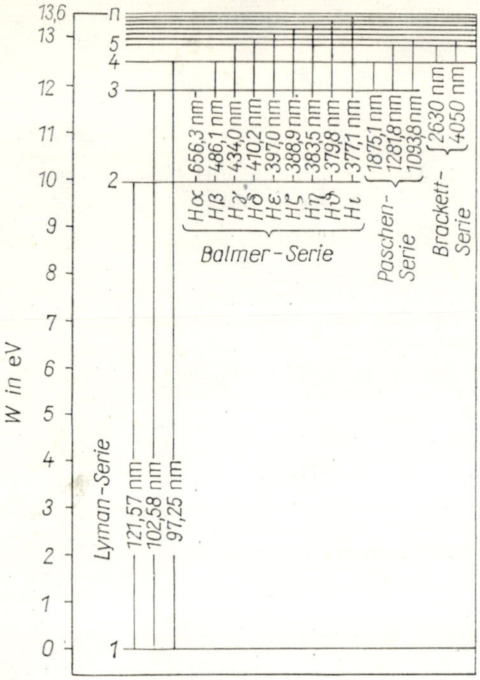

Bild 14.5 Termschema des Wasserstoffs

14.5.4. Die weiteren Quantenzahlen

14.5.4.1. Die Hauptquantenzahl n

Die in den bisherigen Gleichungen immer wieder auftauchende **Hauptquantenzahl** n bringt die Tatsache zum Ausdruck, daß der Bahndrehimpuls nach dem 3. Bohrschen Postulat nur ganzzahlige Vielfache des durch 2π dividierten Wirkungsquantums h beträgt. Die genauere Untersuchung der Spektren der größeren Atome mit mehreren Elektronen machte jedoch die Einführung noch weiterer Quantenzahlen notwendig.

14.5.4.2. Die Nebenquantenzahl l

Die Kreisbahnen im Bohr-Sommerfeldschen Atommodell stellen nur einen Sonderfall des allgemeineren Gesetzes dar, demzufolge die sich frei um den Kern bewegenden Elektronen auf Ellipsenbahnen (Kepler-Ellipsen) umlaufen müssen. Zu jeder Hauptquantenzahl gehören dann einschließlich der Kreisbahn n Ellipsen mit unterschiedlichem Achsenverhältnis. Diese n Nebenquantenzahlen werden wie folgt bezeichnet, wobei $l = 0$ bzw. der Buchstabe s die Ellipse mit der größten Exzentrizität bedeuten:

Nebenquantenzahlen

Numerierung	$l = 0$	1	2	3 ... $(n - 1)$
Bezeichnung	s	p	d	f ...

14.5.4.3. Die magnetische Quantenzahl m

Wird das Atom einem starken Magnetfeld ausgesetzt, so führen die Achsen des Drehimpulses Präzessionsbewegungen um die Richtung des Magnetfeldes aus. Die Impulsachsen stellen sich in bestimmten Winkeln zur Feldrichtung ein, und zwar gibt es zu jeder Nebenquantenzahl l nur $(2l+1)$ Einstellmöglichkeiten, die mit der **magnetischen Quantenzahl** m numeriert werden:

$$\text{magnetische Quantenzahl } m = \ldots, \underbrace{-3, \overbrace{-2, \underbrace{-1, 0, +1,}_{l=1} +2,}^{l=2} +3,}_{l=3} \ldots$$

14.5.4.4. Die Spinquantenzahl s

Die in den Spektren der Alkalimetalle besonders auffällig vorkommenden Doppellinien führten weiterhin zu dem Schluß, daß jedes Elektron noch eine Drehung um seine Achse ausführt. Je nach seinem Drehsinn hat dieser **Eigendrehimpuls** den Betrag $\pm \frac{1}{2}\hbar$. Der Faktor $\pm \frac{1}{2}$ wird als **Spinquantenzahl** s bezeichnet. Jedes der vorhin durch die Quantenzahl m gekennzeichneten Energieniveaus kann somit nochmals in zwei unterschiedliche Niveaus $s_1 = +{}^1/_2$ und $s_2 = -{}^1/_2$ aufspalten.
Zusammengefaßt ergeben sich für die in einem Atom enthaltenen Elektronen die im Bild 14.6 dargestellten Energiestufen.

14.5.5. Der Aufbau der größeren Atome

14.5.5.1. Das Pauli-Prinzip

Die im Bild 14.6 dargestellte Aufspaltung der Energieniveaus ist beim Wasserstoffatom unter gewöhnlichen Verhältnissen nicht in allen Einzelheiten zu beobachten. Sie spielt aber beim Aufbau der größeren Atome eine entscheidende Rolle.

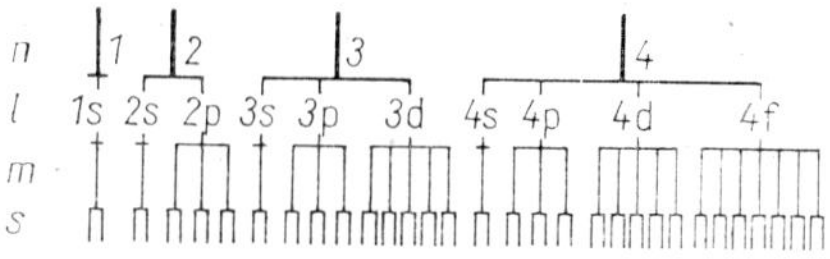

Bild 14.6 Die Aufspaltung der den Hauptquantenzahlen $n = 1 \ldots 4$ entsprechenden Energiestufen (nicht maßstäblich)

Denn gleichlaufend mit der Ordnungszahl Z im Periodensystem der Elemente nimmt auch die Anzahl der Elektronen in den Atomhüllen zu. Dabei gilt vor allem das **Pauli-Prinzip** (1925):

> **Jeder durch die 4 Quantenzahlen n, l, m und s gekennzeichnete Energiezustand darf in der Atomhülle nur durch ein Elektron besetzt werden.**

Die Besetzung der Energieniveaus erfolgt dabei mit fortschreitender Ordnungszahl der Reihe nach von unten her, indem die Zustände mit niedrigerer Energie zuerst belegt werden. Dabei faßt man die zu jeweils einer Hauptquantenzahl gehörenden Elektronen zu einer **Schale** zusammen, wobei die Elektronen gleicher Nebenquantenzahl eine **Unterschale** bilden. Für die Besetzung dieser Unterschalen gilt die in 12.3.2. bereits zitierte **Hundsche Regel**.

14.5.5.2. Schalenbau und Periodensystem

In welcher Weise nun die Besetzung der Elektronenhülle bei den einzelnen Elementen des Periodensystems erfolgt, geht aus der folgenden Tafel hervor.

Tabelle 10. Elektronenverteilung der Elemente in der Reihenfolge ihrer Ordnungszahl

Schalen	Unterschalen	Elemente
K	1s	¹H ²He
L	2s	³Li ⁴Be
L	2p	⁵B ⁶C ⁷N ⁸O ⁹F ¹⁰Ne
M	3s	¹¹Na ¹²Mg
M	3p	¹³Al ¹⁴Si ¹⁵P ¹⁶S ¹⁷Cl ¹⁸Ar
N	4s	¹⁹K ²⁰Ca
M	3d	²¹Sc ²²Ti ²³V ²⁴Cr ²⁵Mn ²⁶Fe ²⁷Co ²⁸Ni ²⁹Cu ³⁰Zn
N	4p	³¹Ga ³²Ge ³³As ³⁴Se ³⁵Br ³⁶Kr
O	5s	³⁷Rb ³⁸Sr
N	4d	³⁹Y ⁴⁰Zr ⁴¹Nb ⁴²Mo ⁴³Tc ⁴⁴Ru ⁴⁵Rh ⁴⁶Pd ⁴⁷Ag ⁴⁸Cd
O	5p	⁴⁹In ⁵⁰Sn ⁵¹Sb ⁵²Te ⁵³J ⁵⁴Xe
P	6s	⁵⁵Cs ⁵⁶Ba
O	5d	⁵⁷La
N	4f	⁵⁸Ce ⁵⁹Pr ⁶⁰Nd ⁶¹Pm ⁶²Sm ⁶³Eu ⁶⁴Gd ⁶⁵Tb ⁶⁶Dy ⁶⁷Ho ⁶⁸Er ⁶⁹Tm ⁷⁰Yb ⁷¹Lu
O	5d	⁷²Hf ⁷³Ta ⁷⁴W ⁷⁵Re ⁷⁶Os ⁷⁷Ir ⁷⁸Pt ⁷⁹Au ⁸⁰Hg
P	6p	⁸¹Tl ⁸²Pb ⁸³Bi ⁸⁴Po ⁸⁵At ⁸⁶Rn
Q	7s	⁸⁷Fr ⁸⁸Ra
P	6d	⁸⁹Ac
O	5f	⁹⁰Th ⁹¹Pa ⁹²U ⁹³Np ⁹⁴Pu ⁹⁵Am ⁹⁶Cm ⁹⁷Bk ⁹⁸Cf ⁹⁹Es ¹⁰⁰Fm ¹⁰¹Md ¹⁰²No ¹⁰³Lr
P	6d	¹⁰⁴Ku ¹⁰⁵Bo 112

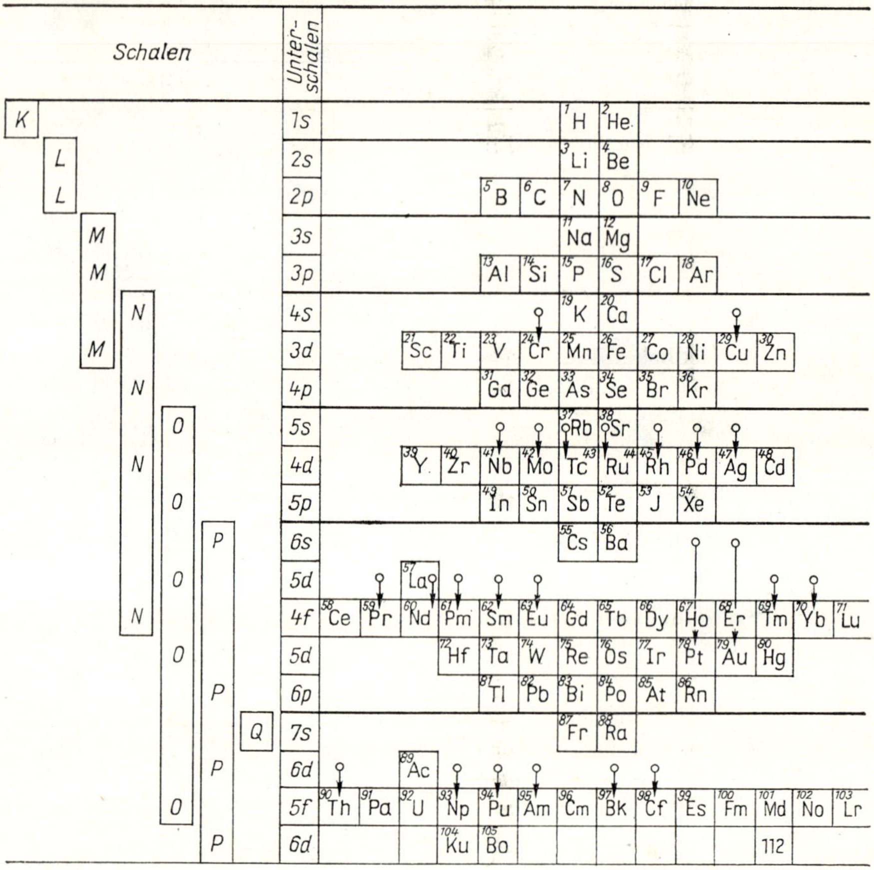

Die hier waltenden Gesetzmäßigkeiten sind am besten anhand einiger Beispiele zu erkennen.

1. Das Helium-Atom. Wegen der Ordnungszahl $Z = 2$ sind auch 2 Elektronen vorhanden. Das beim Wasserstoff mit nur einem Elektron besetzte Niveau 1s kann noch ein zweites Elektron aufnehmen, das nach dem PAULI-Prinzip von entgegengesetztem Spin sein muß. Symbol der Hülle: $1s^2$.

2. Das Lithium-Atom. Das entsprechend $Z = 3$ neu hinzukommende dritte Elektron muß sich nach dem PAULI-Prinzip in mindestens einer Quantenzahl von den ersten beiden unterscheiden. Es wird daher in der nächsthöheren Schale auf deren unterstem Niveau 2s plaziert. Symbol der Hülle: $1s^2\ 2s^1$.

3. Das Neon-Atom. Wegen $Z = 10$ sind 10 Elektronen vorhanden. Die K-Schale ist wie beim Heliumatom mit 2 Elektronen voll besetzt, desgleichen auch die L-Schale, deren Niveau 2p höchstens 6 Elektronen aufnehmen kann (wegen $2 \cdot 1 + 1 = 3$ und zweifacher Spinrichtung). Symbol der Hülle: $1s^2\ 2s^2\ 2p^6$.

4. Das Natrium-Atom. Mit der Auffüllung der L-Schale muß das der Ordnungszahl 11 entsprechende 11. Elektron in der darauf folgenden M-Schale untergebracht werden. Symbol: $1s^2\ 2s^2\ 2p^6\ 3s^1$.

Diese hier noch erkennbare numerische Reihenfolge bei der Besetzung der Schalen wird übrigens nicht immer streng eingehalten. Aus energetischen Gründen wird z. B. die Unterschale 3d nicht im Anschluß an die Unterschale 3p besetzt, sondern erst nach Aufbau des zur N-Schale gehörigen Niveaus 4s.

14.6. Das Orbitalmodell

14.6.1. Die Weiterführung der Quantentheorie

Das Bohr-Sommerfeldsche Atommodell vermag zwar viele elementare, jedoch noch längst nicht alle Fragen der Spektroskopie (z. B. die Intensität der Spektrallinien und die Auswahlregeln) und des Baus der komplizierteren Atome zu erklären. Grundsätzlich neue und weiterführende Wege wurden mit der neueren Quantenmechanik beschritten. Hier sei nur kurz auf die **Wellenmechanik** E. Schrödingers (1926) eingegangen.

Dem atomaren System wird zunächst eine **Wellenfunktion** zugeordnet, die von der allgemeinen Gleichung einer dreidimensionalen Welle

$$\Delta\psi = \frac{1}{v^2}\frac{\partial^2\psi}{\partial t^2} \tag{39}$$

ausgeht, wie sie bereits von der klassischen Physik her bekannt ist. Dabei ist der Laplace-Operator $\Delta = \frac{\partial^2}{\partial x^2} + \frac{\partial^2}{\partial y^2} + \frac{\partial^2}{\partial z^2}$.

Wird die hier stehende Ausbreitungsgeschwindigkeit nach Gl. (1.3) $v = \lambda f$ mit der de-Broglieschen Gleichung (26) verknüpft sowie der Teilchenimpuls mv durch die Gesamtenergie W und die potentielle Energie W_{pot} ausgedrückt, so wird zunächst

$$\frac{1}{v^2} = \frac{2m_e\,(W - W_{pot})}{h^2 f^2}. \tag{40}$$

Macht man weiter den für Wellen allgemein üblichen Ansatz

$$\psi = \psi(x, y, z)\ \mathrm{e}^{-2\pi \mathrm{i} f t}, \tag{41}$$

so liefert zweimaliges Differenzieren

$$\frac{\partial^2\psi}{\partial t^2} = -4\pi f^2\psi\,. \tag{42}$$

Da die potentielle Energie des im Abstand r vom Kern befindlichen Elektrons nach Gl. (33) $W_{pot} = -\frac{e^2}{4\pi\varepsilon_0 r}$ ist, folgt somit die bekannte **Schrödinger-Gleichung für das**

Wasserstoffatom

$$\Delta\psi + \frac{8\pi^2 m_e}{h^2}\left(W + \frac{e^2}{4\pi\,\varepsilon_0 r}\right)\psi = 0\,. \qquad (43)$$

Da die Zeit in ihr nicht enthalten ist, beschreibt sie die stationären Schwingungszustände des atomaren Systems.

14.6.2. Die physikalische Bedeutung der Wellenfunktion

Über die physikalische Natur der Größe ψ macht die SCHRÖDINGER-Gleichung keine Aussage. Ihre weitere Behandlung ergibt lediglich, daß die Größe ψ nicht beliebige Schwingungsmöglichkeiten, sondern wegen der vorliegenden Randbedingungen nur ganz bestimmte **Eigenschwingungen** ausführen kann, wie etwa eine eingespannte Saite oder eine in ihrem Mittelpunkt befestigte Membran. Die weitere Rechnung liefert Lösungen der Gleichung (43), in denen die 3 Quantenzahlen n, l und m enthalten sind. Der Elektronenspin läßt sich hierbei allerdings noch nicht berücksichtigen.
Die Wellenfunktion (43) wird heute allgemein so interpretiert, daß ihre Norm $\psi\psi^*$ (ψ^* ist der zu ψ konjugiert komplexe Wert) die **Aufenthaltswahrscheinlichkeit des Elektrons** darstellt. Im Gegensatz zur BOHRschen Theorie bewegt sich das Elektron nicht auf mathematisch definierten Bahnen um den Kern, sondern befindet sich in einem räumlichen Gebiet, dessen Form und ungefähre Ausdehnung von der ψ-Funktion bestimmt wird.

14.6.3. Beispiele für Orbitalmodelle

Die dem Elektron je nach seiner Energie durch die Wellenfunktion zugewiesenen Aufenthaltsräume werden als **Orbitale** bezeichnet. Diese sind nicht scharf begrenzt, sondern an ihren Grenzen nach außen hin verwaschen. Bei den s-Zuständen sind sie kugelsymmetrisch, bei den p-Zuständen rotationssymmetrisch, bei den d- und f-Zuständen von komplizierterer Gestalt (Bild 14.7). Modellmäßig stellt man sich die Orbitale als körperliche Gebilde dar, deren lokale Dichte die Aufenthaltswahrscheinlichkeit symboliert .

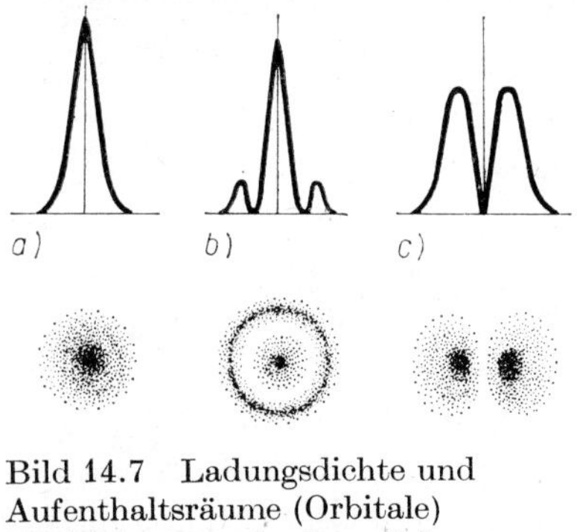

Bild 14.7 Ladungsdichte und Aufenthaltsräume (Orbitale) der Elektronen 1s, 2s und 2 p

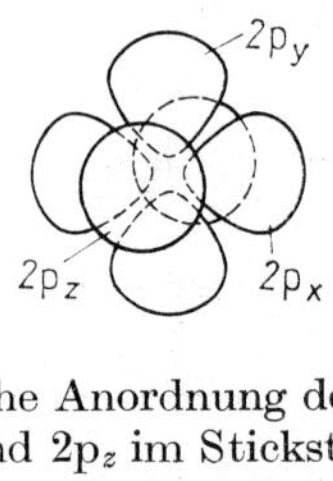

Bild 14.8 Räumliche Anordnung der Orbitale $2p_x$, $2p_y$ und $2p_z$ im Stickstoffatom

Beispiele: **1. Das 1s-Elektron.** Es stellt eine kugelförmige Wolke dar, deren Dichte mit wachsender Kernnähe zunimmt und im Abstand des Bohrschen Radius am größten ist (Bild 14.7a).

2. Das Heliumatom. Entsprechend den 2 Elektronen von entgegengesetztem Spin sind 2 kongruente kugelförmige Orbitale vorhanden, die sich ungestört gegenseitig durchdringen.

3. Das 2s-Elektron (Lithiumatom). Dieses zerfällt in einen kernnahen kugelförmigen Bereich und eine deutlich davon getrennte Kugelschale von größerem Radius. Hiermit erklärt sich die leichte Ionisierbarkeit der Alkalimetalle (Bild 14.7b).

4. Das 2p-Elektron (Boratom). Dieses besteht aus zwei eiförmigen, symmetrisch zu beiden Seiten des Kerns liegenden Hälften, die auf schematischen Skizzen häufig birnenförmig langgestreckt gezeichnet werden. Das Elektron hält sich mit gleich großer Wahrscheinlichkeit in jeder der beiden Hälften auf (Bild 14.7c).

5. Das Stickstoffatom. Die 3 zur Unterschale 2p gehörenden Elektronen werden mit p_x, p_y, p_z unterschieden und sind wie die Achsen des rechtwinkligen Koordinatensystems angeordnet (Bild 14.8). Beim Hinzutreten weiterer Elektronen mit anderer Spinrichtung werden die gleichen Räume noch einmal besetzt.
Über die besondere Rolle der Orbitale beim Zustandekommen der chemischen Bindung wurde bereits im Abschn. 2. berichtet.

Tabelle 11. Eigenschaften fester Körper

1. Element [1])	2. Ordnungszahl Z	3. relat. Atommasse A_r	4. Dichte ϱ bei 20 °C in 10^3 kg/m³	5. Anzahl der Atome n 10^{28} 1/m³	6. Kristallstruktur [2])	7. Gitterkonstanten 10^{-10} m a	b	c	8. Abstand d. nächst. Nachbarn 10^{-10} m	9. Bindungs-Energie W_B kJ/mol	10. Ionis.-Energie freier Atome W_{io} eV
Ac	89	227,028	10,07	2,66	kfz	5,31			3,76		6,9
Ag	47	107,868	10,50	5,85	kfz	4,09			2,89	285,96	7,57
Al	13	26,981 5	2,70	6,02	kfz	4,05			2,86	321,96	5,98
As	33	74,921 6	5,73	4,65	rhomb.	4,13			3,16	288,89	9,81
Au	79	196,966 5	19,28	5,90	kfz	4,08			2,88	365,51	9,23
B	5	10,811	2,47	13,0	rhomb.	5,06				561,03	8,30
Ba	56	137,34	3,59	1,60	krz	5,03			4,35	179,20	5,21
Be	4	9,012 2	1,85	12,1	hdP	2,29		3,58	2,22	321,96	9,32
Bi	83	208,980 6	9,80	2,82	trig.	4,55		11,86	3,07	207,67	7,29
C (Diam.)	6	12,011 15	3,516	17,6	Diam.	3,567			1,54	711,76	11,26
Ca	20	40,08	1,51	2,30	kfz	5,58			3,95	176,26	6,11
Cd	48	112,40	8,64	4,64	hdP	2,98		5,62	2,98	112,04	8,99
Ce	58	140,12	6,77	2,91	kfz	4,85			3,65	460,55	6,91
Co	27	58,933 2	8,9	8,97	hdP	2,51		4,07	2,50	423,70	7,86
Cr	24	51,996	7,19	8,33	krz	2,88			2,50	395,65	6,76
Cs	55	132,905	1,997	0,905	krz	6,14			5,235	79,97	3,89
Cu	29	63,546	8,93	8,45	kfz	3,61			2,56	338,29	7,72
Dy	66	162,50	8,56	3,17	hdP	3,59		5,65	3,51	297,26	6,82
Er	68	167,26	9,06	3,26	hdP	3,56		5,59	3,47	322,38	
Eu	63	151,96	5,26	2,04	krz	4,58			3,96	173,75	5,62
Fe	26	55,847	7,88	8,50	krz	2,87			2,48	414,07	7,90
Ga	31	69,72	5,91	5,10	kompl.	4,52	7,66	4,53	2,44	268,79	6,00
Gd	64	157,25	7,89	3,02	hdP	3,64		5,78	3,58	399,42	6,16
Ge	32	72,59	5,32	4,42	Diam.	5,658			2,45	373,88	7,88
Hf	72	178,49	12,8	4,52	hdP	3,19		5,05	3,13	611,27	5,5
Hg	80	200,59	14,4	4,26	rhomb.	2,99			3,01	66,99	10,43
Ho	67	164,930	8,80	3,22	hdP	3,58		5,62	3,49	293,08	

In	49	114,82	7,29	3,83	tetr.	3,25		4,95	3,25	247,02	5,78
Ir	77	192,2	22,56	7,06	kfz	3,84			2,71	669,89	9,2
J	53	126,9045	4,95	2,36	kompl.	7,265		9,791	3,54	107,18	10,45
K	19	39,102	0,87	1,402	krz	5,32			4,525	90,85	4,34
La	57	138,91	6,17	2,70	hex.	3,77		12,16	3,73	433,75	5,61
Li	3	6,941	0,53	4,70	krz	3,51			3,023	159,10	5,39
Lu	71	174,97	9,84	3,39	hdP	3,50		5,55	3,43	427,05	6,15
Mg	12	24,305	1,74	4,30	hdP	3,21		5,21	3,20	147,79	7,64
Mn	25	54,9380	7,43	8,18	kub.	8,91			2,24	287,63	7,43
Mo	42	95,94	10,22	6,42	krz	3,15			2,72	657,75	7,13
Na	11	22,9898	1,013	2,652	hdP	3,77		6,15	3,659	108,86	5,14
Nb	41	92,906	8,60	5,56	krz	3,30			2,86	720,13	6,88
Nd	60	144,24	7,00	2,93	krz	3,66		11,80	3,66	323,22	6,31
Ni	28	58,71	8,91	9,14	kfz	3,52			2,49	428,31	7,63
Os	76	190,2	22,58	7,14	hdP	2,74		4,32	2,68	782,93	8,7
P (weiß)	15	30,9738	1,82		kompl.	18,51				331,59	10,48
Pa	91	231,036	15,37	4,01	tetr.	3,92		3,24	3,21	527,54	
Pb	82	207,2	11,34	3,30	kfz	4,95			3,50	196,78	7,42
Pd	46	106,4	12,00	6,80	kfz	3,89			2,75	380,16	8,33
Po	84	209,98	9,32	2,67	kub.	3,35			3,34	144,44	8,43
Pr	59	140,907	6,77	2,92	hex.	3,67		11,84	3,63	372,63	5,76
Pt	78	195,09	21,47	6,62	kfz	3,92			2,77	565,22	8,96
Rb	37	85,4678	1,53	1,148	krz	5,70			4,84	82,90	4,18
Re	75	186,2	21,03	6,80	hdP	2,76		4,46	2,74	782,93	7,87
Rh	45	102,905	12,42	7,26	kfz	3,80			2,69	555,59	7,46
Ru	44	101,07	12,36	7,36	hdP	2,71		4,28	2,65	638,91	7,36
S	16	32,064	2,069		kompl.	10,46	12,87	24,49		276,75	10,36
Sb	51	121,75	6,71	3,31	rhomb.	4,31		11,25	2,91	259,58	8,64
Sc	21	44,956	2,99	4,27	hdP	3,31		5,27	3,25	379,32	6,56
Se	34	78,96	4,80	3,67	hex.	4,37		4,96	2,32	205,99	9,75
Si	14	28,086	2,33	5,00	Diam.	5,431			2,35	447,99	8,15
Sm	62	150,35	7,54	3,03	kompl.	8,996			3,59	203,48	5,6
Sn	50	118,69	5,76	3,62	Diam.	6,49			2,81	301,03	7,33
Sr	38	87,62	2,58	1,78	kfz	6,08			4,30	163,70	5,69
Ta	73	180,948	16,68	5,55	krz	3,30			2,86	781,26	7,88
Tb	65	158,9254	8,27	3,22	hdP	3,60		5,69	3,52	393,56	6,74

Fortsetzung Tabelle 11

1. Element [1])	2. Ordnungszahl	3. relat. Atommasse	4. Dichte ϱ bei 20 °C in	5. Anzahl der Atome	6. Kristallstruktur [2])	7. Gitterkonstanten 10^{-10} m			8. Abstand d. nächst. Nachbarn	9. Bindungs-Energie W_B	10. Ionis.-Energie freier Atome W_{io}
	Z	A_r	10^3 kg/m³	10^{28} 1/m³		a	b	c	10^{-10} m	kJ/mol	eV
Tc	43	98,91	11,46	7,04	hdP	2,74		4,40	2,71		7,28
Te	52	127,60	6,24	2,94	hex.	4,46		5,93	2,86	192,59	9,01
Th	90	232,038	11,72	3,04	kfz	5,08			3,60	572,34	
Ti	22	47,90	4,51	5,66	hdP	2,95		4,68	2,89	468,92	6,83
Tl	81	204,37	11,86	3,50	hdP	3,46		5,53	3,45	180,87	6,11
Tm	69	168,934	9,32	3,32	hdP	3,54		5,55	3,54	247,02	
U	92	238,03	19,16	4,80	kompl.	2,85	5,86	4,95	2,71	522,09	4,0
V	23	50,942	6,12	7,22	krz	3,02			2,62	510,79	6,8
W	74	183,85	19,25	6,30	krz	3,16			2,74	837,36	7,98
Y	39	88,905	4,47	3,02	hdP	3,65		5,73	3,55	423,70	6,38
Yb	70	173,04	6,96	3,02	kfz	5,49			3,88	150,72	6,24
Zn	30	65,37	7,13	6,55	hdP	2,66		4,95	2,66	130,21	9,39
Zr	40	91,22	6,57	4,29	hdP	3,23		5,15	3,17	610,02	6,84

Noch Tabelle 11. Eigenschaften fester Körper

1. Element 1)	11. Wärmeleitvermögen λ bei Temp.	12. Schallgeschwind. (long. bei 20 °C) c_S	13. DEBYE-Temp. Θ	14. elektr. Leitfäh. $\varkappa$ bei 295 K	15. Anzahl freier Elektronen n_e	16. FERMI-Grenzenergie W_F	17. HALL-Konst. R	18. Elektronenbeweglichkeit	19. Sprungtemperatur T_c	20. spezif. magnet. Suszept. $\varkappa$	bei der Temperatur T
	W/(m K)	m/s	K	10^7 1/Ωm	10^{28} 1/m³	eV	10^{-11} m³/C	10^{-3} m²/(Vs)	K	10^{-8} m³/kg	K
Ag	418 (0 °C)	3640	225	6,21	5,85	5,48	—8,4	6,63	1,19	—0,241	293
Al	238 (0 °C)	6360	428	3,65	18,06	11,63	—3,43	1,26		+0,77	293
As			282	0,285			+450		0,5*	—0,094	
Au	314 (0 °C)	3280	165	4,55	5,90	5,51	—7,04	4,81		—0,178	296
B										—0,78	
Ba		2080	110	0,26	3,20	3,65		0,51	5,1*	+0,185	
Be	168 (25 °C)	12720	1440	3,08	24,2	14,14	+24	0,79	0,026	—1,256	
Bi	8,1 (18 °C)	2298	119	0,086			—63300		3,9*	—1,32**	294
C	15,5 (20 °C)		2230							—0,305**	
Ca	126 (20 °C)	2210	230	2,78	4,60	4,68	—17,8	3,77		+1,382	
Cd	96 (0 °C)	2980	209	1,38	9,28	7,46	+5,89	0,93	0,55	—0,220	
Ce	10,9 (20 °C)	2300		0,12			+19,2		1,7*		
Co	69 (20 °C)	5730	445	1,72							
Cr	69 (20 °C)	6850	630	0,78			+36,3			+3,98	293
Cs	18,4 (20 °C)	1090	38	0,50	0,91	1,58	—78	3,43	1,5*	+0,280	293
Cu	398 (0 °C)	4760	343	5,88	8,45	7,00	—5,4	4,34		—0,108	296
Dy	10 (20 °C)	2960	210	0,11			—27				
Er	9,6 (20 °C)	3080		0,12			—3,41				
Eu				0,11							
Fe	72,4 (30 °C)	5950	470	1,02							
Ga	≈ 33 (20 °C)	3030	320	0,67	15,30	10,35		0,27	1,09	—0,389**	290
Gd	8,8 (20 °C)	2950	200	0,07			—44,8				
Ge	62 (20 °C)	4580	374						5,4*	—0,133	298
Hf	93,3 (20 °C)	3671	252	0,33					0,17	+0,53	295
Hg	8,1 (0 °C)	1451	71,9	0,10					4,15	—0,134**	80
Ho		3040		0,13							
In	71 (20 °C)	2460		1,14	11,49	8,60	+16,0	0,62	3,40	—0,138*	293

Fortsetzung Tabelle 11

1. Element [1])	11. Wärmeleitvermögen λ bei Temp. W/(m K)	12. Schallgeschwind. (long. bei 20 °C) c_S m/s	13. DEBYE-Temp. Θ K	14. elektr. Leitfäh. $\varkappa$ bei 295 K 10^7 1/Ωm	15. Anzahl freier Elektronen n_e $10^{28}/m^3$	16. FERMI-Grenzenergie W_F eV	17. HALL-Konst. R 10^{-11} m³/C	18. Elektronenbeweglichkeit 10^{-3} m²/(Vs)	19. Sprungtemperatur T_c K	20. spezif. magnet. Suszept. $\varkappa$ 10^{-8} m³/kg	bei der Temperatur T K
Ir	58 (0 °C)	5380	420	1,96			+31,8		0,14	+0,167	298
J			108							+0,440	
K	97 (20 °C)	2600	91	1,39	1,40	2,12	—42,3	6,20		+0,668	293
La	13,8 (20 °C)	2770	142	0,13			—8		4,8	+1,017	
Li	71,2 (20 °C)	6030	344	1,07	4,70	4,72	—17,0	1,42		+5,0	293
Lu			210	0,19					0,4*		
Mg	171 (25 °C)	5700	400	2,33	8,60	7,13	—8,3	1,69		+0,25	291
Mn	29,7 (20 °C)	5560	410	0,072			+8,4			+11,2	300
Mo	142 (0 °C)	6650	450	1,89			+12,6		0,92	+1,17	
Na	138 (0 °C)	3310	158	2,11	2,65	3,23	—20,7	4,97		+0,834	
Nb	52,3 (20 °C)	5100	275	0,69			+8,8		9,2	+2,76	
Nd	16 (20 °C)	2720	147	0,17			+9,71				
Ni	60,5 (20 °C)	5810	450	1,43							
Os		5480	500	1,10					0,65	+0,065	
P									5*	—1,07	
Pa									1,3		
Pb	35,2 (20 °C)	2050	105	0,48	13,20	9,37	+0,9	0,23	7,2	—0,139	289
Pd	69 (0 °C)	4540	274	0,95			—8,6			+6,47	293
Po				0,22							
Pr	11,7 (20 °C)	2660		0,15			+7,1				
Pt	71 (0 °C)	4080	240	0,96			—2,44		0,17	+1,235	
Rb	29,3 (20 °C)	1430	56	0,80	1,15	1,85	—59,2	4,34		+0,286	293
Re	48,2 (0 °C)	5360	430	0,54			+31,5		1,70	+0,45	298
Rh	88,0 (0 °C)	6190	480	2,08			+5,05		0,9	+1,36	293
Ru		6530	600	1,35			+22		0,5	+0,536	298
S	0,26 (20 °C)										
Sb	18,5 (20 °C)	3140	211	0,24			—2700		3,6*	—1,005	

Sc			360	0,21						+8,79	
Se	2,5 (20 °C)		90						6,9*	—0,422	
Si	80 (30 °C)		645						6,7*	—0,139	297
Sm	10,1 (20 °C)	2 700	147	0,10			—2,0				
Sn	63,0 (0 °C)	3 300	200	0,91	14,48	10,03	—0,41	0,39	3,72	—0,033**	289
Sr		2 780	147	0,47	3,56	3,95		0,82		+1,32	
Ta	54,5 (20 °C)	4 240	240	0,76			+10,1		4,39	+1,055**	298
Tb	14 (20 °C)	2 920		0,09							
Te	1,2 (25 °C)		153						4,5*	—0,364	
Th	37,7 (20 °C)	2 850	163	0,66			—12		1,37	+0,716	
Ti	15,5 (50 °C)	6 260	420	0,23			+1,0		0,39	+4,02	293
Tl	50,2 (0 °C)	1 630	78,5	0,61			+2,4		2,39	—0,304	
Tm				0,16							
U	24 (0 °C)	3 370	207	0,39			+3,4		0,2	+2,16	
V	32 (100 °C)	6 000	380	0.50			+8,2		5,3	+6,3	298
W	130 (20 °C)	5 320	400	1,89			+11,1	2,1	0,012	+0,40	298
Y	13,8 (20 °C)	4 280	280	0,17			—7,7		≈2*	+2,7	292
Yb		1 820	120	0,38			—5,3				
Zn	113 (20 °C)	3 890	327	1,69	13,10	9,39	+6,3	0,81	0,9	—0,201**	293
Zr	21 (25 °C)	4 360	291	0,24					0,55	+1,68	293

* nur unter Druckeinwirkung
** richtungsabhängig
[1]) Falls mehrere Modifikationen des Elementes existieren, stehen hier nur die Daten der α-Form.
[2]) kompl. – Es existieren mehrere Strukturen.

Tabelle 12. Eigenschaften von Halbleitern

Verbindungstyp		Intrinsic-dichte n_i bei 300 K	Bandabstand ΔW bei 0 K	300 K	Dielek-trizi-tätszahl	Beweglichkeit b bei 300 K Elektronen	Löcher	effektive Masse m^* (Mittelwerte) Elektronen	Löcher	Grenz-wellen-länge λ_{gr}
		$1/m^3$	eV	eV	ε_r	m^2/Vs	m^2/Vs	m_n/m_e	m_p/m_e	10^{-6} m
IV	C (Diamant)	$6{,}7 \cdot 10^{-34}$	5,4		5,5	0,18	0,16	0,2	0,25	
	Ge	$2{,}33 \cdot 10^{19}$	0,74	0,67	15,8	0,39	0,19	0,55	0,37	1,8
	Si	$7{,}16 \cdot 10^{15}$	1,17	1,14	11,7	0,15	0,06	1,1	0,57	1,1
IV/IV	SiC		3,1	3,0	10	0,04	0,005	0,6	1	0,83
III/V	AlSb		1,75	1,63	11	0,02	0,042	0,3	0,4	
	GaSb	$9{,}6 \cdot 10^{17}$	0,8	0,67	15	0,4	0,14	0,047	0,5	
	GaAs	$1{,}3 \cdot 10^{12}$	1,52	1,43	10,9	0,85	0,04	0,068	0,5	0,84
	GaP	$2{,}73 \cdot 10^{0}$	2,40	2,24	10	0,011	0,0075	0,5	0,5	0,56
	InSb	$2{,}2 \cdot 10^{22}$	0,26	0,16	17	7,8	0,075	0,013	0,6	
	InAs	$8{,}3 \cdot 10^{20}$	0,46	0,33	14,5	3,3	0,046	0,02	0,41	
	InP	$6{,}9 \cdot 10^{12}$	1,34	1,29	14	0,46	0,015	0,07	0,4	
II/VI	CdS		2,56	2,42	10	0,03	0,005	0,17	0,6	0,7
	CdSe		1,85	1,7	10	0,08		0,13	0,45	0,8
	CdTe		1,61	1,45						
	ZnO		3,44	3,2		0,02		0,27		
	ZnS		3,91	3,6	8	0,0165		1,1		
IV/VI	PbS		0,39	0,41	17	0,06	0,07	0,66	0,5	3,6
	PbTe		0,24	0,32	30	0,6	0,4	0,22	0,29	4
	PbSe		0,17	0,27		0,09	0,07			5

Literatur- und Quellenverzeichnis

BOHM, J.: Kristalle. Berlin: VEB Deutscher Verlag der Wissenschaften 1975 (166 S.)
BUCKEL, W.: Supraleitung. Grundlagen und Anwendungen. Weinheim: Physik-Verlag 1977 (326 S.)
FRANK, H., und V. SNEJDAR: Halbleiterbauelemente. 2 Bde. Berlin: Akademie-Verlag 1964 (390 S.)
GENZEL, L.: Die feste Materie. Frankfurt/M.: Umschau-Verlag 1973 (277 S.)
HALL, H. E.: Solid state physics. London: John Wiley & Sons 1974 (348 S.)
KITTEL, CH.: Einführung in die Festkörperphysik. München: R. Oldenbourg Verlag 1973 (877 S.)
KLEBER, W.: Einführung in die Kristallographie. VEB Verlag Berlin: Technik 1977 (408 S.)
KLOSE, W.: Kleine Einführung in die moderne Festkörperphysik. Wiesbaden: Vieweg 1974 (160 S.)
KREHER, K.: Festkörperphysik. Wiesbaden: Vieweg 1976 (222 S.)
MIERDEL, G.: Elektrophysik. Heidelberg: Dr. Alfred Hüthig Verlag 1972 (535 S.)
MÖSCHWITZER, A.: Halbleiterelektronik. Heidelberg: Dr. Alfred Hüthig Verlag 1974 (362 S.)
PAUL, R.: Halbleiterphysik. Wiesbaden: Dr. Alfred Hüthig Verlag 1976 (560 S.)
SCHULZE, G. E. R.: Metallphysik. Wien: Springer-Verlag 1974 (494 S.)
SMIRNOW, A. A.: Metallphysik. Heidelberg: Vieweg 1974 (141 S.)
ZIMAN, J. M.: Prinzipien der Festkörpertheorie. Thun und Frankfurt/M.: Verlag Harri Deutsch 1975 (442 S.)

D'ANS, J., und E. LAX: Taschenbuch für Chemiker und Physiker, Bd. 1. Berlin-Heidelberg-New York: Springer-Verlag 1967
BROCKHAUS ABC Physik. Leipzig: VEB F. A. Brockhaus Verlag 1972
LANDOLT/BÖRNSTEIN: Zahlenwerte und Funktionen aus Physik, Chemie, Astronomie, Geophysik, Technik. 4. Bde. Berlin-Heidelberg-New York: Springer-Verlag

«Physik in unserer Zeit». Weinheim: Verlag Chemie
«Physikalische Blätter». Weinheim: Physik-Verlag

Bildquellenverzeichnis

Akademie der Wissenschaften der DDR, Institut für Festkörperphysik und Elektronenmikroskopie, Halle: Bilder 3.10 (H. Bartsch), 3.13 (M. Krohn), 3.14 (Dr. K. W. Keller), 3.17 (P. Werner), 3.18 (IFE)

Akademie der Wissenschaften der DDR, Institut für Festkörperphysik und Werkstoffforschung, Dresden: Bilder 1.20, 1.23, 3.12, 4.7, 4.9

Akademie der Wissenschaften der DDR, Institut für magnetische Werkstoffe, Jena: Bilder 3.15, 3.19, 12.12, 12.17, 12.24

Bergakademie Freiberg, Sammlungen: Bild 1.1 (Foto: Krepinski); Hochschulbildstelle: Bild 9.1 (Foto: Bartsch)

Allgemeine Werkstoffkunde für Ingenieurschulen. Leipzig: VEB Fachbuchverlag 1973: Bild 3.1

«Funktechnik» 1974, Heft 15: Bilder 9.27, 9.29

Grundlagen aktiver elektronischer Bauelemente. Leipzig: VEB Deutscher Verlag für Grundstoffindustrie 1972: Bild 3.7

Grundlagen passiver elektronischer Bauelemente. Leipzig: VEB Deutscher Verlag für Grundstoffindustrie 1973: Bilder 10.11, 11.18 (nach Essmann, U., u. H. Träuble in: Vorträge über Supraleitung. Basel und Stuttgart: Birkhäuser-Verlag 1968)

Hybridtechnik. Leipzig: VEB Deutscher Verlag für Grundstoffindustrie 1977: Bild 9.28

Kleber, W.: Einführung in die Kristallographie, 13. Aufl. Berlin: VEB Verlag Technik 1977: Bild 4.2

Lindner, H. (eigene Fotos): Bilder 3.6, 3.11, 10.2

«Physikalische Blätter» 1975, Heft 1: Bild 11.19; Heft 5: Bild 11.20

VEB Carl Zeiss Jena, Forschungszentrum: Bilder 13.9, 13.10

VEB Kombinat Halbleiterwerk Frankfurt/Oder, Hauptbereich Forschung Stahnsdorf: Bilder 10.12, 10.13

VEB Spurenmetalle, Freiberg: Bilder 9.2, 9.3, 9.4, 9.5, 9.6, 9.26